Professor Lee's Lectures on Probability

확률강의 2.0

이 훈 저

홍릉과학출판사

災異는 하늘의 感應이 있어서 온 것인가, 아니면 自然히 온 것인가?

- 과거시험(科學試驗) 책문(策問), 세종(世宗) 5년(1423년) 3월 28일 -

서문

대학교에서 학생을 대상으로 확률을 강의하면서 많은 학생이 확률을 어려워한다는 사실에 늘 안타까워하면서 이유가 무엇인지에 대하여 많은 생각을 했다. 가장 큰 이유가 현재 국내에서 출판된 대부분의 확률책이 수학 전공자에 의해 쓰여진 것으로서 내용의 전개가 너무 수학적이고 예제도 추상적이어서 수학을 전공하지 않는 학생에게는 확률의 물리적인 의미가 이해되지 않는다는 것이다. 그리고 대학교에서 확률을 가르치는 방법에도 문제가 있는데 많은 경우에 확률이 어떻게 쓰이는지에 대한 응용적 측면을 염두에 두지 않은 채 정리 증명과 예제 풀이에 치중해서 가르치고 있다.

그러나 확률은 물리적인 현상을 수식이라는 언어를 이용해서 나타낸 것이므로 무작정 문제를 풀기 위한 수학이 아니다. 확률을 전문적으로 연구하지 않고 문제해결의 도구로 사용하는 학생에게 있어서 유용한 수학이란 자신이 가지고 있는 문제를 수학적으로 표현할 수 있는 방법을 아는 것이다. 그러기 위해서는 학생 스스로 확률에 관한 책을 읽고 그 가운데서 자신이 해결해야 할 문제를 모형화할 수 있는 능력을 스스로 찾아내는 것이 중요하다.

이와 같은 생각에서 그동안 저자가 대학에서 강의를 하면서 얻은 경험과 생각을 바탕으로 전공을 불문하고 대학 학부생이 이해할 수 있는 수준이면서도 응용분야에 초점을 둔 내용의 책을 써야겠다는 생각에 2009년 이 책의 초판 '확률강의'를 출판하였다. 그 후 5년 동안 책의 내용을 보강하여 이번에 제목을 '확률강의 2.0'으로 정하였다.

이 책은 총 7장으로 구성되어 있다. 제0장에서 확률에 대하여 워밍업을 한 후 제1장에서 확률의 기초로부터 시작하여 제2장에서 조건부확률을 다루고 제3장에서 확률변수와 분포함수에 대하여 이야기한다. 제4장에서는 확률의 기대치에 대하여 다룬 후 제5장에서 다변수 확률변수를 소개한다. 제6장에서는 확률의 근사해석법에 대하여 소개하고 제7장에서는 확률과정에 대하여 다룬다.

저자는 이 책을 집필하면서 원고를 수십 번도 더 읽고 고쳤는데 그럼에도 불구하고 오류가 있을 것으로 생각된다. 만약에 오류가 있다면 그것은 전적으로 저자의 책임이며 여러분이 지적(e-mail: hoony@cwnu.ac.kr)해주면 다음 기회에 바로 잡을 것이다.

마지막으로 이 책이 나올 때까지 많은 도움을 주신 홍릉과학출판사 교재개발부 담당자분들께 감사를 드린다.

2014년 봄 저자 씀

차례

CHAPTER 00 워밍업

CHAPTER 01 확률의 기초

CHAPTER 02 조건부확률

CHAPTER 03 확률변수

CHAPTER 04 기대치

CHAPTER 05 다변수 확률변수

CHAPTER 06 확률의 근사해석

CHAPTER 07 확률과정

APPENDIX

워밍업

CHAPTER 00

운동을 할 때 준비운동을 하고 공연을 할 때도 리허설을 하듯이 확률의 세계로 들어가기 전에 간단하게 머리를 풀고 가기로 한다.

1 머피의 법칙

우리는 종종 머피의 법칙에 대해서 이야기하곤 한다. 그런데 실제로 머피의 법칙을 제대로 알고 있는 사람은 아주 드물다. 또한 머피의 법칙과 상반되는 개념으로서 샐리의 법칙이라는 것이 있는데 이에 대해서는 거의 대부분의 사람이 그것이 무엇인지도 아예 모른다. 아래에 두 법칙에 대해서 소개한다.

머피의 법칙 (Murphy's law)

먼저, 여러분은 머피의 법칙을 알고 있을 것이다.

> 평소에 잘 되던 일이 멍석을 깔아놓고 하면 안 된다.
> 화창한 봄날이 계속 되다가 하필이면 소풍 가는 날에만 비가 온다.
> 주중에 계속 날씨가 좋았는데 주말에 데이트 약속만 하면 비가 온다.
> 아침에 늦잠을 자서 그렇지 않아도 회사에 지각을 하게 생겼는데
> 넥타이를 매면서 토스트에 버터를 바르다가
> 하필이면 버터를 바른 쪽이 아래를 향하여 떨어져서
> 먼지와 머리카락이 붙어서 먹지도 못하게 된다.
> 주말 오후에 할인매장에 가서 먹을 것을 잔뜩 사가지고
> 가장 짧아 보이는 계산대에 서 있는데
> 유독 내가 서 있는 줄만 줄어들지 않는다.

살다가 보면 '이런 일이 왜 꼭 나에게만 일어나는지?' 궁금한 사람들도 있을 것이다. 그런데 과연 여러분만이 운이 나쁜 것인가? 아니면 우연이 아닌 다른 이유가 있는 것인가? 이유가 있다면 무엇이 문제인가?

머피의 법칙은 **경험법칙**(經驗法則, Law of experience)이라고도 하는데 미국의 에드워드 공군기지에 근무하던 **에드워드 머피**(Edward A. Murphy)대위가 주창한 이론이다. 당시 미 공군에서는 비행기 조종사에 대하여 가속된 기체가 갑자기 정지할 때 신체 상태가 어떻게 변하는지를 알아보고자 하여 실험장치를 고안하였는데 이상하게도 정상적으로 실험을 할 수 없었다고 한다. 그래서 머피대위가 이상하다고 여겨서 실험장치를 직접 꼼꼼히 조사해 보니 전극봉의 한쪽 끝이 잘못 연결되어 있었는데 이 실험에 참가한 기술자가 아무 생각 없이 배선을 잘못한 것이었다고 한다.

이것을 본 머피대위는

> '어떤 일을 하기 위해서는 여러 가지 복잡한 단계가 있는데 그 중에서 별로 중요하다고 생각하지 않는 어느 한 가지 단계에 사소한 실수가 일어나며 그로 인하여 큰 재앙이 초래된다고 할 때 누군가는 꼭 그 방법을 사용한다.'

고 하였다.

즉, 머피의 법칙은 '어떤 큰 사고의 뒤에는 누군가의 어처구니없는 실수가 그 단초를 제공한다'는 것이다. 사고는 누구에게나 일어날 수 있을 뿐 어느 누구가 특별히 운이 나빠서 매번 불운을 겪는 것은 아니다. 그런데 이 이야기가 나중에 와전되어서 무슨 일이든지 꼬여서 제대로 되는 일이 없는 경우에 이 말을 사용하게 되었다고 한다. 즉, 머피의 법칙은 자신이 바라는 일이 제대로 풀리지 않고 이상하게 좋지 않은 쪽으로 진행될 때 사용하는 말이 되었다. 가령, 아주 소심한 사람이 평소에는 늘 안전하다고 여기는 기차를 타고 다녔는데 어느 겨울 날 무슨 생각에서였는지는 몰라도 버스를 탔는데 도중에 폭설을 만나서 그 버스가 미끄러져서 큰 사고를 당하는 것이 그 예이다. 사실, 겨울에 버스를 타고 장거리 여행을 하는 일은 도중에 어디서 눈을 만날지 모르기 때문에 큰 사고를 당할 확률이 상당히 높다. 따라서 이 경우는 그가 운이 나빠서 그런 것이 아니고 그가 무심코 그런 상황에 자신을 가져갔기 때문에 일어난 것이다.

머피의 법칙을 잘 나타낸 사례를 하나 소개한다. 2011년 2월 11일 오후 1시 5분, 부산을 출발하여 경기도 광명역으로 향하던 순수국산 KTX 산천 열차는 역을 불과 500m 정도 앞둔 터널 안에서 선로를 탈선하여 멈춰서는 사고를 냈다. 그로부터 사흘 뒤인 2월 14일 국토해양부는 사고원인을 발표하였는데, 시간대별로 일어난 일의 내막은 이렇다.

① 2월 11일 이른 새벽(정확하게는 1시 30분~4시 30분 사이), 선로수리 담당 용역업체 직원이 광명역의 선로전환기의 노후된 케이블을 교체하면서 지름이 7mm인 너트 하나를 제대로 조이지 않은 채 작업을 마쳤다. 그로 인해서 구로에 있는 관제센터에는 에러신호가 계속해서 나타났다.

② 아침 7시 30분, 코레일 직원이 현장에 나가서 점검을 했으나 너트가 느슨하게 조여 있는 사실을 발견하지 못하고 에러신호가 계속 뜨자 열차가 직진만 가능하도록 선로전환기를 고정시켜 놓고 철수하면서 이 사실을 관제센터에는 알리지 않았다.

③ 한편, 부산을 출발한 열차는 도착예정 시간보다 약 3분 늦게 광명역에 도착하였다. 통상적으로 광명역에 도착한 열차는 역에 들어갈 때 일단은 직진으로 들어간 후 나중에 차량을 돌려서 플랫폼으로 들어가서 손님을 내린다.

④ 그런데 관제센터는 선로가 직진으로만 고정된 사실을 모른 채 열차가 늦은 시간(단 3분!!)을 만회하기 위해서 사고열차의 기관사에게 선로를 바꿔서 우측 플랫폼으로 바로 들어가도록 지시했고 아무 것도 모르는 열차의 기관사는 관제센터에서 시키는 대로 했다. 그리고 어처구니없는 사고가 났다.

2011년 2월 4일, 전남 영광에 있는 원자력발전소(원전) 5호기(출력 1,000메가와트)에서 냉각펌프와 연결된 모터의 고장으로 사흘간 가동이 중단됐다. 간단히 말해서 모터가 고장나면 냉각펌프가 작동이 안 되고 그러면 과열로 불이 날 것이다. 원자력발전소에서 불이 나면 어떻게 될 지는 뻔하다. 영광원전의 냉각펌프의 모터는 지름이 3m에 달하며(한 마디로 모터의 지름이 아파트의 천장 높이 정도라고 생각하면 된다) 독일의 지멘스가 제작하고 2000년 미국의 웨스팅하우스에서 설치했다. 지멘스도 웨스팅하우스도 이 분야 세계 최고의 기업이다.

모터를 분해한 결과 코일로 된 전선 사이에서 30cm 길이의 일자형 드라이버가 나왔다. 한국수자원공사는 이 드라이버가 전선에 닿으면서 합선을 일으켜서 고장을 유발한 것으로 분석했다. 그런데 지난 10년간 영광원전은 이 모터를 분해하거나 수리한 적이 없다. 결국 당시 영광의 원자력 발전소를 건설하면서 냉각펌프에 모터를 설치하던 작업 인부가 깜빡 잊고 모터 안에 드라이버를 놔둔 채 작업을 마친 것으로 추정된다. 영광원전은 사흘간 가동을 중단하는 바람에 직접적으로 입은 피해액이 약 25억 원이다. 아무리 좋은 기계라도 그것을 만지는 사람의 사소한 부주의 하나로 엄청난 재앙이 초래되기도 한다. 이 또한 황당한 인재(人災)이며 그 속에는 머피의 법칙이 숨어있다.

샐리의 법칙(Sally's law)

한편, 어떤 사람은 보면 이상하게도 무슨 일을 하든지 일이 술술 풀리는 (것같이 보이는) 사람이 있다. 그런데 사실 위에서와는 반대로 일이 사람을 가려서 순순히 풀리지는 않는다. 일이 잘 풀리는 데는 그만한 이유가 있다. 누군가가 성공하였을 때 우리는 다른 사람이 보지 않는 곳에서 그 사람만의 피나는 노력이 숨어 있다고 봐야 한다.

여러분은 어느 흐린 날에 혹시나 싶어서 우산을 들고 집을 나왔는데 그날따라 갑자기 소나기가 쏟아지는 경우, 또는 중요한 시험에 임하는데 시험 직전에 급하게 펼쳐 본 부분에서 문제가 출제된 경우 횡재했다고 느낄 것이다. 이와 같이 별로 대수롭지 않은 일임에도 불구하고 마음을 썼는데(물론 대수로운 일에는 대부분의 사람들이 마음을 많이 쓴다) 자신에게 좋은 일이 일어난 경우를 설명하는 현상으로서 샐리의 법칙이 있다.

샐리는 1989년에 제작된 롭 라이너(Rob Reiner)감독의 영화 '해리가 샐리를 만났을 때(When Harry met Sally)'에 나오는 여주인공의 이름인데, 그 영화는 해리와 샐리가 벌이는 우정과 사랑의 진행을 코믹하게 그리고 있다. 필자는 뉴욕을 봄과 가을에 각각 한 번씩 가보았는데 이 영화를 보노라면 뉴욕 맨해턴에 있는 중앙공원(Central park)에 다시 한 번 가보고 싶게 만들 정도로 뉴욕의 가을 풍경을 아름답게 담고 있다.

영화이야기로 돌아가서, 해리와 샐리는 1979년 시카고대학(University of Chicago)을 졸업하고 각자 성공을 꿈꾸며 뉴욕으로 가는데 해리가 샐리의 곧 부서질 것 같은 고물차를 얻어 타면서 이야기가 시작된다. 해리와 샐리는 시카고에서 뉴욕까지 가는 길(거리 1,258km, 쉬지 않고 계속 운전하면 약 14시간 정도 걸림)에서 남녀간에 우정이 성립하느니 마느니, 식성이 특이하다느니 어쩌느니 티격태격하면서 끝까지 서로 팽팽한 설전을 벌인다.

뉴욕에 도착한 후 그들은 헤어져서 각자 자신이 원하던 직업을 구하고 또 서로 다른 사람을 만나는데 둘 다 애정사업에 실패를 맛보게 된다. 영화에서 해리는 이혼에 대한 상처의 아픔을 초췌한 모습으로 드러내 놓고 표현하지만 샐리는 실연의 아픔을 극복한 듯 태연하게 생활을 한다.

하여간 약 10년 뒤에 다시 만난 둘은 우여곡절 끝에 결국은 결혼하게 된다는 이야기인데, 이 이야기로부터 좋지 않은 일이 일어남에도 불구하고 서로 조금씩 노력하고 또 배려하는 과정에서 서로의 성격과 견해 차이를 극복하고 결국은 해리와 결혼하게 되는 여주인공 샐리의 모습에서 '샐리의 법칙'이 나왔다.

이 영화를 보면서 느낀 것은 사실 샐리는 좋지 않은 일이 일어나는 가운데서도 희망을 잃지 않고 삶을 살아간 덕에 결국은 해피엔딩이 된 것이 아닌가 싶다. 그리고 실제로 영화 속에는 몇 명의 노부부가 나와서 자신들의 결혼생활에 대해서 이야기하는 장면이 들어있다.

그리고 앞에서 우리의 실생활에서 든 예에서도 자신이 어쩌다가 한 일이 자신에게 유리한 쪽으로 전개된 것도 결국은 자신이 그 상황에서 최선의 노력을 해서 얻어진 것이다. 사실 하늘이 흐리면 비가 올 확률도 높을 것이며 그것을 염두에 두고 우산을 들고 가는 사람은 비가 와도 비를 맞지 않겠지만 그것을 무시하고 그냥 집을 나선 사람은 비를 맞을 수밖에 없다. 또 시험 직전에 굳이 책을 펼쳐보지 않을 수도 있는데 마지막 순간까지 책을 뒤적인 노력이 있는 사람에게는 시험문제를 하나 더 맞히는 행운이 가는 것이 아닐까?

하여간, 머피의 법칙이건 샐리의 법칙이건 간에 분명한 것은 '어떤 일이든 그 일이 그렇게 진행되는 것에 대해서 대부분은 당연한 이유가 있다'는 것이다. 즉, 일이 그렇게 되지 않을 수 없는 필연성이 존재하는데 문제는 그 필연성이 반드시(100%) 일어나지 않고 어떨 때는 일어나고 어떨 때는 일어나지 않는다. 거기에는 확률의 개념이 들어있다.

2 살인의 추억

미국의 프로 풋볼리그인 NFL(National Football League)에서 러닝백(Running back)으로 활약하면서 한 시즌에 2,000야드[1] 이상(간단히, 약 2km에 해당함)을 전진해서 유명한 풋볼선수였던 심슨(Orenthal James Simpson, 1947~, 나중에 그는 배우, 대변인, 그리고 방송인으로도 활약했다)이라는 사람이 있다. 심슨이 얼마나 대단한 선수인가 하면 우리나라 사람이라면 거의 알고 있는 한국계 미국 프로풋볼 선수인 하인스 워드[2](Hines Ward, 2005 시즌의 MVP에 선정됨)라는 선수가 연평균

1 1Yard=0.9144m이다.

2 필자는 2006년 2월 방문교수로 미국에 있을 때 이 선수의 경기를 TV로 생중계하는 것을 보았는데 그는 그해 NFL 슈퍼볼에서 최우수선수(MVP)상을 수상했다.

1,000야드를 달린 기록을 보면 쉽게 알 수 있을 것이다.

그런데, 1994년 6월 12일, 심슨의 아내인 니콜 심슨(Nicole Brown Simpson)과 그녀의 남자친구인 로널드 골드만(Ronald Goldman)이 칼에 의해서 잔인하게 살해 당했다. 그리고 심슨은 당연히 그들을 살해한 혐의를 받았다.

세상을 떠들썩하게 했던 이 사건은 심슨이 범인이라는 증거가 없어서 검사들을 참 난처하게 만들었다고 하는데 1년 뒤에 결국 심슨이 무죄로 평결이 나면서 형사상의 문제에 대해서는 끝을 맺었다.

그로부터 2년 뒤인 1997년에는 민사재판에서 심슨에게 살해에 대해 책임을 물어 3,350만 달러(그 당시 우리나라는 IMF 사태로 환율이 1달러당 2,000원에 육박하였기에 한화로 6,700억 원에 해당함!)의 벌금형에 처해졌다.

그로부터 10년 뒤인 2006년에 심슨은 'If I did it'이라는 책으로 마치 자기가 아내를 죽였다는 것을 암시라도 하듯이 살인사건에 대한 소설을 썼다. 그런데, 무슨 이유에서인지는 몰라도 출판 직전에 출판사가 인쇄를 취소하였으며, 아직까지 이 사건에 대한 의문은 해소되지 않고 있다. 내가 이야기를 하려는 것은 지금부터이다.

검찰 : 너, 마누라하고 그녀의 애인 죽였지?

심슨 : No, I didn't do it!

검찰 : 내가 증거를 많이 가지고 있는데 순순히 시인하는 게 어때?
첫째, 범행현장에서 너의 신발과 같은 크기의 발자국이 발견되었고,
둘째, 또 그 발자국 왼쪽에 핏자국도 있었고,
셋째, 또 너도 그때 왼손에 칼에 베인 자국이 있었지 않은가?
그래도 네가 범인이 아니란 말인가?

심슨 : … ^^;, Hey, attorney, help me!!

심슨의 변호인 : 어메 거 참, 뻑적지근 하네잉. 나가 글케 나올 줄 진즉 알아뿌렀쏘.
근데 보소 이 양반, 여그는 거시기의 신발과 거시기한 거시기가 거시기하게 거시기하당게요. 글고, 여그는 왼손잡이도 거시기하게 많아뿔서 왼손을 거시기한 사람도 거시기하게 많당게요.
글고 또, 깜도 안되는 일을 갖고 갸를 거시기해 뿔고, 참 거시기 하고만 이라우.

검찰 : !@#$%^&&*?

이렇게 사건은 흐지부지 되었다(고 생각하는 사람이 대부분이었다).

그런데, 미국의 필라델피아에 있는 템플(Temple)대학의 수학과 교수인 존 폴로스(John Allen Paulos)는 'Once upon a number'라는 논문에서 심슨이 범인이 아니

라는 주장이 얼마나 근거가 희박한지를 반박하는 글을 썼다. 폴로스교수의 말을 들어보자.

폴로스 曰:

ⓐ 심슨과 같은 크기의 신발을 신는 사람은 미국 내에 살고 있는 성인 남자 중에 15명에 한 명의 비율이다.

ⓑ 살인 사건이 난 바로 그날을 전후하여 왼손에 상처가 나 있는 성인 남자의 비율은 10,000명에 한 명 꼴이다.

ⓒ 따라서, 두 시간이 동시에 일어날 확률은 1/150,000=0.00067%이다. 즉, 이와 같은 상황에 있을 사람은 15만 명 중에 한 명이 있을 아주 드문 확률이다.

결론적으로 어지간해서는 이와 같은 사람이 잘 나타나지 않는다는 말이다. 진짜로 이런 일은 드문 일이므로 결국은 지금 피의자로 검찰 앞에 앉아 있는 심슨은 범인일 확률이 대단히 높다.

마지막으로, 위의 이야기를 맺을 때가 되었다. 2011년 6월 24일 매일경제신문 인터넷판에는 이와 관련된 이야기가 실려 있다. 2011년 6월 23일 보도된 내셔설 인콰이어리(National Inquiry)지에 의하면 심슨은 그의 전처와 전처의 남자 친구를 살해했다는 것을 마침내 고백했다고 한다. 사건의 전말은 이렇다.

> 심슨은 사건 당일인 1994년 6월 12일 당시에 결별 중이었던 니콜과 한 레스토랑에서 말다툼을 벌였다. 비록 둘은 결별한 상황이었지만 니콜이 자녀 앞에서 상습적으로 마약을 복용하고 자녀와 함께 사는 집에 남자를 끌어들이는 행동에 화가 났다.
>
> 집에 돌아온 후에도 분을 삭이지 못한 심슨은 니콜의 집으로 향했고 초인종을 눌러도 대답이 없자 문을 두드리고 소리를 질렀다. 한동안 대답이 없던 니콜은 손에 식칼을 쥐고 나타났고 칼로 위협하며 심슨에 "꺼지라"고 폭언했다.
>
> 심슨은 "너무 화가 나서 칼을 빼앗아 찌르고 또 찔렀다"며 "나중에 정신을 차리고 나니 후회가 밀려왔다"고 OWN 프로듀서에 토로했다. 그리고 마침 집에 들어선 니콜의 남자친구 론 골드먼에게도 똑같이 '정당방위'로 맞섰다.

위에서 다룬 문제는 상호연관이 없는 사건들이더라도 여러 개의 사건을 상호연관지어서 종합적으로 판단하면 그 사건이 일어날 확률이 아주 작음을 보여줌으로써 역으로 그 사건에 대해 연관이 있는 피의자가 범인일 확률이 높다는 것을 말하고 있다.

한편, 이와 같이 특정한 사건을 예로 들지 않더라도 일반적으로 다음과 같은 통계도 있다고 한다.

- 남편에게 폭행을 당하는 아내 중에서 남편에 의해서 살해당할 확률 $< 0.1\%$
- 남편에게 폭행을 당하던 아내가 죽었을 때 남편이 범인일 확률 $> 80\%$

여기서 위의 두 문장 속에 들어있는 정보는 비슷한 것 같지만, 전후관계의 순서만 바뀌어도 확률은 엄청나게 차이가 있다는 것을 알 수 있다. 즉, 첫 번째 경우에는 '아내가 남편에게 폭행을 당한다고 하여 자신의 남편에 의해서 살해되는 확률은 그다지 크지 않다'는 것을 말하고 있다. 한편, 두 번째 경우에는 '아내가 평소에 남편으로부터 폭행을 당할 경우 그 아내가 폭행으로 숨진 채 발견되었을 때 남편이 범인일 확률이 아주 높다'는 것을 말한다.

이 문제 역시 나중에 다루겠지만, 어떠한 한 사건을 두고 그 사건이 일어나게 된 배경사건과 결과적으로 얻어진 최종사건 사이에는 사건의 전후 관계가 존재하게 마련이고, 그 관계에 따라 확률의 값은 완전히 다르다는 것을 알 수 있다. 이와 같은 전사건과 후사건과의 관계는 조건부확률과 베이즈의 공식으로 정의되는 확률의 법칙에 의해서 설명될 수 있다.

3 부(富)의 법칙

1956년 당시 미국 AT&T의 벨(Bell)연구소의 존 켈리(John Larry Kelly)는 그의 동료인 클로드 샤논(Claude Shannon)이 개발한 장거리 통신회선에서의 소음의 문제를 모형화하는 연구결과를 이용하여 **부의 공식**(일명 Kelly criterion)을 만들었다.

켈리의 부의 공식은 어떤 확률적 실험(경마, 주식, 그리고 심지어 도박 등)에 대하여 내부 정보를 알고(즉, 성공확률을 어느 정도 짐작하고 있다는 말) 확률실험을 하는 사람이 자신이 가지고 있는 전체 돈에서 걸어야 할 최적 금액을 계산하는 간단한 식이다. 물론 아무런 정보도 없이 경마, 주식 등의 확률적 실험을 하면 얼마를 걸더라도 이익을 내기는 더욱 어려워진다.

켈리의 부의 법칙은 다음과 같다.

만약 p를 확률실험에서 이길 확률이라 하고 F를 자신이 가진 돈 중에서 그 실험에 걸면 이익을 볼 금액의 비율이라고 한다면 $F = 2p - 1$이다.

위의 법칙의 의미는 만약 어떤 사람이 어떤 사업에 투자한다고 할 때 성공확률에 2를 곱하고 여기서 1을 빼면 자신이 현재 가지고 있는 자금 중에서 그 투자에 걸어야 할 자금의 비율을 알 수 있다는 것이다.

예를 들어서 여러분이 조사한 바에 의하면 어떤 투자에 대해 성공확률이 70%라고 하자. 일단은 보기에 성공확률이 꽤 높아 보인다. 보통 이 경우에 사람들은 성공확률이 높으니까 자신이 가진 돈을 전부 투자하여 대박을 얻으려고 할 것이다.^^

여러분은 이때 자신이 가지고 있는 돈 중에서 얼마를 걸어야 손해를 보지 않을까? 답은 $F = 2 \times 0.7 - 1 = 0.4$이므로, 즉 여러분이 가진 돈 중에서 40%만 걸어야 한다. 괜히 욕심을 내서 그 이상 걸었다가는 손해를 볼 가능성이 있다.

그럼, 이번에는 여러분이 도박을 하려고 하는데 알려진 바에 의하면 성공확률이 50%라고 하자. 그러면 여기서 최대 이익을 거두기 위해 여러분이 가진 자금 중에서 투자를 해야 할 자금의 비율은 얼마일까? 답은 $F = 2 \times 0.5 - 1 = 0$이다. 투자하지 말아야 한다. 다시 말하면 어떤 도박의 성공확률이 반일 경우 그 도박을 하면 반드시 돈을 잃는다는 말이다. 그런데 실제로 대부분의 도박에서 고객이 돈을 딸 확률은 50%를 넘지 않게 설계되어 있다.

마지막으로 어떤 일이든지 성공확률이 50%를 넘지 않을 때에는 어떻게 해야 하나? 계산을 해 볼 필요도 없다. Beat it!! 얼른 빠져 나와야 한다.^^

위의 공식은 실제로 샤논의 동료였던 에드워드 소프(Edward O. Thorp)라는 사람이 블랙 잭(Black jack)이라는 도박과 증권시장에서 실제로 사용되었다고는 하나 그가 이 공식을 사용하여 돈을 벌었는지 아닌지 나로서는 알 방법이 없다.

4 주사위 이야기

확률을 논할 때 가장 많이 등장하는 것이 주사위이다. 현재 우리가 사용하고 있는 주사위는 어디에서 유래하였을까? 이에 대한 해답은 데보라 J. 베넷 저/박병철 역 "확률의 함정"이라는 책에서 찾을 수 있다. 그 책에는 주사위라는 것이 게임 및 도박의 도구로서 기원전 3세기경부터 고대 이집트 문명에서부터 사용되어 왔음을 밝히고 있는데 초기에는 동물의 뼈(복사뼈)나 코끼리의 상아를 이용하여 만들었다고 한다. 특히 동물의 복사뼈는 보는 각도에 따라 모양이 달라서 주사위로서 많이 사용되었다.

그러다가, 기원전 2750년경 현재의 북부 이라크 지방인 고대 메소포타미아의 유적지에서 지점토로 만든 주사위가 발견되었는데 이 주사위는 삼각기둥, 사각기둥, 정육면체 등 상당히 기하학적인 모양을 하고 있었다. 다만, 그 당시에는 문자가 없었으므로 각 면마다 점의 개수를 다르게 찍어서 표시를 하였다. 그리고 기원전 1320년경에는 고대 이집트에서도 정육면체의 주사위가 발견되었다. 이와 같이 현대적인 모양의 주사위는 그 뒤, 그리스, 로마, 지중해, 중국, 인도를 거쳐서 우리나라로 들어왔으리라고 짐작된다.

이와 같이 다양한 모양의 주사위 가운데서 현재의 주사위가 정육면체인 것은 아마도 여러 가지 모양 중에서 가장 공정한 결과를 얻을 수 있기 때문일 것이다. 그런데, 여기서 한 가지 신기한 것은 문자를 가지고 있는 현재 대부분의 주사위도 기원전의 주사위와 같이 점으로 표시되어 있다는 것이다. 그리고 주사위의 눈은 서로 마주 보는 면의 숫자를 합하면 7이 된다.

한편 필자가 수업 중에 혹시 아라비아 숫자가 적힌 주사위를 가져오는 학생에게 보너스 점수를 주겠다고 이야기를 하자 일주일 후 한 학생이 주사위를 하나 가지고 왔다. 거기에는 진짜로 숫자가 아라비아 숫자로 적혀 있었다. 학생은 그 주사위를 500원을 주고 샀다고 했다. 그래서 필자는 보너스 점수와 함께 500원을 그 학생에게 주었다. 아래의 그림은 아라비아 숫자가 적혀 있는 주사위이다.

그림 0-1 아라비아 숫자가 적혀 있는 주사위

그런데 이상한 것은 숫자가 0에서 5까지 적혀 있었다. 그 이유는 무엇일까?^^

한편, 필자는 이 글을 쓰면서 '우리나라에서는 언제부터 주사위를 사용하였으며 최초의 주사위는 어떤 모습일까?'라는 의문을 가지고 있었으나 역사 지식이 짧은 관계로 실마리를 잡을 수 없었다.

그런데, 2007년 10월 8일자 조선일보의 '문화재 야화[16]'에 답이 나와 있었는데 신라시대였다! 당시 조선일보에 실린 기사를 중심으로 신라시대의 주사위의 모습을 관찰하여 보자. 1975년 문화재 발굴단은 경주의 임해전지(臨海殿址, 일명 雁鴨池)를 출토하다가 통일신라시대의 것으로 추정되는 참나무로 만든 조그마한 물건을 하나 발견하였다. 이 물건을 주렴구(珠簾球)라고 부르는데 정확한 명칭은 목제주령구(木製酒令具)이다.

문화재를 관리하는 직원이 그 물건을 자세히 씻어서 보니 둥근 모습이기는 한데 완전한 원은 아니고 울퉁불퉁한 것이 참 이상한 모양이었고 재질은 나무인데 더 자세히 보니 각 면마다 무슨 글자가 쓰여져 있었다. 그래서 우선 글자를 베껴두고 사진도 하나 찍어둔 후 그것을 보존을 하려고 수분을 빼내는 작업을 하였는데 특수 제작한 전기오븐의 자동 온도조절기가 제대로 작동되지 않고 과열되는 바람에 그만 태워버렸다(이것 또한 머피의 법칙에 해당한다…). 불행 중 다행으로 남은 자료를 가지고 나중에 그 물건을 복원할 수 있었는데 그림 0-2가 그 당시 발견한 물건의 복제품이다.

그림 0-2 신라시대의 주사위 주렴구

주사위의 모양이 그림에서 보는 바와 같이 높이는 4.8cm 정도로 어른의 손에 잡히는 크기이다. 그러나 모양이 지금과 같은 정육면체가 아니라 십사면체였고, 특이한 것은 여섯 개의 면은 정사각형이었으며 여덟 개의 면은 삼각형을 닮은 육각형이었다.

그리고 주사위를 더욱 자세히 보니 거기에 글씨가 써져 있었는데 열 세 개의 면에는 한자로 네 글자씩 적혀 있었고 나머지 한 면은 다섯 글자였다. 거기에 적힌 글자들을 해석해 본 결과 이 주사위는 술자리에서 사용되던 '벌칙용'이었음을 알 수 있었다. 정사각형에 적힌 벌칙은 다음과 같다.

음진대소(飮盡大笑 · 술을 모두 마시고 크게 웃기)
삼잔일거(三盞一去 · 술 석 잔을 동시에 들고 '원샷'하기)
자창자음(自唱自飮 · 혼자 노래 부르고 술 마시기)

금성작무(禁聲作舞 · 반주도 노래도 없이 춤추기)
중인타비(衆人打鼻 · 여러 사람으로부터 코를 맞기)
유범공과(有犯空過 · 여러 사람이 덤벼서 장난쳐도 참기)

한편, 육각형에 적힌 벌칙은 다음과 같다.

추물막방(醜物莫放 · 잘 정돈하지 않으면 놓아주지 않기, 즉 벌칙으로 청소시킴)
양잔즉방(兩盞則放 · 술 두 잔을 빨리 마시고 통과)
임의청가(任意請歌 · 부를 노래를 좌중으로부터 요청을 받아서 노래하기)
곡비즉진(曲臂則盡 · 팔을 굽힌 채 술을 다 마시기)
농면공과(弄面孔過 · 얼굴을 간지럽게 해도 참기)
월경일곡(月鏡一曲 · 달과 관련된 노래 부르기)
공영시과(空詠詩過 · 시 한 수 읊기)
자창괴래만(自唱怪來晩 · '괴래만'이란 저녁 늦게 곤드레가 되어 들어오는 모양을 나타내는 말로서 취권을 하듯 비틀거리며 노래를 부르기)

그런데 그림 0-2에서 볼 수 있는 바와 같이 십사면체인 주사위의 모양이 좀 특이한데 과연 이 주사위를 던지면 각 면이 나올 확률은 모두 같을까?

먼저 각 면의 넓이가 같으면 그 면이 나올 확률도 같을 것이라는 생각에 누군가가 면의 넓이를 측정해보았는데, 정사각형의 넓이가 6.25cm^2(가로 세로 각 2.5cm)였고, 육각형의 넓이는 6.265cm^2(최대폭 3.25cm, 높이 2.8cm)로 두 도형간의 넓이는 거의 같았다. 요즘처럼 표준형 자도 없는 시대에 이 정도이면 아주 정확하게 같다고 할 수 있지 않을까?

그런데, 이것만으로 각 면이 나올 확률이 같은지 아닌지 판단하기란 곤란하다. 한편, 언제나 세상은 저지르는 자에 의해서 발전한다고 하였던가? 단국대 수학교육과 이강섭 교수는 1987년 그의 제자들과 함께 임해전지에서 출토된 주사위와 같은 복제품을 만들어서 7,000번 던졌다(참 대단한 분이다!! ^^). 그런데, 설마 교수님께서 직접 던지시기야 했겠는가? 아마도 그 교수님은 곁에서 구경하고 연구실의 학생들이 열심히 던졌을 것이다!! 하여간, 그 결과가 대단하다!! 실험 결과 어떤 면은 542번이 나왔고, 또 어떤 면은 468번만 나온 것도 있었지만, 거의 모든 면이 평균치인 500번에 가까웠다! 그래서 이 교수는 정다면체가 아닌 십사면체의 각 면의 넓이를 거의 똑같이 만들어 각 면이 나올 확률을 동일하게 만든 신라 장인의 솜씨가 놀랍다고 말했다. 우리가 봐도 참, 놀랍다!! 우리나라에서 1000년 전에 이런 일이 있었다니?

하여간, 주사위의 역사를 찾아보니 우리 선조의 지혜가 참으로 대단하다는 생각을 한다. 어찌 그 좁은 면에다가 그렇게 기발한 내용을 새겨 넣을 생각을 하였단 말인가? 그리고 그 술자리가 참으로 재미있었을 것 같다.

2010년 9월 6일 확률강의가 본격적으로 시작된 날 아침 어떤 학생이 위의 주렴구를 하나 만들어서 필자의 연구실을 찾아왔다. 그 학생은 종이로 주렴구를 만들었는데 거기에는 위에서 소개한 벌칙이 정확하게 적혀 있었다. 다음 그림은 그것을 디지털 카메라로 촬영한 것이다. 필자는 그것을 수업시간에 들고 들어가서 실감나게(?) 수업을 할 수 있었는데 언제 시간나면 학과회식때 가지고 가서 한 번 써먹어보아야겠다. 하여간 우리 주변에는 참 대단한 사람들이 많다.

그림 0-3 학생이 재현한 주렴구

5 가위 바위 보

여러분은 일상생활에서 가위 바위 보를 많이 해보았을 것이다. 사람들은 보통은 사소한 일을 두고 가위 바위 보로 순서를 가리는데 만약 가위 바위 보로 단 한판의 승부를 가리는 경우 여러분은 무엇을 내는 것이 가장 유리할까?

2007년 12월 20일자 중앙일보 인터넷판에서는 '가위 바위 보 게임을 할 때 맨 처음에는 가위를 내면 이길 확률이 가장 높다'는 뉴사이언티스트(New Scientist)지의 기사를 소개했다. 그에 따르면 그 이유는 다음과 같다.

① 가위, 바위, 보 세 가지 선택 가운데 사람들에게 가장 인기가 있는 것은 바위이다.

② 눈치가 빠른 사람들은 상대방의 의중을 간파하고 실제 게임을 시작할 때 자신은 바위를 이기는 보를 선택하는 경향이 있다

③ 그런데, 뛰는 놈 위에 나는 놈이 있다고, 더 재치있는 사람들은 이런 사람의 심리를 역이용해 가위를 낸다.

실례로 1천만 파운드짜리 인상파 화가의 그림을 갖고 있던 한 일본인 컬렉터는 세계에서 가장 유명한 경매회사인 크리스티와 소더비의 두 곳 중 어느 곳을 통해 그림을 팔 지 고민하다가 두 회사 대표를 불러서 가위 바위 보로 정할 것을 제의했는데(참, 이 아저씨도 할 일이 없는 사람이군… -저자생각-) 크리스티측 대표는 당시 11살짜리 딸의 말을 듣고 가위를 내 경매를 성사시킨 것으로 알려졌다(참, 이 아저씨는 더 웃기는 사람이군… -저자생각-). 그 소녀는 "누구나 상대가 바위를 낼 것으로 예상한다. 따라서 상대방은 그에 맞서서 보를 낼 것이다"라고 설명했는데 실제로 소더비사 대표는 이런 예상에 걸맞게 보를 냈던 것이다(그런데 그 똑똑한 소녀 지금은 어디서 무엇을 할지 궁금하네…^^ -저자생각-).

한편 뉴사이언티스트 지는 "이렇게 사람들이 처음엔 가위로 시작하지만 게임이 계속되면 다른 전략을 구사해야 한다"면서 "예를 들어 '나는 바위를 내겠다'고 말을 하고 그대로 할 경우 믿지 않는 상대가 전략에 말려들게 된다"고 지적했다.

가위 바위 보 게임에서 이길 수 있는 또 한 가지 전략은 상대가 먼저 냈던 손 모양을 보고 그에 따라 자신이 이길 수 있는 동작을 하는 것도 한 가지 방법인데, 그 이유는 가위 바위 보를 하는 사람들은 무의식적으로 자신이 낸 동작을 다음 번에는 바꾸는 경향이 있기 때문이다.

표 0-1은 사람들이 자신이 한 번 한 동작을 다음에는 바꾸는 경향이 있다고 가정하였을 경우 이길 수 있는 경우를 보이고 있다.

결론적으로 말하면 가위 바위 보를 계속해서 반복할 때 상대가 먼저 낸 동작에 대해서 자신이 지는 동작을 다음번 동작에서 내면 자신이 이길 확률이 높다는 것을

표 0-1 가위 바위 보의 승패 시나리오

상대가 먼저 낸 동작	상대가 다음에 낼 동작	내가 낼 수 있는 동작과 승패	내가 내면 유리한 동작
가위	바위 보	가위 : 이기거나 짐 바위 : 비기거나 짐 보 : 이기거나 비김	보
바위	가위 보	가위 : 이기거나 비김 바위 : 이기거나 짐 보 : 비기거나 짐	가위
보	가위 바위	가위 : 비기거나 짐 바위 : 이기거나 비김 보 : 이기거나 짐	바위

알 수 있다.

하여간 가위 바위 보는 확률게임임에는 분명하지만 이와 같이 복잡한 심리적 요소가 얽혀있기 때문에 위의 법칙이 반드시 적용된다고 말하기가 쉽지 않다. 참고로 필자는 이 원리를 당시 중학생인 아들에게 적용해 보았으나 전혀 효과가 없었다….

6 발가락이 닮았다?

여러분은 아마도 김동인의 소설 '발가락이 닮았다'를 읽어보았을 것이다. 여러분은 가족 중에서 누구를 가장 많이 닮았는가? 필자는 어릴 때 동네 사람들로부터 할아버지와 걸음걸이가 똑같아서 "멀리서 걸음걸이만 봐도 이주사 손자다(할아버지도 나도 멀리 앞을 보면서 성큼성큼 걷는다!)"라는 말을 많이 들었고 커서는 친척들로부터 "할아버지와 체격이나 성격이 많이 닮았다!(참고: 할아버지는 박학다식하셨으나 성격이 까칠하셨다!)"는 말을 많이 들었다.

한편, 필자의 아버지는 키가 180cm에 목소리는 노래처럼 부드러웠고 머리결이 아주 고와서 꼭 이승기와 배용준을 합친 것처럼 멋있었다. 필자의 아버지에게서 단 한 가지 흠이라면 얼굴에 여드름이 많았다는 것 정도이다. 반면에 필자의 어머니는 키도 작고 머리결은 억세고 목소리도 매끄럽지 못했는데 필자는 아버지의 좋은 점은 닮지 않고 어머니의 거친 머리결과 목소리를 닮았다.

사실 필자는 젊었을 때 얼굴에 여드름이 많다는 것을 제외하면 아버지와는 성격도 다르고 혈액형도 다르고(아버지는 A형, 필자는 B형) 공통점이 별로 없다. 혈액형은 어머니의 혈액형과 같고 필자가 다리 밑에서 주워온 것이 아닌 것은 아주 어릴 때부터의 증거가 집에 군데군데 많이 있기에 의심의 여지가 없다^^.

한편, 필자의 아들도 필자보다는 필자의 아버지를 더 닮아서 아들이 어릴 때 사진을 보면 할아버지(나의 아버지)를 참 많이 닮았다는 생각을 한다. 그래서 아들이 잘못을 저질러서 혼내주려고 다가가면 자꾸 아버지(필자의 아버지다 물론!) 얼굴이 어른거려서 뒤로 한발짝 물러서곤 했다. 아무리 그래도 아버지를 때릴 수는 없지 않은가?^^

그렇다면 왜 이런 일이 일어나는 걸까? 지금부터 그 이야기를 해보고자 한다.

영국 케임브리지대학교의 레슬리 냅(Leslie A. Knapp)교수팀은 진화생물학에서 흥미로운 문제 중 하나를 영국의 왕립학회보(Proceedings of the Royal Society B)

2009년 11월호(11월 4일)에 발표하였다. 그는 7개 국가를 대상으로 X염색체를 기준으로 하는 인구변화의 연구결과를 발표하였다. 그 결과에 의하면 손녀는 친할머니와 X염색체를 50%를 공유하며 손자는 X염색체의 측면에 대해서만 본다면 친할머니와 전혀 관계가 없음을 알아냈다. 물론 손녀는 친할아버지와는 아무런 관계가 없다.

한편, 손녀와 손자 모두가 외할머니와는 X염색체를 25%를 공유한다. 즉 손녀는 하나의 X염색체는 반드시 친할머니로부터 받고 나머지 하나의 X염색체는 외할머니 혹은 외할아버지로부터 받는다. 그리고 손자의 경우에는 Y염색체는 친할아버지로부터 받지만 X염색체는 외할아버지 혹은 외할머니로부터 받는다. 그림 0-4는 이 사실을 나타내고 있다.

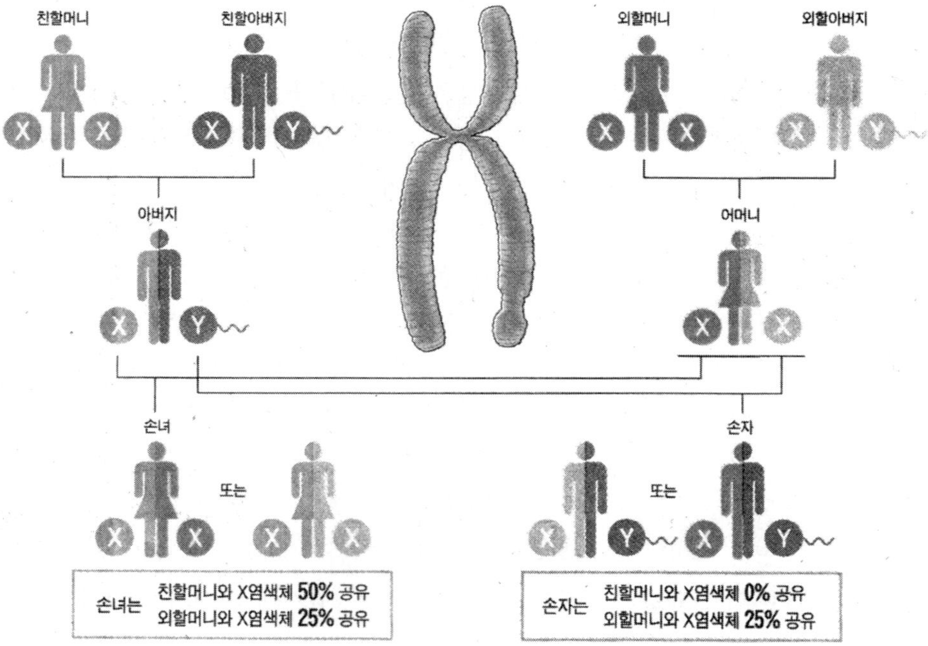

그림 0-4 3대간의 염색체 구성

한편, 부모자식 간에는 어떨까? 그림 0-4에 나타난 바와 같이 아들(그림에서 손자)은 어머니와 X염색체가 100% 같다. 즉, 아들의 X염색체는 어머니의 두 개의 X염색체 중에서 하나를 물려받는다. 그리고 Y염색체는 당연히 아버지로부터 물려받은 것이다. 반면에 딸(그림에서 손녀)은 하나의 X염색체는 아버지로부터 받고 나머지 하나의 X염색체는 어머니의 하나의 X염색체와 같다.

앞의 사실은 3대에 걸친 가족 간 유전이 확률에 의해서 결정됨을 보여주고 있다. 위의 이야기를 종합해 보면 필자는 외가의 X염색체와 친가의 Y염색체를 물려받았음을 알 수 있다.

요즘은 아이를 하나 혹은 둘만 낳기 때문에 아이가 부모 중 한쪽을 많이 닮을 확률이 높다. 그러나 필자의 세대만 해도 보통 한 가정에 자녀가 평균 5명 정도는 되었다. 필자의 5남매에 대해서 성격을 자세히 관찰해 보면 5남매 중 셋은 어머니를 나머지 둘은 아버지를 많이 닮았다. 따라서 자녀를 많이 낳으면 부모 및 조부모의 성격으로부터 물려받은 다양한 성격의 조합이 가능하기에 형제간에도 다양한 성격과 능력을 가진 아이가 태어날 것이고 그 와중에 싸우기도 하고 화해하기도 하면서 성장하기 때문에 아마도 그래서 형제가 많은 집안의 아이들이 성격이 좋다고 말하는 것은 아닌지 모르겠다. 동 연구결과에 의하면 인간의 X염색체는 생식능력이나 지능 등 인간의 생존에 아주 중요한 유전자를 가지고 있다고 한다.

그런데 위에서 이야기한 바와 같이 자녀의 염색체는 어머니와 아버지로부터 물려받는 것이므로 혹시 여러분 중에서 공부가 잘 안 되는 사람은 자신의 머리를 때리지 말고 어머니께 달려가서 항의라도 하거나 아니면 돌아가신 할머니 할아버지를 원망하여야 할 것 같다. 반대로 나중에 여러분의 자식이 공부를 기대만큼 못하더라도 너무 몰아세우지 말기 바란다.

7 이성(理性)과 감성(感性)사이

확률을 이야기할 때 자주 인용하는 예가 몇 가지 있다. 다음의 퀴즈를 풀어보기 바란다.

퀴즈 1 투명한 유리 항아리에 아래의 두 가지 상황이 주어졌을 때 붉은 구슬을 잡으면 상금으로 10만원을 준다고 할 때 어느 쪽을 선택할 것인가?

ㄱ. 9개의 흰 구슬과 1개의 붉은 구슬
ㄴ. 92개의 흰 구슬과 8개의 붉은 구슬

조사에 의하면 위의 제안에 대해서 30~40%의 학생이 ㄴ을 선택했다고 한다. 그런데 확률로 볼 때는 ㄱ이 10%이고 ㄴ이 8%이므로 ㄱ을 선택하는 것이 당연할텐데 왜 30~40%의 학생은 ㄴ을 택했을까? 이 현상을 다음의 세 학자는 다음과 같이 해석했다.

① 세이무어 엡스타인(Seymour Epstein): 대부분의 사람은 복잡한 계산을 싫어하고 본능적으로 생각하는 경향이 있어서 ㄴ에 붉은 구슬이 더 많이 들어있다고 생각하기 때문이다.

② 폴 슬로비치(Paul Slovic): 이것은 분모 무시(Denominator neglect)현상이다. 즉, 사람들은 분모의 수는 크게 신경쓰지 않고 분자의 수가 큰 것을 고른다(위에서 분자를 보면 ㄱ은 1, ㄴ은 8로 ㄴ이 분자의 값이 크다. 그러나 분모를 보면 ㄱ은 10, ㄴ은 100인데 이것은 무시한다)

③ 대니얼 카네만(Daniel Kahneman): 사람들은 유리 항아리를 보는 순간 단 한 개의 붉은 구슬이 들어있는 ㄱ 항아리에 비해 8개의 붉은 구슬이 들어있는 ㄴ 항아리가 눈에 더욱 강하게 들어온다. 이것을 뚜렷한 영상 효과(Vivid imagery effect)라고 한다.

다음의 퀴즈를 풀어보자.

퀴즈 2 **여러분이 맞아야 할 간염 예방주사에 대해서 다음과 같은 두 가지 통계가 있다고 할 때 여러분은 어느 쪽이 더 신경이 쓰이는가?**

ㄱ. 10만 명 중 1명은 사망할 수 있다.
ㄴ. 0.002%의 확률로 사망할 수 있다.

조사에 의하면 대부분의 사람들은 ㄱ을 선택했다고 한다. 그러나 계산을 해보면 사실은 ㄴ이 ㄱ보다 두 배나 더 위협적이다. 그럼에도 불구하고 왜 사람들은 ㄱ을 택했을까?

심리학을 연구하는 전문가들에 의하면 대부분의 사람들은 확률을 추상적인 값으로 제시할 때보다는 구체적인 수치로 표시할 때 더욱 심각하게 받아들인다고 한다. 그리고 사망률이 0.002%라고 하면 거의 죽을 확률이 없다고 생각하면서도 10만 명 중에 1명이 죽는다고 하면 마치 그 사람이 자기자신이 될 수도 있다고 생각하는 것이다.

이와 같은 일은 법정에서도 많이 일어나는데 어떤 피의자의 DNA 검사를 의뢰했을 때 오판율이 0.1% 또는 1000명 중에 1명이라고 한다면 그 피의자의 변호사는 대개 1000명 중에 1명이라는 표현을 써서 그 피의자의 DNA가 아닌데 오판을 해서 일치되는 것으로 주장을 하고 반대로 검사는 오판율이 0.1%밖에 안 되므로 그 DNA는 피의자의 것과 일치한다고 주장한다고 한다.

이번에는 다음의 퀴즈를 풀어보자.

퀴즈 3 여러분은 아래의 두 가지 중에서 어느 쪽을 선택할 것인가?

ㄱ. 확률 5%로 만원을 받을 수 있다.

ㄴ. 확률 95%로 1000원을 받을 수 있다.

이 문제에 대해서도 많은 사람들은 ㄱ을 선택한다고 한다. 그런데 실제로 받을 수 있는 기대치를 구해보면 ㄱ은 $0.05 \times 10000 + 0.95 \times 0 = 500$, ㄴ은 $0.95 \times 1000 + 0.05 \times 0 = 950$으로 ㄴ의 경우가 거의 2배의 돈을 받을 수 있다. 그럼에도 불구하고 사람들은 왜 ㄱ을 선택한 것일까?

어떤 사람은 ㄴ이 돈을 받을 확률은 높지만 액수가 작아서 관심이 없는 반면에 ㄱ은 비록 확률은 낮지만 큰 돈을 손에 넣을 수 있다고 판단하기도 하고, 또 어떤 사람은 실리적으로 비록 적은 금액이지만 돈을 받을 수 있는 확률이 높기에 ㄴ을 택했다고 할 것이다.

마지막으로 다음의 퀴즈를 풀어보자.

퀴즈 4 아래의 둘 중에서 하나를 택하시오.

ㄱ. 무조건 만원을 내 놓으시오.

ㄴ. 주사위를 던져서 2보다 큰 수가 나오면 2만 천원을 내놓으시오.

여러분은 어느 쪽을 선택하였는가? ㄱ을 선택하면 사람들은 무조건 만원을 내놓아야 한다. 반면에 ㄴ을 선택하면 평균적으로 14,000원을 내놓아야 한다. 그럼에도 불구하고 많은 사람들은 ㄴ을 선택한다고 한다. 왜 그럴까? 우선 ㄱ을 선택하면 무조건 만원을 내야하지만 ㄴ을 선택하면 33.33%의 확률로 돈을 한푼도 내지 않을 수도 있기 때문이다. 물론 그 반대의 확률이 높으므로 이 기대는 실현되지 않을 가능성이 높지만 이것을 기대치의 함정이라고 부른다.

위의 네 가지 퀴즈는 우리가 일상생활에서 접하는 확률적 선택의 문제에서 사람이 얼마나 비이성적으로 결정을 내리는지를 나타내는 전형적인 현상을 나타내는 예이다. 의외로 많은 사람들이 고도의 수학적 지식을 가지고도 이와 같이 어처구니없는 판단을 내린다고 한다.

CHAPTER 01

확률의 기초

제1장에서는 확률에 대한 기본적인 배경과 개념을 소개하기로 한다. 먼저 확률을 배우는 이유에 대하여 알아보고 이어서 확률의 계산에 있어서 기본이 되는 경우의 수에 대하여 생각해 본다. 그리고 확률의 개념을 정의하고 확률값을 계산하는 방법을 알아본다.

1 확률의 정의

확률이라는 말은 우리가 평소에 자주 접하는 단어이다. 특히 우리나라 모 TV의 9시 뉴스는 맨 마지막에 일기예보로 끝을 맺는데 지역마다 도시마다 매일 비올 확률이 다르다. 또 우리가 평소 생활 중에서도 확률을 사용하곤 하는데, 예를 들면 '로또 1등에 당첨될 확률이 팔백십사만분의 일이다'라든지 '겨울에 눈이 내릴 확률은 높다' 등이다. 이때 앞의 문장은 어떤 일이 일어날 확률을 구체적인 수치로 표시하여 **정량적**(定量的, Quantitative)으로 나타낸 것이고, 뒤의 경우에는 확률값은 구체적으로 나타내지 않고 그냥 높다고 말하여 **정성적**(定性的, Qualitative)으로 나타낸 것이다.

이처럼 **확률**(確率, Probability)이란 우리가 관심을 가지고 있는 어떤 일에 대하여 그 일이 일어날 가능성(possibility)이 얼마인지를 나타내는 것인데, 좀 더 엄밀히 말하면 향후 일어날 사건에 대하여 그 사건이 일어날지 아닐지가 확실하지 않은 경우 그 사건이 일어날 "**확실한 정도**(Probable + ability)"를 다루는 학문이다.

우리 주변의 물리적인 현상을 관찰해보면 대부분의 사건은 두 가지로 나눌 수 있다. 하나는 사건이 일어날 가능성이 **확정적**(確定的, Deterministic)인 경우이고 다른 하나는 **비확정적**(非確定的, Non-Deterministic)인 경우이다. 여기서 확정적인 사건은 사건이 반드시 일어나는 것을 표현하는데, 예를 들면 '내일은 온다.' 즉, '내일은 태양이 뜬다'이다.

한편, 비확정적인 사건은 미래에 그 사건이 일어날 수도 있고 일어나지 않을 수도 있으므로 다른 말로는 **확률적**(確率的, Stochastic)이라고 한다. 비확정적 표현의 예로서는 "내일 비가 올 확률이 50%"와 같은 것이다. 즉, 내일은 비가 올 수도 있고 오지 않을 수도 있는데 그 확률이 반반이라는 말이다. 이때 사람들은 참으로 난처하다. 우산을 가지고 가야할지 그냥 가야할지…. 그러나 답은 간단하다. 자기 자신이 판단해서 우산을 가져갈지 아닌지 결정하는 것이다. 확률적 사건에 대한 판단에는 개인의 주관이 개입되는데 나중에 언급할 주관적 확률모형이 이와 같은 경우에 해당한다.

확률사건의 예로서는 어떠한 것이 있을까? 주사위 던지기, 가위바위보, 도박, 주식 투자, 신제품의 성공여부, 승진 가능성, 날씨, 환율, 도로의 교통량, 바람의 세기, 네트워크가 붐비는 정도 등 이루 셀 수 없이 많은 예가 있는데 이와 같은 사건은 한결같이 **임의성**(Randomness) 혹은 **불확실성**(Uncertainty)을 띄고 있다.

그림 1-1을 보자. 내부의 모습이 보이지 않는 상자(Black box)가 하나 있고 좌측으로부터 입력되는 신호는 이 상자를 거쳐서 우측으로 전달된다. 그런데, 이 상자는 외부로부터 간섭을 받을 수 있다.

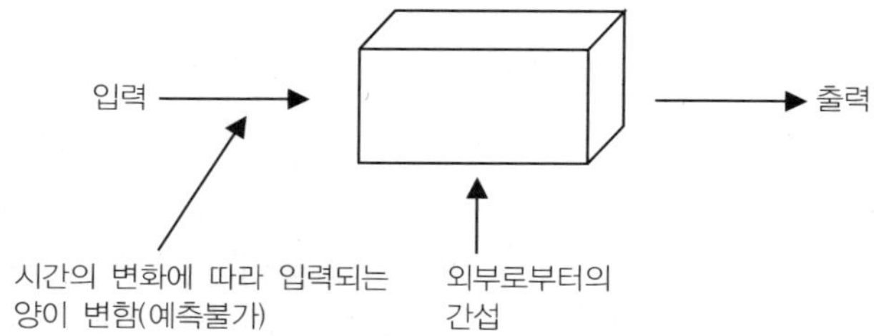

그림 1-1 예측 불가능한 시스템의 동작

만약 이 시스템이 디지털 신호를 보내는 장치라고 생각해보자. 그러면 시간의 흐름에 따라 0 혹은 1의 신호가 줄줄이 사탕처럼 왼쪽에서 오른쪽으로 전달될 것이다. 이때 만약 외부로부터 간섭이 없을 경우에는 입력측에서 들어간 신호가 출력측으로 순서대로 전달되므로 이 시스템은 확정적인 시스템이다.

그러나 정상적으로 동작하던 시스템에 갑자기 외부로부터 예측불가능한(random 한) 잡음 신호가 흘러들어간다고 가정해보자. 그리고 잡음 신호는 전혀 예측할 수 없는 0 혹은 1의 수열이며 이 잡음은 시간축에서 완전히 랜덤하게 발생한다고 가정하자. 그러면 출력측에는 처음의 입력신호와는 전혀 다른 신호가 나타날 것이고 그 신호는 도대체 어떤 모양을 할 지 예측할 수 없다.

실제로 2007년 여름 어느 날 대전에서 일어난 사건인데, 국내의 K모 방송에서 9시 뉴스를 진행하면서 서울의 아나운서(A)와 대전의 K기자(B)사이의 통화 중에서 방송사고가 났다. 아래는 그때의 상황을 저자의 기억대로 재구성한 것이다.

A: 대전에 있는 모회사에서는 노사간에 단체협상이 결렬되어서 현재 노조와 사측간에 충돌이 벌어져서 시끄러운 모양입니다. 자세한 사정을 대전으로부터 알아보도록 하겠습니다. 대전의 K기자?

B: 왜?

A: '?? (어딘가 좀 이상한데… 으흠. 그래도 차분히 진행을 해야지)' 오늘 노사간 단체협상이 결렬된 모양인데 그 이유를 좀 이야기 해주시지요.

B: 몰라!!

A: ^^;; 죄송합니다. 현재 통신사정이 좋지 못해 나중에 다시 연결하겠습니다. @#$%^&*?.

그럼 대전에서는 대체 무슨 일이 일어난 것일까? 사정은 이랬다. 대전의 K기자는 9시 뉴스가 시작된 뒤 서울에 있는 방송사의 전화가 오기를 기다리고 있었다. 그런데, 그 사이에 PCS에 개인적인 전화가 걸려온 것이다. 그런데 그와 거의 동시에 서울의 회사에서도 전화가 연결된 것이다. 그런데 그 기자는 서울에서 전화가 연결된 줄은 모른 채 개인적으로 걸려온 사람과 통화를 하고 있었는데 누구와 통화를 했는지는 모르겠지만 "왜?"라고 퉁명스럽게 묻고 그 다음 물음에는 "몰라!!"라고 대답을 한 것이다. 그것이 아주 우연하게도 시간동기(Time synchronization)가 딱 들어맞아서 이렇게 괴상한 대화가 되어버린 것이다. 필자는 휴대전화도 가지고 있지 않아서 충고를 할 자격이 있는지 모르겠지만 '중요한 임무를 맡은 사람이라면 적어도 휴대전화는 끄고 기다려야 하지 않을까…?'

그런데, 여기서 질문 하나, 이런 일이 일어날 확률은 얼마일까?^^ 나는 태어나서 이런 일은 처음 보았다!! 이와 같은 사건을 **희귀사건**(稀貴事件, Rare event)이라고 한다. 희귀사건은 자주 일어나지는 않지만 일단 일어나면 아주 중요한 결과를 가져온다. 일반적으로 공학적인 문제에서 제품의 신뢰성, 안전성, 품질 등은 아주 엄격한 수준을 요구한다. 예를 들면 비행기가 추락할 확률은 아주 작아야 한다. 그렇지 않다면 누구도 비행기를 타려고 하지 않을 것이다. 한편 데이터 통신에서 패킷의 전송에 대하여 보통 10^{-6}에서 10^{-9}의 에러율을 요구하는데 이 값은 100만개에서 10억개 정도의 패킷을 보낸다고 가정할 때 1개 이상의 패킷손실은 허용하지 않는다는 의미이다. 따라서 이와 같은 일은 자주 일어나면 안 되는 것이다.

먼저 다음에서는 확률의 기본이 되는 경우의 수에 대하여 알아본다.

2 경우의 수

경우의 수(Counting)란 어떤 사건이 일어날 수 있는 모든 가능한 경우의 수를 나타내는 것으로서 유한한 원소의 개수(가령 n)를 가지는 **표본공간**(標本空間, Sample space) 내에 있는 임의의 사건이 일어날 경우의 수를 계산하는 것이다.

예를 하나 들어보자. 세계적으로 가장 인기가 있는 스포츠 행사로 4년마다 열리는 월드컵 축구가 있다. 우리나라도 2002년에 일본과 공동개최를 한 적이 있는데 이때 우리나라가 기적적으로 4강에 진출하는 신화를 이룩하기도 했다.

월드컵 본선에는 대륙별 지역예선을 통하여 뽑은 32개의 팀이 본선에 진출하여 챔피언을 가리는데 경기방식은 다음과 같다.

① 본선에 진출한 32개 팀을 4개 팀씩 8개의 조(A조부터 H조까지)로 나누어서 리그전을 가진 뒤 각 조 상위 2개 팀이 16강에 진출한다.
② 16강에 진출한 팀은 미리 정해진 규칙(가령 A조 1위와 D조 2위가 한 조)에 의하여 다시 8개의 조로 나누어서 토너먼트 방식으로 경기하여 8강에 진출한다.
③ 8강에 진출한 팀은 다시 미리 정해진 규칙에 의해 4개의 조로 나누어서 토너먼트 방식으로 경기하여 4강(준결승)에 진출한다.
④ 4강에 진출한 팀은 다시 미리 정해진 규칙에 의해 2개의 조로 나누어서 토너먼트 방식으로 경기하여 결승에 진출한다.
⑤ 4강에서 진 두 팀이 3, 4위전을 치른다.
⑥ 결승에 진출한 두개의 팀은 우승컵을 놓고 결전을 벌인다.

여기서 퀴즈 하나! 한 경기에 입장하는 관중이 6만 명이고 한 사람당 입장료가 20달러라고 한다면 월드컵 조직위원회는 입장료로 얼마의 수입을 올릴까?

여러분은 혹시 점자에 대해서 알고 있는가? 점자는 19세기 초에 프랑스의 군인이 작전 내용을 적이 알 수 없도록 암호화하기 위해서 개발한 것인데, 그 후 시각장애인인 루이 브라유(Braille)가 자신과 같은 시각장애인용 글자로 처음 사용했다고 한다.

필자는 엘리베이터의 숫자판에 점자가 있는 것을 평소에는 대수롭지 않게 보고 지나쳤는데 이 책을 쓰면서 자세히 보니 하나의 점자는 가로 2개, 세로 3개의 총 6개의 점으로 구성되어 있다. 물론 엘리베이터에 있는 점은 6개의 점이 약간 떨어져서 나란히 배열된 12개인데 그것은 숫자를 나타내는 6개의 점(한글 자음 'ㄴ'자를 왼쪽으로 90도 회전한 모양인데 이것을 수표라고 함)이 숫자의 앞에 더해진 경우이고 일반적으로는 6개의 점으로 하나의 자음, 모음, 약자(한글의 경우), 숫자, 그리고 심지어 연산부호까지 표기할 수 있다(자세한 사항은 부록 3과 4를 참조). 점자는 물론 영어, 일어, 중국어 등 세상의 거의 모든 언어를 표기할 수 있다. 그러면 여기서 또 퀴즈 하나! 6개의 점으로 이루어진 점자가 표기할 수 있는 경우의 수는 몇 개일까? 그리고 만약 6개의 점으로 표기할 수 없는 경우에는 어떻게 하면 될까?

한편, 우리가 자주 접하는 문제로서 어떤 실험에서 사건의 결과를 순서에 따라 나열을 하는 경우의 수와 그냥 사건이 일어날 경우의 수만 계산하는 두 가지 경우를 생각할 수 있는데 앞의 경우를 순서대로 나열한다고 하여 **순열**(順列, Permutation)이라 하고 뒤의 경우를 순서에는 관계없이 경우의 수만 계산한다고 하여 **조합**(組合, Combination)이라고 한다.

1) 순열

순열(順列, Permutation)은 실험결과 얻어진 원소를 순서에 의해서 나열하는 방법이다. 가령, 갑, 을, 병의 세 사람을 일렬로 세우는 방법을 생각해보자. 그러면 다음의 결과를 얻을 수 있다.

갑이 가장 앞에 올 경우: 갑을병, 갑병을
을이 가장 앞에 올 경우: 을갑병, 을병갑
병이 가장 앞에 올 경우: 병갑을, 병을갑

즉, 갑, 을, 병의 세 사람을 일렬로 세우는 방법은 총 6가지이다.

우리는 위에서 세 명의 사람을 나열하는 방법을 알아보았는데 실제로는 모든 사람을 나열할 수도 있지만 일부의 사람만 뽑아서 나열할 경우도 있다. 아래에서는 이와 같은 문제를 생각해 보기로 한다.

(1) 표본공간의 모든 원소를 나열하는 방법

이번에는 100명의 사람을 모두 일렬로 세우는 방법이 몇 가지인지 알아보자. 물론

이 경우에 앞에서 세 명의 사람을 나열한 것과 같은 방법으로 경우의 수를 계산할 수 있다. 그러나 하루 종일 이 문제에 대한 경우의 수를 구하고자 하는 사람은 없을 것이다.

위의 문제로 돌아가서 규칙을 찾아보자. 그림 1-2는 어떤 위원회에 참석한 갑, 을, 병의 세 사람이 앉을 자리를 나타낸 것이다.

그림 1-2 세 사람이 앉을 자리

이때 각 자리에 들어갈 수 있는 경우의 수를 생각해보자.

- 첫 번째 자리에는 갑, 을, 병 세 사람이 들어갈 수 있다. 따라서 경우의 수는 세 가지이다.
- 두 번째 자리에는 갑, 을, 병 세 사람 중에서 첫 번째 자리에 앉은 사람을 제외한 나머지 두 명이 앉을 수 있다. 따라서 경우의 수는 두 가지가 된다.
- 마지막으로 세 번째 자리에는 갑, 을, 병 세 사람 중 첫 번째와 두 번째 자리에 이미 앉은 사람을 제외한 나머지 한 명이 앉을 수 있다. 따라서 경우의 수는 한 가지가 된다.

갑, 을, 병의 세 사람을 일렬로 세우는 방법은 $3 \times 2 \times 1 = 3! = 6$가지이다.
이 문제를 이용하면 100명의 사람을 일렬로 세우는 방법은 100!이다.
이 문제를 일반화하면 n명의 사람을 일렬로 나열하는 경우의 수는 $n!$가지이다.

(2) 표본 공간에서 일부의 원소만 나열하는 방법

한편, 이번에는 표본 공간의 원소 중에서 일부만 뽑아서 나열하는 방법을 생각해 본다. 즉, 어떤 조직에 있는 n명의 사람 중에서 k명의 사람을 뽑아서 일렬로 나열하는 방법은 몇 가지인지 생각해보자. 이 경우도 앞의 경우와 크게 다르지 않다. 다만, 뽑는 사람의 수가 표본 공간 중 일부에 해당하므로 이에 대한 어떤 제약을 가하는 작업이 더해져야 한다.

문제를 간편하게 하기 위해서 다시 위의 세 개의 자리 문제로 돌아가자. 창원의 장미공원에 갑, 을, 병, 정, 무의 다섯 명의 사람이 놀러 갔다. 공원에는 장미가 만발하고 분위기도 참 좋았다. 그런데, 그 공원에는 사람이 많아서 다른 의자는 모두 사람이 앉아있고 오직 하나의 의자만 비어있었는데 그 의자는 단 세 명만이 앉을 수 있다. 그래서 화기애애하던 분위기는 금세 싸늘해졌다. 어떻게 할 것인가?

마침 그들의 앞을 지나가는 사람(김흥국씨)에게 물어보았다. 그의 답은 간단했다. "그냥 먼저 들이미는 사람이 앉으면 된다"고 했다.^^

김흥국 아저씨가 지나간 뒤 그들은 다시 고민을 하기 시작했다.

- 첫 번째 자리에 사람을 배치할 경우의 수는 다섯 명 중에 한 명을 고르는 경우의 수이므로 5가지
- 두 번째 자리에는 첫 번째 자리에 앉은 사람을 제외한 나머지 네 사람 중 한 명이 앉을 수 있으므로 4가지
- 세 번째 자리에는 나머지 세 사람 중 한 명이 앉을 수 있다. 따라서 세 번째 자리에 사람을 배치할 경우의 수는 3가지

결국 다섯 사람 중 세 명을 골라서 일렬로 앉히는 방법은 $5 \times 4 \times 3 = 60$가지이다.

자, 이번에는 스케일을 좀 더 크게 하자. 100,000,000명을 데려다가 세 명만 뽑아서 일렬로 나열하는 경우의 수는 얼마일까? 100,000,000명을 데려다가 세 명만 뽑아서 일렬로 나열하는 경우의 수는 $100{,}000{,}000 \times 99{,}999{,}999 \times 99{,}999{,}998$^^ 그런데 이거 얼마지???

문제를 일반화시켜서 n명의 사람 중에서 k명의 사람을 뽑아서 일렬로 나열하는 방법은 몇 가지일까? 답은 $n\times(n-1)\times \cdots \times(n-k+1)$가지이다.

이상의 결과로부터 다음의 법칙을 만들 수 있다.

n개의 서로 다른 원소 중 k개의 원소를 뽑아서 일렬로 나열하는 경우의 수(이를 ${}_nP_k$라고 나타내자)는 다음과 같이 나타낸다.

$${}_nP_k = n\times(n-1)\times \cdots \times(n-k+1)$$

위의 식을 다음과 같이 표현할 수 있다.

$${}_nP_k = \frac{n!}{k!}$$

위의 식에서 P는 **순열**(Permutation)의 첫 글자 P를 딴 것이다.

그리고 이처럼 n명의 사람 중에서 k명의 사람을 뽑아 일렬로 나열하는 경우는 여러분이 고등학교에서 경우의 수에 대해 공부할 때 단골로 등장하는 복주머니의 문제에서 만난 적이 있을 것이다. 즉, 복주머니에 들어있는 n개의 서로 다른 구슬

중에서 k개의 구슬을 끄집어내서 배열하는 문제와 같다.

여기서, 구슬을 끄집어내는 방법은 일반적으로 두 가지가 있다. 하나는 한 번 끄집어낸 구슬은 다시 집어넣지 않는 경우인데 이와 같은 실험을 **비복원추출**(非復元抽出)이라고 한다. 한편, 추출한 구슬을 다시 집어넣는 경우는 **복원추출**(復元抽出)이라고 한다.

여기서 왜 복원여부를 논하느냐 하면 추출방법에 따라서 경우의 수가 다르기 때문이다. 즉, n개의 서로 다른 구슬 중에서 k개의 구슬을 끄집어내서 배열하는 문제에서 만약 비복원추출이라면 위에서 이야기한 방법이 될 것이지만, 복원추출이라면 매 실험이 처음의 실험이 되므로 배열의 경우의 수는 n^k이기 때문이다.

예제 1.1

10장의 서로 다른 색의 색종이 중에서 5장을 일렬로 배열해서 카드를 만들 때 모두 몇 가지를 만들 수 있는가?

[풀이] 10장의 색종이 가운데 서로 다른 5장을 골라서 일렬로 나열하는 방법이므로 총 경우의 수는 다음과 같다.

$$_{10}P_5 = \frac{10!}{5!} = 30{,}240 \text{가지}$$

문제 1.1

빨강, 노랑, 파랑, 흰색, 검정의 5개의 구슬에 0, 1, 2, 3, 4의 값을 부여하여 주머니에 넣은 후 이 구슬이 들어있는 주머니에서 한 번에 하나씩 세 개의 구슬을 끄집어내어 높은 자리부터 숫자를 배열하여 세 자리 숫자를 만든다고 하자. 단, 첫 번째 택한 숫자가 0일 경우에는 무효로 처리하고 다시 끄집어낸다고 한다. 이때 다음의 물음에 답하라.

(1) 복원 추출의 경우 세 자리의 홀수는 몇 가지 만들 수 있는가?
(2) 비복원 추출의 경우 세 자리의 짝수는 몇 가지 만들 수 있는가?

문제 1.2

Galileo Galilei

옛날옛날 아주 옛날에 도박꾼 사이에 주사위 세 개를 던져서 나온 눈의 합으로 가장 잘 나오는 수는 얼마인가 하는 문제가 있었다. 도박꾼은 대개 9 아니면 10이라는데 까지는 의견의 일치를 보았다. 그러나 그들은 둘 중 어느 것이 더 자주 나오는지는 분명하게 알지 못했다. 그런데, 이 문제를 깨끗하게 해결한 사람이 있었으니 그는 이탈리아의 과학자인 갈릴레오 갈릴레이(Galileo Galilei, 1564~1642)이다. 그럼, 정답은 무엇이고, 갈릴레이는 어떻게 알아냈을까?

2) 조합

조합(組合, Combination)이란 어떤 집합에서 구성원의 전체 또는 일부를 추출할 때 순서에 관계없이 그냥 선택하는 경우의 수만을 고려하는 실험을 말한다. 즉 n명의 사람 중에서 k명의 사람을 일렬로 세우지 않고 그냥 뽑기만 하는 경우의 수는 어떻게 될까? 이것이 바로 조합의 문제이다.

그런데 선택은 하되 나열하지 않는다고 하니까 더 쉬울 것 같은데 막상 계산하려니까 오히려 더 복잡하게 느껴진다. 왜 그럴까? 이유는 순열처럼 자리가 정해져 있고 그 자리에 정렬을 하는 경우에는 머리속에 그림이 떠올랐는데 이제 자리의 구별이 없으니 더욱 혼란스러운 것이다.

그러나 우리는 앞에서 순서를 고려하여 추출하는 실험을 하였으므로 일단 거기서 실마리를 찾을 수 있다. 즉, 먼저 추출한 것을 나열해 놓고 거기서 나열하는 경우의 수를 빼서 계산하는 것이다.

다음과 같이 세 가지 단계로 나누어서 생각하자.

- n명의 사람 중 k명의 사람을 뽑아서 일렬로 나열하는 경우는 ${}_nP_k$가지
- k명을 일렬로 나열하는 경우의 수는 $k!$가지
- 우리가 관심을 가지는 것이 n명의 사람 중에서 k명의 사람을 위치에 관계없이 뽑기만 하는 경우의 수이므로 앞에서 얻은 결과에서 k명의 사람을 나열하는 경우의 수만큼 나누어 주면

$${}_nC_k = \frac{{}_nP_k}{k!} = \frac{n!}{k!\,(n-k)!}$$

단, ${}_nC_k$의 C는 **조합**(Combination)의 첫 글자로부터 나온 것이다.

조합의 예로서 로또 복권이 있다. 로또 복권은 고객이 1부터 45까지의 숫자 중에서 중복되지 않게 6개의 숫자를 정하는 방법인데 여러분이 선택한 6개의 숫자와 로또 운영회사가 비복원추출한 숫자가 모두 같으면(단, 순서는 관계가 없다) 1등에 당첨된다. 따라서 로또는 조합에 의한 경우의 수로서 조합의 총 경우의 수는 ${}_{45}C_6$ (=8,145,060)가지이다.

한편 **이항정리**(二項定理)로부터 다음의 식을 얻는다.

$$(x+y)^n = \sum_{k=0}^{n} {}_nC_k\, x^k y^{n-k}$$

이와 같은 이유로 ${}_nC_k$를 **이항계수**(二項係數, Binomial coefficient)라고 한다. 한편, ${}_nC_k$를 $\binom{n}{k}$로 표현하기도 한다.

[조합의 물리적 의미] 조합이 나타내는 물리적인 의미를 요약하면 다음과 같다.

① n개의 대상물 중 k개를 선택하는 방법의 수

② n개의 대상물을 선택된 집단 k개와 제외된 집단 $n-k$로 분할하는 방법의 수

예제 1.2

창원대 정보통신공학과에는 성(Family Name)이 다른 교수 6명이 있다. 그런데 6명이 두 대의 승용차에 세 명씩 나누어 타고 출장을 가려고 한다. 이때 가능한 경우의 수는 몇 가지인가?

[풀이] 6명의 교수가 두 대의 차에 각각 세 명씩 나누어서 타고 가기 위해서는 먼저 어느 한 차에 타고 갈 세 명의 교수들의 멤버를 구성해야 한다. 그러면 나머지 세 명은 그냥 다른 차에 타면 된다. 따라서 6명 중에서 세 명을 골라야 하는데, 이때 가능한 경우의 수는 ${}_6C_3 = \frac{6!}{3!3!} = 20$가지이다.

문제 1.3

가로가 세로보다 조금 더 긴 직사각형의 흰색 타일 30개를 써서 가로 6열, 세로 5단으로 만든 커다란 벽보판이 있다고 하자. 이때 빨간색 분필을 가지고 있는 사람이 타일을 한 개 이상 조합하여 그릴 수 있는 직사각형은 모두 몇 가지인가?

위에서 우리는 n개의 대상물을 두 개의 그룹으로 나누는 경우의 수를 공부하였는데 때로는 셋 이상 여러 개의 그룹으로 나누어야 할 경우도 있다. 지금부터는 이 문제를 생각해보기로 한다. n명의 학생이 있다고 하자. 그 중에서 학생수가 n_1, n_2, $\cdots$, n_k인 k개의 서로 다른 그룹으로 나누는 방법의 수는 얼마일까?

학생이 서너명 정도라면 종이위에 이름을 적어놓고 이리저리 경우의 수를 생각해가면서 헤아려볼 수 있을지 모르지만 그냥 n명이라고 하니 대충 생각해서는 방법이 떠오르지 않을 것이다. 이때는 단계적으로 생각하면 쉽게 풀린다.

① n명의 학생 중에서 n_1명의 학생을 뽑아내는 방법은 $_nC_{n_1}$가지이다. 그리고 남은 학생의 수는 $n-n_1$명이다.

② 두 번째 그룹의 학생을 뽑는 방법은 $_{n-n_1}C_{n_2}$가지이다. 그리고 남은 학생의 수는 $n-(n_1+n_2)$명이다.

③ 위처럼 계속해서 k번째 그룹을 뽑는 방법의 수는 $_{n-\sum_{i=1}^{n-1}n_i}C_{n_k}$가지이다.

④ 각 그룹의 경우의 수에 대하여 나머지 그룹의 경우의 수의 곱의 법칙을 적용하면 가능한 방법의 수는 다음과 같다.

$$_nC_{n_1} \times {}_{n-n_1}C_{n_2} \times \cdots {}_{n-\sum_{i=1}^{n-1}n_i}C_{n_k} = \frac{n!}{n_1!n_2!\cdots n_k!}$$

위의 식을 다음과 같이 표시하기로 한다.

$$\binom{n}{n_1,\ n_2,\ \cdots n_k} = \frac{n!}{n_1!n_2!\cdots n_k!}$$

위의 식을 이항계수의 개념의 연장으로서 **다항계수**(多項係數, Multimodial coefficient)라고 한다.

예제 1.3

창원대학교 정보통신공학과 4학년 학생 40명은 2학기 기말고사가 끝난 뒤 지도교수 이훈교수와 함께 학창시절을 마무리하는 의미에서 남해 상주해수욕장과 금산 보리암에 엠티를 가기로 하였다. 그런데 이교수의 4인승 승용차, 12인승 승합차, 그리고 24인승 미니버스 한대씩이 준비되어 있다. 이때 학생들을 세 그룹으로 나누어서 타고 갈 수 있는 방법의 수를 구하라.

[풀이] 총 40명의 학생을 4명, 12명, 24명의 세 그룹으로 나누는 방법의 수이므로 다음과 같다.

$$\binom{40}{4,\ 12,\ 24} = \frac{40!}{4!12!24!}$$

[저자 注] 계산은 각자 알아서 하시오.

3) 배치문제

순열과 조합은 어떤 사건이나 사물의 집합 내에 있는 물건의 선택문제를 다루는 것이다. 그리고 이 문제는 생물학, 화학 등 자연과학 실험에서도 나타나고 경제학에서 여러 가지의 선택 가능한 전략의 수립에서도 사용되고, 또 공학적 문제에서도 자주 등장한다. 가령, 시간분할(Time division) 무선통신채널에서 시간축을 등간격으로 나누어진 이산적인 여러 개의 타임슬롯(Time slot)으로 분할하여 데이터를 전송할 때 하나의 타임슬롯 내의 데이터 유무의 문제도 이와 같이 경우의 수와 관련된 문제인데 이와 같은 문제를 **배치문제**(配置問題, Placing problem)라고 한다.

배치문제의 예로서 자주 등장하는 소재는 항아리에 공을 넣는 문제 혹은 테이블에 사람을 배치하는 문제가 있다. 대부분의 학생들이 고등학교 수학책에서 한 번쯤은 이 문제를 접해본 경험이 있는데 의외로 많은 학생이 어렵다고 생각한다. 특히 테이블의 모양이 원, 정사각형, 직사각형 등 모양이 다름에 따라 배치방법의 수가 다른데 사실 원리를 알면 아주 간단한 문제이다.

먼저 다음과 같은 경우를 생각해보자. 어느 시골집 마당에 항아리 n개가 있고 공이 k개 있다. 이때 다음과 같은 현상이 존재한다.

① 항아리는 순서대로 배치할 수도 있고 순서와 무관하게 배치할 수도 있는데 그에 따라 배치방법도 달라진다.

② 공에 대해서는 색깔이 다를 수도 있고 같을 수도 있는데 그에 따라 배치방법은 또 달라질 것이다.

③ 하나의 항아리에 공을 1개만 넣을지 아니면 여러 개를 넣을지에 따라 경우의 수도 다르다.

도대체 왜 항아리의 악몽은 여러분의 머리를 아직도 아프게 하는가? 우리는 항아리에 구애될 필요는 없다. 다만, 항아리는 우리가 해결해야 할 문제를 추상적으로 나타내는 하나의 아이콘(icon)에 불과하다.

먼저 항아리는 구별이 불가능하다고 가정함으로써 문제를 조금 간단히 하자. 이때 n개의 항아리에 k개의 공을 넣는 방법은 몇 가지일까? 그런데 그냥 막연히 생각하면 문제가 알쏭달쏭하다. 따라서 문제를 다음과 같이 재정리해보자.

① 먼저, 공과 항아리에 대해서 조합 가능한 상황을 분류하기로 한다. 즉, 공의 색깔이 구별 가능한 경우와 구별 불가능한 경우로 나누자.

② 다음으로 항아리에 넣을 수 있는 공의 수가 하나일 경우와 그 이상인 경우로 나누어서 구분하자.

그러면 다음의 표 1.1에서 제시하는 바와 같이 네 가지 경우가 존재하는데 지금부터 각 경우에 대하여 가능한 경우의 수를 구해보기로 한다.

표 1.1 네 가지 경우의 수

공의 색깔의 구분 여부	구분 없음	구분 있음
항아리에 넣을 수 있는 공의 수를 하나로 제한	경우1 : ${}_nC_k$가지	경우2 : ${}_nP_k$가지
항아리에 넣을 수 있는 공의 수에 제한이 없음	경우3 : 가 : 빈 항아리를 허용하지 않을 때: ${}_{(k-1)}C_{(n-1)}$가지 나 : 빈 항아리도 허용할 때: ${}_{(n+k-1)}C_{(n-1)}$가지	경우4: n^k가지

(1) 경우1 : 공의 색에 구분이 없고 항아리에 넣을 수 있는 공의 수가 하나

이 문제는 n개의 항아리 중에서 k개의 항아리를 골라서 각 항아리에 공을 하나씩 넣는 경우이다. 즉, n개의 항아리 중에서 공이 들어있는 항아리가 k일 경우이다. 따라서 경우의 수는 ${}_nC_k$이며 단순한 조합문제이다.

예제 1.4

5개의 구별 불가능한 항아리에 3개의 같은 색의 공을 넣는 경우의 수를 구하라. 단, 하나의 항아리에는 한 개 이상의 공을 넣을 수 없다.

[풀이] 5개의 대상물 중 3개를 선택하는 경우의 수이므로 ${}_5C_3=10$가지이다.

(2) 경우2 : 공의 색에 구분이 있고 항아리에 넣을 수 있는 공의 수가 하나

이 문제는 n개의 구별 불가능한 항아리에 색깔이 서로 다른 k개의 공을 넣는 경우이다. 여기서는 공의 색깔이 다르므로 앞의 경우1에서 항아리에 들어가는 공의 색이 다른 경우를 추가로 고려해야 한다.

경우1에서 각 항아리에 들어있는 공의 색깔이 다르다고 생각하자. 그러면 k개의 항아리에 모두 서로 색깔이 다른 공이 들어갈 수 있으므로 색이 다른 공 k개가 나열되는 경우의 수를 생각한다. 따라서 경우1의 경우의 수에 k개의 색깔이 다른 공이 나열되는 경우의 수 $k!$를 곱하면 ${}_nC_k \times k! = {}_nP_k$이다. 즉 단순한 순열문제이다.

예제 1.5

5개의 동일한 항아리에 3개의 각각 다른 색의 공을 넣는 경우의 수를 구하라. 단, 하나의 항아리에는 한 개 이상의 공을 넣을 수 없다.

[풀이] 5개의 대상물 중 3개를 선택하는 방법이기는 한데 3개의 항아리에 색이 다른 공이 나열되는 경우의 수를 생각한다. 따라서 경우1의 경우의 수에 3개의 공이 나열되는 경우의 수 3!을 z곱하면 ${}_5C_3 \times 3! = {}_5P_3 = 60$가지이다.

(3) 경우3: 공의 색에 구분이 없고 항아리에 넣을 수 있는 공의 수에 제한이 없음

이 문제는 하나의 항아리에 공이 들어가지 않을 수도 있고 하나 이상도 들어갈 수 있는 경우이다. 이 경우에는 빈 항아리가 있는지 없는지에 따라서 경우의 수가 달라진다. 따라서 두 가지 경우로 다시 나눌 수 있는데 다음과 같다.

① 빈 항아리를 허용하지 않는 경우
② 빈 항아리도 허용하는 경우

A. 빈 항아리를 허용하지 않는 경우

하나의 항아리에 적어도 한 개 이상의 공을 넣어야 한다는 것은 n개의 항아리에 최소한 한 개의 공은 넣어야 한다는 것인데, 공의 수는 k개이고 항아리의 수는 n개이니 어떻게 해야 할까? 일단 우리는 k가 n보다 크거나 같다는 것을 직감할 수 있다. 따라서 이 경우는 앞의 경우1과 2와는 다른 상황이다.

그런데, 정작 이와 같은 경우에 대하여 경우의 수를 구하려고 하니 간단한 문제가 아니다. 이럴 때는 좀 원시적인 방법이지만 그림을 그려보아야 한다. 그림 1-3은 이 상황을 나타낸 것이다.

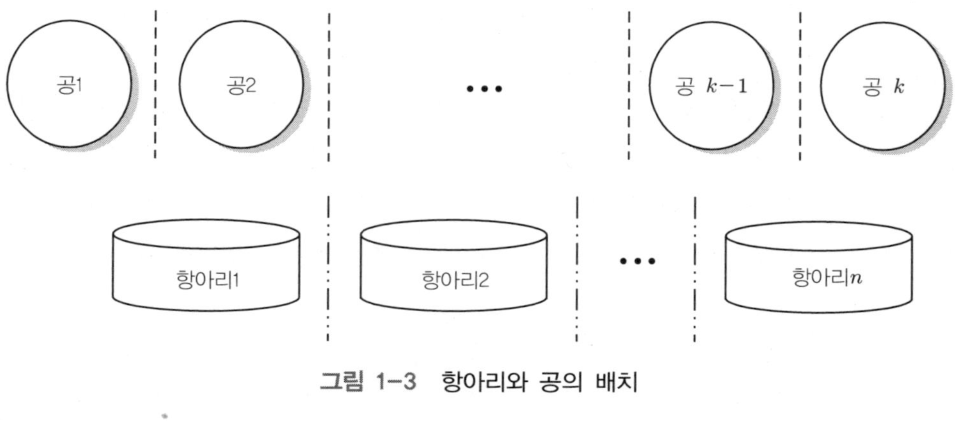

그림 1-3 항아리와 공의 배치

그림 1-3에서 다음과 같이 단계적으로 생각을 해보자.

① 같은 색의 공이 k개 있는데 항아리에 적어도 하나 이상의 공은 들어가야 하므로 $k \geq n$임을 알 수 있는데 k개의 공에 번호를 매겨서 일렬로 나열해 놓고 보면 공 사이에는 $k-1$개의 틈이 존재한다. 위에서는 이 틈을 점선으로 표시하였다. 여기서 이 $k-1$개의 틈을 각각 아주 작은 상자라고 보면 $k-1$개의 상자가 한 줄로 서있는 셈이 된다.

② 이번에는 항아리 n개를 일렬로 세워놓고 보면 항아리 사이에도 틈이 $n-1$개 존재한다.

③ 여기서 상상력을 발휘해야 하는데 위의 $k-1$개 틈과 아래의 $n-1$개 틈 사이의 관계를 어떻게 맺어야 할지 주의해야 한다. 이를 위하여 $k-1$개의 상자를 n개의 그룹으로 묶어서 각 그룹에 속한 상자를 n개의 항아리에 담자.

④ 결국 배치방법의 수는 $k-1$개의 상자에서 $n-1$개의 분할 점을 찾는 방법의 수이므로 ${}_{(k-1)}C_{(n-1)}$이다.

예제 1.6

5개의 항아리에 8개의 같은 색의 공을 넣는 경우의 수를 구하라. 단, 하나의 항아리에는 최소한 하나 이상은 들어가야 하고 넣는 공의 수에는 제한이 없다.

[풀이] 먼저 하나의 항아리에 적어도 하나의 공이 들어가도록 항아리와 공의 관계를 맺어주어야 한다. 즉, 8개의 공과 5개의 항아리를 각각 일렬로 나열해 두고 8개의 공 사이의 7개의 틈에 선을 그은 후, 항아리에 대해서도 5개의 항아리 사이에 있는 4개의 틈을 표시를 한 후 그룹을 만들고 있는 몇 개의 공을 5개의 항아리에 배분하는 방법이다. 따라서 가능한 방법의 수는 ${}_7C_4$가지, 즉 35가지이다.

B. 빈 항아리도 허용하는 경우

이번에는 빈 항아리도 허용하므로 항아리의 개수인 n과 공의 개수인 k사이에 대소 관계가 확실히 정해질 필요는 없다. 이 경우에는 하나의 항아리에 적어도 한 개 이상의 공을 넣어야 한다는 조건만 제외하면 바로 앞에서 논의한 문제와 같으므로 일단 하나의 항아리에 적어도 한 개 이상의 공을 넣어야 한다는 조건에서 이야기를 시작하되 다음과 같은 순서를 따른다.

① 먼저 옆집에 가서 같은 색의 공 n개를 빌려온다. 그래야만 하나의 항아리에 적어도 한 개 이상의 공을 넣을 수가 있다!

② 자기가 가지고 있던 k개의 공에 빌려온 n개의 공을 합한 $n+k$개의 공을 n개의 항아리에 빈 항아리가 없도록 분배한다. 그런데 이 문제는 우리가 앞에서 이미 이야기하였다! 따라서 이 경우의 배치의 수는 ${}_{(n+k-1)}C_{(n-1)} = {}_{(n+k-1)}C_k$ 가지가 된다.

③ 마지막으로 각 항아리에서 공을 하나씩 끄집어내서 n개의 공을 옆집에 다시 돌려준다.

예제 1.7

5개의 항아리에 8개의 같은 색의 공을 넣는 경우의 수를 구하라. 단, 하나의 항아리에 넣는 공의 수에는 제한이 없다. 즉, 빈 항아리도 허용한다.

[풀이] 먼저 옆집에 가서 같은 공을 5개 빌려온다. 그리고 난 뒤 13개의 공을 5개의 항아리에 빈 항아리가 없도록 분배한다. 이때 배치의 수는 ${}_{12}C_4 = 495$가지이다. 그런데 아직 문제가 끝이 난 것은 아니다. 마지막으로 각 항아리에서 공을 하나씩 끄집어내서 옆집에 다시 돌려준다.^^

(4) 경우4: 항아리에 넣는 공의 수에는 제한이 없는데 공의 색으로 구별 가능

먼저 공의 색이 구별 가능하므로 k개 공에 대하여 항아리에 넣을 수 있는 방법은 각 공에 대하여 n가지이다. 따라서 경우의 수는 n^k가지이다.

예제 1.8

5개의 항아리에 구별 가능한 서로 다른 색의 공 3개를 넣을 수 있는 방법은 몇 가지인가? 단, 하나의 항아리에 넣는 공의 수에는 제한이 없다.

[풀이] $5 \times 5 \times 5 = 5^3 = 125$가지이다.

지금까지 우리는 항아리와 공의 배치 문제를 공부하였다. 그런데 실제로 우리 주변에서 일어나는 문제는 대부분 항아리와 공의 배치문제로 바꿀 수 있다. 다음 문제를 풀면서 경우의 수에 대하여 정리해보자.

문제 1.4

창원 용지호수공원 앞의 어느 건물에는 겉으로 보기에는 똑같이 생긴 비둘기 집이 10개 있다. 이때 구별 불가능한 회색 비둘기 6마리가 날아와서 한 마리가 하나의 비둘기 집으로 들어간다고 한다. 이때 비둘기가 비둘기 집에 들어갈 수 있는 방법은 모두 몇 가지인가?

문제 1.5

창원시 상남동의 어느 아파트에서는 턱없이 부족한 주차장 문제로 주민간에 불화가 많았는데 각 동에는 24가구가 있는데 반해서 지하 주차장 공간은 12대 밖에 댈 수 없다고 한다. 그래서 지하 주차장에 대해서 순서대로 번호를 1부터 12까지 매겨서 할당하고 나머지는 외부의 주차장을 사용하도록 하였다. 이때 24가구에 대해서 12대 분량의 지하 주차장 공간을 할당하는 방법은 모두 몇 가지일까?

문제 1.6

서로 다른 두께의 공책이 10권 있는데 이것을 5명의 사람에게 나누어 주려고 한다. 이때 사람당 줄 수 있는 공책의 권수에는 제한이 없다고 한다. 그렇다면 공책을 나누어 줄 수 있는 경우의 수는 몇 가지인가?

문제 1.7

학교 앞에 3곳의 서점이 있다. 이때 교복을 입은 구별 불가능한 네 명의 학생이 지나가다가 서점에 들어가서 준비물을 사려고 한다. 학생은 어느 서점에 가든 상관이 없고 어떤 서점에는 한 명도 가지 않을 수도 있다. 이들이 서점에 들어가서 준비물을 살 수 있는 방법은 몇 가지인가?

문제 1.8

아래와 같이 가로 세로로 바둑판 모양으로 구획 정리된 동네가 있다. 그림에서 선으로 된 부분은 길이고 빈 공간에는 집이 있다.

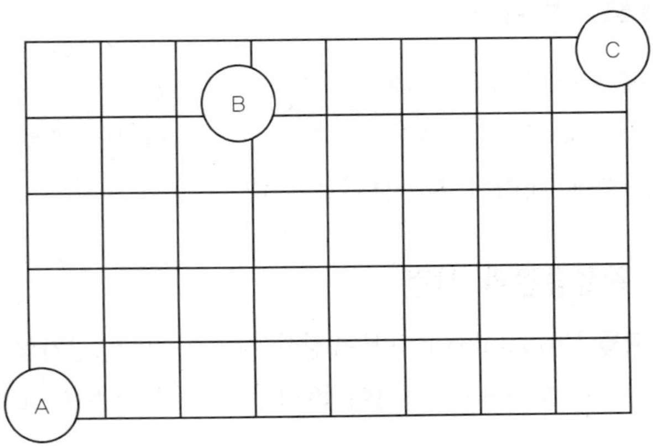

이때 한 지점에서 다른 한 지점으로 갈 때 가장 짧은 경로를 따라서 간다고 가정하고 다음의 물음에 답하라.

(1) A에서 C까지 가는 방법은 몇 가지인가?
(2) A에서 B를 거쳐서 C까지 도착하는 방법은 몇 가지인가?

문제 1.9

동네 한복판에 조그만 호수가 있는 마을이 있다. 이 동네는 아래의 그림과 같은 구조를 하고 있으며 선으로 된 부분이 길이고 그 사이에 있는 빈 공간에는 집이 있다.

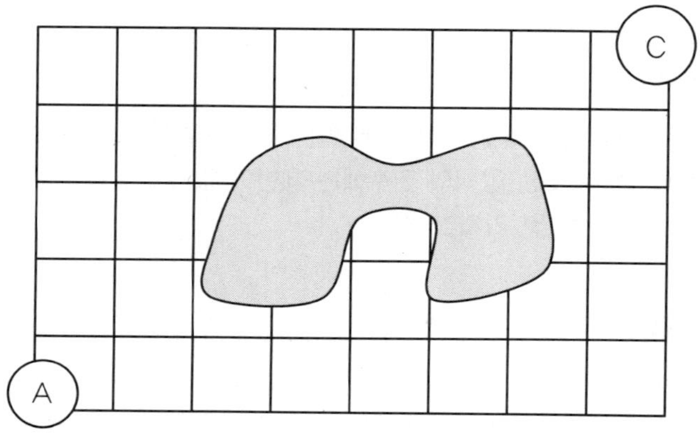

이때 A에서 C까지 가는 방법은 몇 가지인가? 단, 한 지점에서 다른 한 지점으로 갈 때 가장 짧은 경로를 따라서 간다고 가정하며, 호수 둘레의 길은 걸어갈 수 없다.

3 확률 모형

앞에서 어떤 사건에 대하여 일어날 수 있는 경우의 수를 공부하였다. 이제 여러 가지의 경우의 수 중에서 한 가지 경우가 일어날 가능성이 얼마나 되는지, 즉 확률의 모형화에 대해서 알아보기로 한다.

1) 확률공간과 사건

확률(Probability)이란 특정한 사건이 일어날 가능성의 정도를 의미한다. 확률을 정의하기 위해서는 사건이 존재하는 공간(이것을 표본공간이라고 함)을 먼저 정의해야 한다. 표본공간(標本空間, Sample space)은 우리가 관심을 가지는 사건의 집합이다. 표본 공간의 예로는 시험 성적(100점 만점), 주사위의 눈, 강수량 등이 있다. 표본공간은 보통 영어의 첫 글자를 따서 S라고 표시한다.

표본공간은 다른 말로 **확률공간**(確率空間, Probability space)이라고 한다. 표본공간의 예를 하나 들어보자. 필자는 강의를 개설할 때 강의계획서를 작성하는데 학생의 성적을 평가하는 방법을 사전에 제시함으로써 그 학생이 한 학기 동안 어떻게 공부해야 할지 예측하게 한다. 성적은 출석 10점, 리포트 20점, 수업 참여(수업시간에 얼마나 적극적으로 참여하는지를 매기는 점수) 30점, 중간과 기말고사를 합쳐서 40점 등 평가 항목별로 점수를 미리 정해놓고 학생들에게 한 학기 동안 강의를 하고 학기말에 점수를 매긴다.

이때 학생이 얻을 수 있는 점수는 100점을 만점으로 하는 수의 집합이다. 따라서 학생의 점수에 대한 표본공간 S는 $S=\{0, 1, 2, \cdots, 99, 100\}$ 또는 $S=\{$100점 만점에서 학생이 얻는 점수$\}$ 등으로 표시할 수 있다. 그리고 표본공간에서 액면점수가 30점 미만인 학생이 생길 경우를 **사건**(事件, Event)[3]이라고 한다.

예제 1.9

하나의 주사위를 던질 때 나온 눈의 수가 k일 사건을 E_k라고 할 때 표본공간은 무엇인가?

[풀이] 하나의 주사위를 던질 때 나올 수 있는 눈의 수는 1부터 6까지 이므로 S는 다음과 같다.

$$S=\{E_i,\ i=1,\ 2,\ \cdots,\ 6\}$$

문제 1.10

두 개의 주사위를 던질 때 다음의 물음에 답하라.

(1) 두 개의 주사위를 던져서 얻을 수 있는 결과에 대해서 표본공간을 정의하라.
(2) 두 개의 주사위의 눈의 합에 대한 표본공간을 정의하라.

2) 확률과 확률모형

일반적으로 사건 A가 일어날 **확률**(Probability)을 $P(A)$로 나타낸다. 예를 들어

3 다른 말는 Imag(사상)이라고 한다.

서 A를 확률 60%로 비가 올 사건이라고 하면 $P(A)=0.6$이다. 따라서 비가 올 확률은 상황(시간, 장소 등)에 따라서 변할 수 있다. 확률의 값이 시간의 변화에 따라서 변화하는 문제는 제7장 확률과정에서 자세히 다루기로 한다.

그러나 비가 올 확률이 60%라고 해서 반드시 비가 오는 것은 아니다. 즉, 확률의 값이 높다고 하여 반드시 그 사건이 일어난다는 것은 아니다. 다만, 확률이 높으면 그만큼 그 사건이 일어날 가능성이 크다. 여러분은 아침에 집을 나설 때 하늘이 맑았고 일기예보에도 비가 온다는 이야기가 없었음에도 불구하고 저녁에 갑자기 소나기가 쏟아져서 비를 맞은 적은 없는가? 그래서 확률은 비확정적인 개념인 것이다.

한편, 주사위를 던져서 어떤 값(1에서 6사이)이 나올 확률은 모든 눈에 대하여 1/6로 확률의 값이 같다. 그러나 주사위를 6번 던졌을 때 각 눈이 꼭 한 번씩 나오지는 않는다. 왜 그럴까? 이 문제를 설명하기 위해서는 확률을 정의하는 방법에 대하여 좀 더 자세하게 이야기할 필요가 있다.

사건 A에 대하여 그 사건이 일어날 가능성의 정도를 구체적인 값으로 표시하는 방법을 정의하는 것을 **확률모형**(確率模型, Probability model)이라고 한다. 확률모형에는 크게 세 가지가 있는데 대표적인 것이 주관적 확률모형, 상대도수 확률모형, 균등 확률모형이다. 아래에서 각 모형에 대해서 알아보자.

(1) 주관적 확률모형

주관적 확률모형(主觀的 確率模型, Subjective probability model)은 확률을 모형화함에 있어서 사람의 주관이 개입되는 모형이다. 즉, 어떤 사건에 대하여 관측자가 자신의 주관적 판단에 의하여 확률의 값을 정하는 모형이다. 예를 들면 주식 투자를 하는 사람이 여러 명 있을 때 주식시장의 흐름이나 특정 회사의 주가에 대하여 어떤 사람은 장래를 긍정적으로 평가하고 어떤 사람은 부정적으로 평가한다. 그래서 시장경제를 긍정적으로 평가하는 사람에게는 주식 투자가 매력적이고 또 주가가 오를 확률이 클 것이라고 생각하고, 부정적으로 보는 사람은 그 반대이며 그 판단에 따라 주식을 살 수도 있고 그러지 않을 수도 있다.

이때 특정 회사에 대한 주가의 평가에 대하여 투자자의 주관을 결정하는 요인은 너무나 많아서 일일이 열거할 수 없겠지만, 간단히 몇 가지만 열거해보면 회사의 지명도, 영업 실적, 기술 수준, 재무 구조, 경영자의 철학, 시장 현황, 장래 성장 가능성, 국제경제 상황 등이 있다. 따라서 이와 같은 요소들을 종합적으로 판단하는 경우 주관적 확률값은 투자자가 가지고 있는 정보의 양, 정보의 정확도, 수집한 정보에 대한 투자자의 민감도, 그리고 투자자의 판단력 등에 따라서 결정될 것이다.

이와 같이 주관적 확률모형은 어떤 사건이 일어날 정도를 예측할 때 사람의 주관이 개입되는 만큼 아주 복잡한 문제이므로 같은 현상을 두고도 그 현상에 대한 확률의 값은 사람에 따라 천차만별일 수 있다. 주관적인 확률모형을 따르는 사건으로는 경마, 도박, 투표, 물건의 구매 등이 있다.

한편, 주관적 확률모형에서는 확률 값을 어떻게 결정할까? 첫째는 관측자가 가지고 있는 정보를 기반으로 할 수도 있고 또 관측자의 선입견이나 주변의 소문, 전문가의 조언 등 여러 가지가 있다. 즉, 객관적인 데이터나 정확한 정보를 기반으로 할 수도 있지만 그렇지 않고 순전히 관측자의 주관적 판단에 의할 수도 있다.

문제 1.11

주관적 확률모형의 예를 하나 들어보자.

(2) 상대도수 확률모형

상대도수 확률모형(相對度數 確率模型, Relative frequency probability model)은 각 실험의 결과가 독립적이라는 전제하에 같은 조건에서 실험을 여러 번 반복하였을 때 특정사건이 일어날 확률을 계산하는 방법이다. 즉, 표본공간에서 특정 사건이 일어날 **빈도**(頻度, Frequency)를 바탕으로 확률을 계산하는 것이다.

상대도수 확률모형의 예로서 야구선수의 타율을 생각해보자. 야구선수 이승엽은 2004년부터 2011년 시즌까지 8년간 일본 프로야구 리그에서 활동하였는데 최전성기에 그의 타율이 3할 2푼 3리(2006년 그가 요미우리에서 세운 타율 기록)였다. 타율이 3할 2푼 3리라는 것은 야구선수가 1,000번 타석에 들어서면 평균적으로 323번은 안타를 치고 나간다는 것을 말한다. 결국 이승엽 선수가 타석에 서서 안타를 칠 확률은 32.3%에 해당하므로 이것이 상대도수 모형에 의한 확률이다.

상대도수 모형에 의한 확률은 실제로 일어난 일을 토대로 경험적으로 알아낸 확률값이다. 그래서 이와 같은 확률을 **경험적 확률**(經驗的確率, Empirical probability)이라고도 한다.

상대도수 확률모형에 대한 다른 예로서 로또 복권의 당첨에 대한 분석결과가 있다. 로또 복권은 1부터 45까지의 숫자 중에서 자신이 선택해서 기입한 6개의 숫자가 추첨한 숫자와 모두 같으면(단, 순서는 관계가 없다) 1등에 당첨된다. 따라서 1등에 당첨될 확률은 $1/({}_{45}C_6)$이며 이것이 814만분의 일이다. 여기서 한 가지 분명히 해둘 것은 다만 로또의 당첨확률 자체는 상대도수 확률모형은 아니다.

그런데 6개의 숫자를 선택함에 있어서 사람들의 숫자에 대한 호감도가 다른 이유로 1등에 당첨된 숫자에 자주 등장(frequently appear)하는 번호가 있다(즉 상대도수가 높다)는 것을 분석한 결과가 있어서 소개한다. 우리나라에서 로또가 시작된 것이 2002년인데 기획재정부 복권위원회에 따르면 로또 1회부터 406회차까지 당첨번호 중 역대 최다 1등 당첨번호는 '1'인 것으로 알려졌다. 1회부터 406회차까지 당첨번호 중 1등에 '1'이 포함된 경우가 82번이었다. 즉 '1'은 로또 추첨시 평균 5번에 1번 정도가 1등 당첨번호에 포함된 셈이다. '1'에 이어서는 '17'과 '37'이 75번, '19'가 73번, '27'이 70번, '2'와 '20'이 69번 들어있다. 이어서 '36'과 '45'가 68번, '4', '26', '5', '34'가 67번, '39', '40', '42', '7', '14'가 66번, '25', '3', '21', '33'이 65번이다. 그외에도 다른 숫자가 나온 횟수는 차이를 조금씩 두고 계속 이어질 것이다.

그럼 과연 이 이야기가 얼마나 신빙성이 있는지 확인해보자. 2010년 9월 11일에 추첨한 제406회차 로또 복권의 당첨번호는 7, 12, 21, 24, 27, 36이었다. 이 중에서 위에서 열거한 번호는 7, 21, 27, 36의 네 숫자이다! 만약 여러분이 쓴 6개의 숫자 중에서 이 네 숫자가 모두 들어있다면 4등에 당첨되었을 것이다. 따라서 이와 같이 로또의 당첨번호에 나오는 빈도가 상대적으로 높은(relatively frequent) 숫자를 많이 기입할수록 여러분은 로또의 높은 등수에 당첨될 확률이 높아질 것이다.

그런데 로또라는 것이 과연 쉽게 돈을 벌수 있게 해줄까? 이에 대해서는 좀 더 신중한 생각이 필요하다. 먼저 과연 우리가 위의 22개의 숫자 중에서 이 네 개의 숫자를 어떻게 미리 알고 꼭 찝어서 골라낼 수가 있을까? 문제를 다시 원점으로 돌아가서 생각을 해보자. 우리가 위의 22개의 숫자만 잘 조합해서 써넣으면 로또 1등에 당첨될 확률이 얼마나 될까? 이를 위해서 다음과 같은 실험을 하자. 예를 들어서 위에서 나열한 상위 당첨번호 22개의 숫자 중에서 임의로 6개를 선택한다고 가정하자. 그러면 이 경우 가능한 경우의 수는 ${}_{22}C_6$이다. 즉 22개의 숫자 중에서 임의로 6개를 선택하는 방법인데 그것이 74,613가지나 된다. 따라서 아주 특별하게 로또의 당첨번호 6개가 모두 위에서 열거한 빈도수가 높은 당첨번호 22개의 수 중에서 나온다고 하더라도 1등에 당첨될 확률은 0.0000134, 즉 0.00134%에 불과하다. 현실에서 승률이 반반이라도 이기기 어려운 것이 승부인데 승률이 0.0000134라면 그 결과는 알만하지 않는가?

이와 같이 로또에 참석하는 사람이 선택하는 번호는 선호도에 따라서 자주 등장하는 번호가 있지만 로또의 당첨번호는 위에서 이야기한 것과는 무관하게(비록 위에서 열거한 숫자가 많이 출현하기는 하겠지만) 45개의 수 중에서 6개가 임의로 나온다. 따라서 1등에 당첨되기란 결국 $1/({}_{45}C_6)$이며 이 확률은 정말로 벼락에 맞을 확률보다 더 작은 것이다.

그럼에도 불구하고 2002년 시작부터 2010년 9월까지의 집계에 의하면 406회의 추첨동안에 로또 1등 당첨자는 총 2,184명이 나왔으며 그동안 지급된 1등 당첨금은 총 4조8천761만원에 달했다고 한다. 으~음~, 입맛이 다셔지기도 하는군…. 즉, 매 당첨마다 1등 당첨자가 평균 5명이나 나왔다니 참 대단하지 않은가? 이것이 확률의 묘미이다. 그동안 로또의 총 판매액은 20조9천216억원이며 총 당첨액은 절반에 해당하는 10조4천608억원이라고 한다. 즉, 총 판매액 중에서 당첨금으로 지불한 돈은 50%밖에 되지 않는다.

한편, 로또와 관련해서 최근에 1등 당첨자가 이월되는 사례가 점점 줄어들면서 로또 당첨번호에 대한 조작론이 인구에 회자되고 있다는 기사가 신문에 났는데 실제로 로또 1등 이월이 줄어든 이유는 예전과 달리 로또 구입 패턴이 바뀌었기 때문이라고 한다. 로또 운영회사인 나눔로또에 따르면 로또가 발행된 이후로 1등 당첨자가 발생하지 않아 다음 회차로 당첨금이 이월된 것은 총 14회라고 한다. 국민은행이 사업자이던 기간에 11회가 발생했고 나눔로또로 바뀐 뒤에 3번 1등이 이월됐다.

그렇다면 1등 당첨 이월 횟수가 줄어든 이유는 무엇일까? 나눔로또 측은 판매량과 게임 방법의 차이 때문이라고 설명했다. 먼저 국민은행이 사업자이던 1기 사업기간에 로또 이월이 잦았던 이유는 1등 당첨확률이 814만5,060분의 1인데 반해 나눔로또가 사업자가 된 2기 사업기간에 이월된 1, 4, 5, 7회차의 경우 로또에 응한 사람의 수가 줄어들어서 814만 게임(로또에 응한 수) 이하로 팔렸다. 또 1기 사업기간 중에 1등이 이월된 회차는 1, 4, 5, 7, 8, 9, 13, 18, 24, 41, 71인데 이 경우에는 판매된 게임수가 184만~3144만으로 게임수가 작아서 그때에는 이월될 확률이 높았는데 요즘은 게임수가 급증해서(2012년 7월 기준으로 약 5,000만 게임) 1등에 당첨될 확률이 높아졌고 그에 따라서 이월될 확률은 낮아졌다는 것이다.

그러면 최근에 게임수가 예전에 비해서 이렇게 급증한 원인은 또 무엇인가? 그것은 2기 들어서부터 한 게임당 비용이 2,000원에서 1,000원으로 줄어들면서 1기보다 게임수가 늘었다고 한다. 게임수가 늘어나니까 그만큼 1등에 당첨되는 확률이 높아지는 것은 당연하다.

한편, 로또 번호 선택방법의 차이도 1등 당첨금 이월 횟수가 적어진 또 다른 원인으로 분석되고 있다. 1등 대박을 노리는 사람들은 대개 자신이 직접 번호를 골라야 1등에 당첨될 확률이 높다고 생각하는 경향이 있는데 이렇게 신청자가 번호를 직접 적는 수동 방식으로 게임에 응하면 오히려 당첨 확률이 떨어진다는 것이다. 나눔로또 측은 수동으로 게임에 응하는 사람들의 경우에 대체적으로 자신이 선호하는 패턴이 있기 때문에 번호가 특정번호로 쏠릴 가능성이 크다고 한다.

그런데 최근에는 사람들이 자동으로 번호를 선택하는 것이 당첨될 확률이 높다는 사실을 알게 되어서 번호를 자동으로 선택하는 게임이 늘어나면서 당첨금 이월이 줄어들었다고 한다. 실제로 로또 번호 자동 선택 비율은 2002년 25%, 2003년 40%, 2004년 60%, 2005년 70%, 2006년 72%, 2007년 74% 정도로 계속 높아지고 있다.

한편, 1등 당첨자 수가 증가하면서 평균 당첨 금액은 감소세를 보였다. 2012년 상반기의 평균 1등 당첨 금액은 약 22억 6,000만원으로, 2011년(약 24억 5,600만원)에 비해 약 8% 줄어들었다. 이는 2012년 상반기 최고 당첨 금액(46억4,000만원(481회))을 비교해 봐도 2011년 최고 당첨 금액인 125억 7,000만원(427회)의 약 37% 수준에 불과하다. 로또 총 판매량이 늘었음에도 1등 평균 당첨 금액이 하락한 것은 로또 구매자가 늘어난 만큼 1등에 당첨되는 사람도 늘어났기 때문이다.

로또 이야기를 마무리하면서 한 가지 재미있는 일화를 소개한다. 중국의 일간지 베이징 천바오는 2011년 3월 11일자에서 한 남성이 3년간 매주 같은 번호로 복권 '쌍서추'를 산 결과 추첨에서 1등에 당첨되어 41억856만원에 달하는 당첨금을 지급받았다고 보도했다. '쌍서추'는 우리나라에서 나눔로또와 같은 방식으로 추첨하는 복권이다. 그는 현지 복권업체와의 인터뷰에서 "같은 번호로 3년 넘게 찍어왔다"며 "매주 사는 곳은 달랐지만 같은 번호로만 여러 장의 복권을 샀다"고 밝혔다. 그런데 그는 당첨된 주에도 복권 4장을 같은 번호로 샀던 것으로 알려졌다. 복권을 사는 데 들었던 돈은 약 1,370원 정도였다고 한다. 이 사람 참 집념이 대단한 사람이다! 어떻게 156(1년이 52주니까 3년은 156주)번이나 같은 번호를 계속해서 써낼 수 있었을까?

한편, 상대도수모형으로 확률을 계산하기 위해 통계학자들이 즐겨쓰는 방법은 전체 관측 대상물 중에서 임의적으로 일부분의 표본만 뽑아서 관측하는 것이다. 필자가 어렸을 때 할아버지께서는 중년을 넘어선 뒤 젊어서부터 하시던 사업을 정리하고 고향으로 돌아가셔서 농사를 지으셨는데 가을에 벼를 수확한 후 매상(賣上)을 대는 장면이 기억난다. 새마을 마크가 그려진 모자를 쓰고 군청색 점퍼를 입은 사람이 끝이 타원형으로 뾰족한 파이프를 들고 와서는 할아버지 댁의 마당에 가득 쌓아놓은 볏가마를 이리저리 다니면서 몇 개의 볏가마를 사정없이 쿡 찔러서 슬쩍 보고는 가져온 공책에 뭔가를 쓰고 난 뒤 모든 볏가마에다가 등급도장을 팡팡 찍는 장면을 본 적이 있다. 이 사람은 벼의 등급을 판정할 때 **표본조사**(標本調査, Sampled investigation)법을 썼던 것이다.

상대도수에 근거한 확률은 통계적 실험이 가지는 **전수조사**(全數調査, Total investigation)의 문제를 해결하기 위해 모집단의 일부를 관측함으로써 모집단 전체의 성질을 알 수 있는 이론적 토대를 제공한다.

문제 1.12

어떤 사람이 라스베이거스(Las Vegas) 도박장에서 있었던 경험을 이야기 하는데 룰렛 게임에서 숫자판에 써져 있는 숫자를 홀수 혹은 짝수로 나누어서 돈을 거는 것이 있다고 한다. 자신이 홀수에 돈을 걸어서 만약 홀수가 나오면 이기는 그런 단순한 게임이다. 그래서 이 사람이 돈을 걸기 전에 판이 돌아가는 모습을 곁에서 몰래 지켜보니 홀수가 연속해서 다섯 번이나 나오더라고 했다. 그래서 확률의 상대도수 모형에서 볼 때 분명히 다음 번에는 짝수가 나올 것이라고 믿고 짝수에 걸었더니 또 홀수가 나오더라는 것이다. 이와 같은 일은 어떻게 설명할 수 있을까?

문제 1.13

우리 주변에서 상대도수 확률모형으로 어떤 것이 있는지 예를 들어보자.

상대도수 확률모형에서 $N_E(n)$을 n번의 실험을 하였을 때 사건 E가 일어난 횟수라고 하자. 그러면 $N_E(n)$은 0에서 n사이의 어떤 값을 가질 것이다. 즉, 사건 E가 일어날 수 있는 경우의 수는 한 번도 일어나지 않거나 n번 모두 사건 E가 일어나거나, 또는 그 사이의 어떤 값을 가질 것이다.

이때 실험의 횟수를 무한히 크게 하면 사건 E가 일어날 확률($P(E)$라고 둠)은 다음과 같이 정의된다.

$$P(E) = \lim_{n \to \infty} \frac{N_E(n)}{n}, \text{ 단 } 0 \le P(E) \le 1$$

상대도수 확률모형을 마무리하면서 실제로 일어난 일을 하나 소개한다. 2013년 4월 16일 조선경제 사이언스 코너에는 '통계에 대한 의사의 무지(無知)가 잘못된 의학속설 키워'(조호진 기자)라는 기사가 실렸는데 내용은 다음과 같다.

독일에서 조사한 바에 의하면 평소 유방 촬영검사를 받지 않은 여성과 검사를 받은 여성이 나중에 유방암으로 사망한 비율이 1,000명당 각각 4명과 3명이다. 이 결과를 바탕으로 유방 촬영검사를 하면 여성의 유방암으로 인한 사망률을 25% 줄일 수 있다고 주장한다. 이 이야기가 과연 맞는 말일까?

먼저 평소 유방 촬영검사를 받지 않은 여성과 검사를 받은 여성이 나중에 유방암으로 사망할 확률은 각각 0.4%와 0.3%이다. 따라서 두 부류의 사망률의 차이는 0.1%에 불과하다.

그럼 왜 그들은 사망률을 25% 줄일 수 있다고 주장하였을까? 당시 기사를 쓴 기자는 그 상황을 제대로 해석하지는 못했는데 필자의 생각으로는 독일의 의사들이 확률의 개념과 비율의 개념을 혼동한 것 같다. 먼저 위의 두 부류의 사망률의 비는 4 : 3이다. 따라서 평소에 유방 촬영검사를 받는 여성의 사망률은 그러지 않는 여성의 사망률과 비교할 때 25%가 적은 값에 해당한다. 즉, 두 그룹의 사망률의 값이 25% 적은 것이지 유방암으로 인한 사망률을 25% 줄인 것은 아니다. 두 그룹의 유방암으로 인한 사망률의 차이는 단지 0.1%밖에 되지 않는다.

반례를 들면 유방촬영 검사를 하지 않는 여성이 유방암으로 인해 사망할 확률이 30%인데 유방 촬영검사를 하면 유방암으로 사망할 확률이 5%가 된다면 진짜로 유방암 사망률을 25%나 줄인 셈이 된다. 그러나 지금 이야기는 이와는 다르다.

결론적으로 유방 촬영검사를 통한 유방암에 의한 사망률의 개선을 이야기하려면 어디까지나 유방 촬영검사를 받은 그룹의 사람 1,000명과 그렇지 않은 다른 그룹의 사람 1,000명 중에서 각각 몇 명이 유방암에 걸리는지를 계산해서 그 차이만큼 효과가 있다고 하는 것이지 유방암에 걸린 사람들 중에서 유방 촬영검사를 한 사람과 그렇지 않은 사람을 나누어서 두 그룹의 비율의 차이를 비교하는 것이 아니다.

(3) 균등 확률모형

우리는 주사위 던지기를 하였을 때 각 눈이 나올 확률이 1/6임을 일부러 던지보지 않고도 알고 있다. 따라서 각 숫자가 나올 확률이 1/6임을 증명하기 위해 주사위를 12,000,000번을 던질 필요는 없을 것이다. 실제로 주사위를 12,000,000번 던지려면 시간이 얼마나 많이 걸릴지 생각해보라!

주사위 던지기처럼 굳이 실험을 반복하거나 수학적으로 증명하지 않더라도 어떤 사건이 일어날 확률을 알 수 있는 경우가 있다. 이와 같은 경우에 균등 확률모형을 사용한다. 유한개의, 가령 k개로 구성된, 표본공간에서 모든 사건이 일어날 가능성이 같은 경우에 임의의 사건이 일어날 확률은 전체 표본수의 역수인 1/k이다. 이와 같은 확률모형을 **균등 확률모형**(均等確率模型, Equally probable probability model)이라고 한다. 균등 확률모형의 예로는 여러분이 경우의 수에서 공부하였던 복주머니(혹은 항아리)에서 색깔이 다른 공을 끄집어내는 실험이나 제비뽑기 등이 있다.

일본의 수학 에세이스트이자 교수인 고지마 히로유키라는 사람이 쓴 「확률의 경제학(김경원 옮김, 살림Biz 간)」에 나온 이야기를 소개한다. 만약 여러분이 제비뽑기를 통하여 경품을 지급하는 행사에 참석하였다고 하자. 이때 여러분은 제비를 먼저 뽑는 것이 유리할까, 나중에 뽑는 것이 유리할까? 아니면 언제 뽑든지 관계없는 것일까? 다음의 문제를 풀어보자.

문제 1.14

갑돌이, 을식이, 병찬이는 회비를 내서 망년회를 하였다. 그리고 망년회에서 즐거움을 더하기 위하여 경품을 하나 만들었다. 경품의 내용은 '가보라카이 3박4일 여행권'이다. 총무인 병찬이는 같은 색과 같은 모양의 세 장의 카드를 마련하여 하나의 카드에는 비행기가 그려진 스티커를 붙였고, 다른 두 장의 카드에는 폭탄이 그려진 스티커를 붙였다. 행운권 추첨시간이 되었을 때 매사 이기적인 갑돌이는 자기가 먼저 뽑겠다고 우기고 남에게 지기를 싫어하는 을식이도 자기가 먼저 뽑겠다고 소리를 높였다. 곁에 있던 병찬이가 "가위바위보로 순번을 정해서 뽑는 것이 어떻겠느냐"라고 하였다. 과연 제비를 뽑는 순서와 행운권의 당첨에는 어떤 관계가 있을까?

문제 1.15

우리 주변에서 균등 확률모형의 예를 들어보자.

4 확률의 연산

지금까지는 하나의 사건에 대하여 확률을 정의하였다. 그러나 실제로 주변에는 여러 가지 사건이 동시에 일어나거나 연속해서 일어나는 등 복잡한 경우가 존재한다. 이처럼 둘 이상의 사건이 일어날 확률값을 계산해야 하는 것을 확률의 **연산**(演算, Operation)이라고 한다.

먼저 표본공간 S 내에서 두 사건 A와 B가 있다고 가정하자. 두 사건 A와 B에 대해서 다음의 두 가지 경우를 생각할 수 있다.

- $A \cap B$: 사건 A와 사건 B의 곱의 사건, 즉 두 사건 A와 B 양쪽에 포함됨
- $A \cup B$: 사건 A와 사건 B의 합의 사건, 즉 두 사건 A와 B 중 적어도 어느 한쪽에 포함됨(동시포함도 가능)

한편, 사건 A와 B는 동시에 일어날 수 없는 **상호배반사건**(相互排反事件, Mutually exclusive events)일 수도 있고 또 그렇지 않을 수도 있다. 여기서 우리는 확률에 대한 가장 기본적인 몇 가지 성질을 알 필요가 있다. 앞에서 정의한 사건에 대하여 그림 1-4는 사건 A와 B 각 요소들의 집합을 나타낸 것이다.

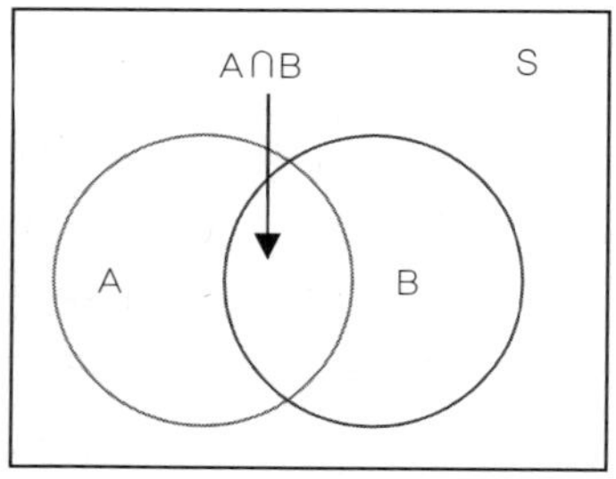

그림 1-4 표본공간과 두 사건의 구성

확률은 다음의 성질을 가진다.

① 사건 A의 여집합을 A^c이라고 하면 $P(A^c) = 1 - P(A)$이다.
② $A \subset B$이면 $P(A) \le P(B)$이다.
③ $P(S) = 1$이다.
④ $P(\phi) = 0$이다.

예를 들어서 두 사건의 관계를 살펴보자. 하나의 주사위를 던지는 실험에서 얻을 수 있는 확률공간은 $S = \{1, 2, \cdots, 6\}$이다. 그리고 확률공간 내 두 사건을 각각 $A = \{2, 4, 6\}$, $B = \{1, 2, 3\}$이라고 하자. 이때 두 사건에 대하여 각 사건이 일어날 확률과 두 사건의 합의 사건 및 곱의 사건의 확률은 다음과 같다.

$$P(A) = \frac{1}{2},\ P(B) = \frac{1}{2},\ P(A \cup B) = \frac{5}{6},\ P(A \cap B) = \frac{1}{6}$$

한편, 두 사건에 대해서 **확률의 덧셈법칙**(Additive law of probability)이 성립하는데 다음과 같다.

만약 $A \cap B = \phi$이면, $P(A \cup B) = P(A) + P(B)$이고,
그렇지 않으면, $P(A \cup B) = P(A) + P(B) - P(A \cap B)$이다.

문제 1.16

두 개의 주사위를 던지는 실험에서 두 사건을 다음과 같이 정의할 때 물음에 답하라.

사건 A : 두 눈의 합이 6 이상일 사건
사건 B : 두 눈이 같을 사건

(1) $P(A \cap B)$를 계산하라.
(2) $P(A \cup B)$를 계산하라.

문제 1.17

동전 1개를 두 번 던지는 실험에서 앞면이 나오면 H, 뒷면이 나오면 T라고 표시할 때 다음 물음에 답하라.

(1) 실험으로부터 얻을 수 있는 표본공간을 구하라.
(2) 첫 번째 던진 결과가 앞면일 사건을 A라 하고 두 번째 던진 결과가 앞면일 사건을 B라고 할 때 확률의 덧셈법칙을 이용하여 $P(A \cup B)$를 계산하라.

이번에는 사건이 세 가지 이상일 경우에 대하여 확률의 덧셈법칙을 소개한다. 먼저 세 가지 사건 A, B, C에 대하여 사건의 구성요소를 다음 그림과 같이 나타내었다.

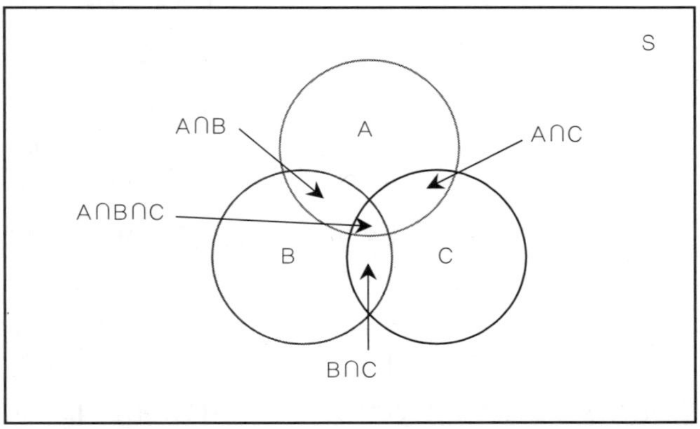

그림 1-5 세 가지 사건의 구성요소

사건 A, B, C는 서로 중첩이 되는 요소를 가지고 있으므로 이들 사건의 합의 사건이 일어날 확률은 각각의 사건이 일어날 확률의 합에 서로 겹치는 사건의 확률을 빼주어야 하므로 $P(A \cup B \cup C)$는 다음과 같다.

$$P(A \cup B \cup C) = P(A) + P(B) + P(C) - P(A \cap B) - P(B \cap C) - P(C \cap A) + P(A \cap B \cap C)$$

아래의 예제를 통하여 세 사건의 확률의 덧셈법칙에 대한 의미를 되새겨보자.

예제 1.10

어느 아파트 단지에는 120가구가 살고 있는데 국내 주요 일간신문의 구독현황에 대하여 다음과 같은 통계가 나왔다고 한다.

60가구는 조선일보를 구독
40가구는 중앙일보를 구독
30가구는 동아일보를 구독
20가구는 조선과 중앙일보를 구독
15가구는 조선과 동아일보를 구독
10가구는 중앙과 동아일보를 구독
5가구는 세 가지 모두 구독

이때 이 아파트의 주민 한 사람을 세워놓고 물어보았을 때 그 사람이 적어도 한 가지 신문을 구독할 확률은 얼마일까?

[풀이] 주민이 조선, 중앙, 동아일보를 구독하는 사건을 각각 A, B, C라고 하면 어떤 주민이 적어도 한 가지 신문을 구독할 확률은 다음과 같다.

$$\begin{aligned} P(A\cup B\cup C) &= P(A)+P(B)+P(C)-P(A\cap B)-P(B\cap C) \\ &\quad -P(C\cap A)+P(A\cap B\cap C) \\ &= \frac{60}{120}+\frac{40}{120}+\frac{30}{120}-\frac{20}{120}-\frac{15}{120}-\frac{10}{120}+\frac{5}{120}=\frac{90}{120}=0.75 \end{aligned}$$

즉, 이 아파트에서 어떤 주민이 적어도 한 가지 신문을 구독할 확률은 75%이다.

이상에서 우리는 두 가지 사건 및 세 가지 사건의 합의 사건에 대한 확률의 덧셈법칙을 알아보았다. 이번에는 n개의 사건 A_1, A_2, ⋯, A_n이 있다고 할 때 n개의 사건에 대한 확률의 덧셈법칙을 정의하기로 한다. 앞에서 얻은 결과의 확장성으로부터 사건의 개수가 n개로 늘어난 경우에 대해서도 직관적으로 결과를 예측할 수 있다. 즉, n개의 사건 A_1, A_2, ⋯, A_n의 합의 사건에 대해서 다음의 관계식이 성립한다.

$$\begin{aligned} P(A_1\cup A_2\cup \cdots A_n) &= \sum_{i=1}^{n}P(A_i)-\sum_{j>i}P(A_i\cap A_j)+\sum_{k>j>i}P(A_i\cap A_j\cap A_k) \\ &\quad -\sum_{l>k>j>i}P(A_i\cap A_j\cap A_k\cap A_l)+\cdots \end{aligned}$$

위의 식을 보면 사건의 개수가 n으로 확장된 경우에 대해서 모든 단일 사건의 확률은 더하고 두 사건의 곱의 사건의 확률은 빼고, 또 세 사건의 곱의 사건의 확률은 더하고 네 사건의 곱의 사건의 확률은 빼고, 이와 같이 짝수 개의 곱의 사건에 대한 확률은 빼고 홀수 개의 곱의 사건의 확률은 더하였다.

한편, 위의 식은 아주 복잡해 보이나 집합의 이론으로부터 사실은 다음과 같이 간단히 표시할 수 있다.

$$P(A_1 \cup A_2 \cup \cdots A_n) = 1 - P(A_1^c \cap A_2^c \cap \cdots A_n^c)$$

단 위의 식에서 A_i^c는 사건 A_i의 **여사건**(余事件, Complementary event)이다.

한편, 여기서 만약 n개의 사건 A_1, A_2, …, A_n이 상호독립이면[4] 위의 식은 어떻게 될까? 독립 사건의 정리로부터 위의 식은 다음과 같이 간단하게 정리된다.

$$P(A_1 \cup A_2 \cup \cdots A_n) = 1 - \prod_{i=1}^{n}(1 - P(A_i))$$

예제 1.11

나수지(나는 수시에 지원한다)양은 대학입시 수시접수에서 가, 나, 다, 라, 마의 다섯 개 대학에 원서를 접수하였다. 물론 나수지양은 학교의 진학지도 선생님과 그동안 축적해온 진학 자료를 바탕으로 충분히 의논하여 합격 가능성이 높은 대학 다섯 곳을 선택하였으며 그 학교에 지원한 학생은 합격할 확률이 거의 같다고 가정한다(사실은 반드시 같지만은 않겠지만 문제를 단순히 하기 위해서 그렇게 가정하자). 그런데, 접수 결과를 보니 가, 나, 다, 라, 마의 다섯개 대학의 경쟁률이 각각 5:1, 10:1, 20:1, 40:1, 50:1이었다.

(1) (미안하지만) 나수지양이 모든 대학에서 불합격할 확률은 얼마인가?
(2) (다행히도) 나수지양이 적어도 하나의 대학에 합격할 확률은 얼마인가?
(3) (운이 좋게도) 나수지양이 모든 대학에서 합격할 확률은 얼마인가?

[풀이] (1) 각 대학의 합격여부는 상호독립이므로 나수지양이 모든 대학에서 불합격할 확률은 각각의 대학에서 불합격할 확률의 곱이다. 그러므로 $0.8 \times 0.9 \times 0.95 \times 0.975 \times 0.98 = 0.6536$, 즉 65.36%이다.

(2) 나수지양이 적어도 하나의 대학에 합격할 확률은 사실 여러 가지가 있다. 즉, 나수지양이 1개의 대학에만 한다고 해도 다섯 가지나 되고 두 개의 대학에

4 사건의 상호독립에 대해서는 제2장에서 자세히 배우겠는데 여기서는 간단히 개념만 설명을 하면 두 사건 A와 B가 상호독립이면 두 사건의 곱의 사건률 $P(A \cap B) = P(A)P(B)$이다.

합격할 경우도 가-나, 나-다, 다-라, 라-마, 마-가의 다섯 가지나 된다. 그리고 세 개의 대학에 합격할 경우도 브라브라브라…. ^^ 그래서, 그것을 일일이 헤아리는 것은 참으로 고단한 일이다. 여기서 여사건의 개념을 도입하면 훨씬 수월하게 계산할 수 있다. 즉, 나수지양이 모든 대학에 불합격할 경우를 먼저 생각하자. 나수지양이 다섯 개의 대학에 모두 불합격할 확률은 앞에서 구한 바와 같이 65.36%이다. 따라서 나수지양이 적어도 하나의 대학에 합격할 확률은 $1-0.6536=0.3464$, 즉 34.64%이다.

(3) 나수지양이 수시에 접수한 모든 대학에서 합격할 확률은 $0.2 \times 0.1 \times 0.05 \times 0.025 \times 0.02 = 0.0000005$, 즉 0.00005%이다.

문제 1.18

인터넷에 가입한 멀리 떨어진 두 가입자 A와 B가 아래와 같이 세 개의 서로 독립된 네트워크를 통하여 연결되어 있다. 가입자 A는 K사의 인터넷에 가입되어 있고 가입자 B는 L사의 인터넷에 가입되어 있는데 이들 두 회사가 S사의 네트워크를 통하여 상호접속되어 있다. 이때 A를 출발한 데이터가 B까지 전달되는 데에는 세 개의 서로 다른 네트워크를 통과하여야 하며, 각 네트워크에 대하여 데이터가 통과할 수 있는 경로가 최소한 1개 이상 있고, 경로상에 표시된 숫자는 데이터가 그 경로를 성공적으로 통과할 확률이다. 단, 가입자는 하나의 네트워크 내의 경로에 대하여 균등한 확률로 접속을 시도한다. 이때 다음 물음에 답하라.

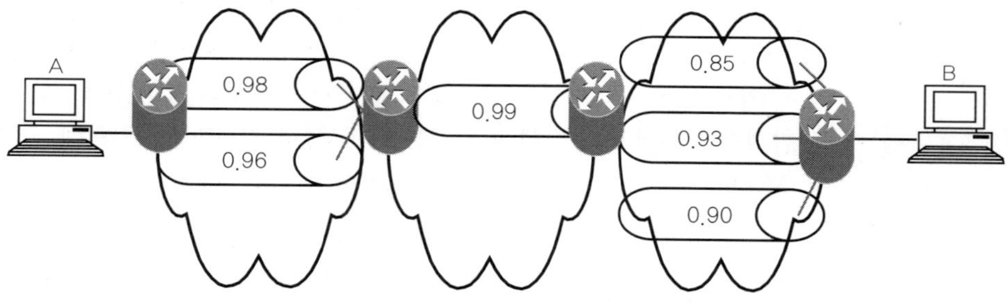

(1) A를 출발한 데이터가 하나의 독립된 네트워크를 통과할 때마다 단 하나의 경로만을 허용한다고 가정할 때 B까지 성공적으로 전달될 확률은 얼마인가?

(2) 하나의 독립된 네트워크 내에서 데이터가 하나 이상의 경로를 이용할 수 있다고 가정할 때 A를 출발한 데이터가 B까지 성공적으로 전달될 확률은 얼마인가?

연습문제

1 010으로 시작하고 고객의 번호가 8자리인 휴대전화 번호를 만들려고 한다. 단 010 뒤의 첫 번째 자리에는 0 이외의 모든 수가 올 수 있으나 모든 자리에 같은 번호는 할당하지 않는다. 이때 총 몇 개의 번호를 만들 수 있는가?

2 10명의 직원 중에서 5명을 선발하여 5번의 회사 홍보행사에 내보내려고 한다. 단, 5개의 홍보행사에 대하여 순차적으로 지명하되 모든 직원이 어느 행사에든지 참석할 수 있다고 할 때 가능한 방법은 몇 가지인가?

3 10개의 빈 무선통신 채널이 있는데 5명의 가입자가 동시에 접속을 시도하였다고 하면 이들에게 채널을 할당하는 방법은 몇 가지인가?

4 앞면과 뒷면이 나올 확률이 같은 윷으로 윷놀이를 할 때 도, 개, 걸, 윷, 모가 나올 확률을 경우의 수를 이용하여 구하라.

5 세 개의 동전을 던지는 실험을 할 때 앞면에는 0의 값을, 뒷면에는 1의 값을 매겨서 세 자리의 이진수를 만들고자 한다. 이때 다음 물음에 답하라.

(1) 실험에서 얻을 수 있는 결과(10진수로 표시되는 값)의 표본공간을 정의하라.

(2) 실험에서 얻은 1의 수의 갯수를 확률변수로 정의할 때 표본공간을 정의하라.

6 경우는 친구와 함께 당구를 치러 갔다. 마침 점심시간이 다가와서 점심을 내기로 하였다. 두 경기를 연속으로 이기거나 합쳐서 세 경기를 먼저 이기는 사람에게 진 사람이 점심을 사주기로 하였다. 단, 각 경기에서 경우가 이길 확률과 질 확률은 같다. 이때 다음 물음에 답하라.

(1) 경기의 승패관계를 나무모양의 그래프(Tree graph)로 그려라.

(2) 경우가 점심을 살 확률은 얼마인가?

7 주사위 던지기에서 사건 $A=\{$짝수의 눈$\}$, 사건 $B=\{$홀수의 눈$\}$, 사건 $C=\{1, 2, 3, 4\}$, 사건 $D=\{3, 4, 5, 6\}$이라고 할 때 다음 물음에 답하라.

(1) $P(A\cap C)$와 $P(B\cap D)$를 구하라.

(2) $P(A\cup C)$와 $P(B\cup D)$를 구하라.

(3) $P(B\cap C\cap D)$를 구하라.

(4) $P(B\cup C\cup D)$를 구하라.

8 경우가 아침에 등교를 하는데 집에서 마을버스를 타고 지하철역에 가서 그 다음은 학교까지 지하철을 탈 수도 있고 지하철역 앞에 있는 버스정류장에서 다른 버스로 갈아 탈 수도 있다. 이때 버스를 타면 수업시간 전에 도착할 확률이 70%이고, 지하철을 타면 수업시간 전에 도착할 확률이 90%이다. 경우는 평소 집에서 학교까지 걸리는 시간을 고려해서 집을 출발하였다. 두 번의 승차 중 어느 한 쪽에서라도 차(또는 열차)가 연착하면 지각한다고 할 때 경우가 결국 지각할 확률은 얼마인가? 단, 경우가 두 번째 승차 시 지하철이나 버스를 탈 확률은 반반이다.

9 어떤 5층 건물에 1층에서 5층까지 운행하는 엘리베이터가 있다. 1층에서 사람 3명이 타고 5층까지 올라가는 동안 3명 모두 서로 다른 층에서 내릴 확률은 얼마인가?

10 S를 주사위 세 개를 던져서 나온 눈의 합의 수의 집합이라고 할 때 각 원소에 대하여 확률을 구하라.

11 나현빈, 노원빈, 장동원, 강동건, 우비, 주용필의 남자 6명과 노효리, 명태희, 나써니(일명 나순규), 손연아의 여자 4명, 총 10명은 창원에서 촬영 예정인 무박 2일 프로그램에 출연하기 위하여 서울에서 창원까지 여행을 떠나기로 했다. 그런데 이들은 사전에 복불복 게임을 하여 5명은 방송국에서 제공하는 고급 미니버스를 타고 가고 나머지 5명은 각자 알아서 가야 한다. 이때 여자 출연자 중에서 1명만 방송국 차를 타고 갈 확률은 얼마인가?

CHAPTER 02 조건부확률

우리 주변에서 일어나는 일을 보면 어떤 사건이 주변의 다른 사건과 완전히 독립적으로 발생하는 경우는 거의 없다. 대부분의 사건에는 그 사건이 일어나는데 기여한 전후 사정이 있고 그에 따라 확률이 결정되는 경우가 많다. 이와 같은 문제를 기술하기 위해 어떤 사건이 일어나기 전에 먼저 일어난 사건이 있고 그 사건으로 인하여 다른 사건이 일어날 때 조건부확률이라는 개념을 도입한다. 제2장에서는 조건부확률에 대해서 알아본다. 먼저 서로 다른 두 사건의 결합확률에 대해서 정의하고 이어서 조건부확률을 정의한다. 그리고 여러 개의 사건에 대하여 가끔은 상호무관한 사건도 일어날 수 있는 점을 고려하여 사건의 확률적 독립성에 대하여 알아본다. 마지막으로 조건부확률의 응용분야로서 전확률의 법칙과 베이즈의 공식에 대하여 알아본다.

1 조건부확률

조건부확률(條件付確率, Conditional probability)은 어떤 사건에 대해서 조건이 붙은 확률이다. 즉 어떤 사건이 일어날 확률을 계산할 때 그 사건보다 먼저 일어난 사건을 조건으로 달은 사건에 대한 확률이다.

이해를 돕기 위해 자동차 운전을 예로 들어보자. 여러 명의 운전자 중에서 한 사람을 선택하였을 때 그 사람이 차를 난폭하게 운전할 경우를 사건 A라 하고 교통사고가 나는 경우를 사건 B라고 하자. 이때 운전자가 차를 난폭하게 운전하는 경우와 그렇지 않을 경우 어느 쪽이 교통사고가 일어날 확률이 더 높을까?

먼저 사람이 난폭하게 운전하는 경우 그 사람에 의해서 교통사고가 일어날 확률은 $P(B|A)$로 나타내고 교통사고가 난 경우에 그 운전자가 난폭하게 운전할 확률은 $P(A|B)$로 나타낸다. 이와 같이 조건부 사건은 $A|B$와 같이 수직선을 중심으로 조건으로 주어지는 사건(여기서는 사건 B를 말하며 이를 조건 사건이라고 함)이 뒤

에 오고 나중에 일어날 사건(여기서는 사건 A를 말하며 이를 종속 사건이라고 함)이 앞에 오도록 표기하는 것이 보통이다.

주사위 던지기를 예로 들자. 두 개의 주사위 A, B를 던졌을 때 표본공간을 $\Omega = \{(a,b); a,\ b=1,\ 2,\ \cdots,\ 6\}$로 나타내자. E를 두 주사위의 눈의 합이 6인 사건의 집합이라고 하면 E는 다음과 같다.

$$E = \{(1,5),\ (2,4),\ (3,3),\ (4,2),\ (5,1)\}$$

따라서 사건 E가 일어날 확률 $P(E)$는 5/36(=13.89%)이다. 이처럼 조건이 없는 단순 사건에 대한 확률을 **한계확률**(限界確率, Marginal probability)이라고 한다.

이번에는 F가 A주사위의 눈이 2인 사건이라고 정의하고 이 사건이 일어난 조건에서 사건 E가 일어날 확률은 얼마일까? 먼저 A주사위의 눈이 2인 사건은 $\{(2,x); x=1,\ 2,\ \cdots,\ 6\}$으로 6가지이다. 따라서 A주사위의 눈이 2인 사건의 확률은 $P(F)$=1/6(=16.67%)이다.

이번에는 두 사건의 결합확률을 정의하자. 두 사건의 **결합확률**(結合確率, Joint probability)이란 두 사건이 동시에 일어날 사건으로 정의한다. 예를 들면 사건 F(A주사위의 눈이 2인 사건)와 사건 E(두 주사위의 눈의 합이 6인 사건)가 동시에 일어날 수 있는 경우는 (2,4) 하나 밖에 없으므로 두 사건이 동시에 만족되는 확률 $P(F,E)$[5]는 1/36(=2.78%)이다.

여기서, 우리는 결합확률과 곱 사건의 확률과의 차이를 알아둘 필요가 있다. 즉, 서로 다른 두 실험 결과가 동시에 성립하는 결합사건을 정의할 때 이 사건에 확률의 곱의 공식을 적용하면 어떻게 될까?

두 개의 주사위 A, B를 던져서 첫 번째 눈은 2이고 두 눈의 합은 6일 경우 이들의 결합사건의 확률을 구할 때 첫 번째 눈이 2가 나올 사건의 확률인 1/6과 두 눈의 합이 6일 사건의 확률 5/36을 단순히 곱하여 5/216이라고 계산을 하면 안 된다. 즉 두 사건의 결합확률은 각 사건의 확률의 곱과 같지 않다.

다시 조건부확률의 문제로 돌아가자. A주사위의 눈이 2인 사건 F가 일어난다는 조건에서 두 주사위의 눈의 합이 6인 사건 E가 일어날 확률 $P(E|F)$은 먼저 A주사위의 눈이 2인 사건이 일어날 확률 가운데서 두 사건이 동시에 일어나는 사건의 확률이므로 결국 $P(E|F)$는 다음과 같이 구해야 한다.

5 이 확률을 사건 E와 F의 Joint probability라 하고 결합확률이라고 한다. 그리고 $P(F,E)=P(E,F)$의 관계식이 성립한다.

$$P(E|F) = \frac{P(E,F)}{P(F)} = \frac{1/36}{6/36} = \frac{1}{6}$$

결국 두 주사위의 눈의 합이 6인 사건 E가 일어날 확률(5/36)과 A주사위의 눈이 2인 조건에서 두 주사위의 눈의 합이 6인 사건 E가 일어날 확률(1/36)은 서로 같지 않다. 이로부터 우리는 조건부확률에서 나중에 일어나는 사건은 앞에 일어난 사건에 의존함을 알 수 있다.

그러면 모든 조건부확률은 이전의 사건에 의존한다고 할 수 있을까? 반드시 그렇지 않다. 어떤 경우에는 조건부확률에서 나중에 일어나는 사건이 앞에 일어난 사건에 무관한 경우도 있다. 이 문제는 다음 단원에서 더 자세히 알아보기로 하자.

예제 2.1

어느 가정에 두 명의 아이가 있다. 아들 혹은 딸이 태어날 확률은 같고 아들과 딸의 태어난 순서는 고려하지 않는다. 이때 아래의 물음에 답하라.

(가) 둘 다 아들일 확률은 얼마인가?

(나) 두 아이 중 적어도 한 명이 아들이라는 조건에서 둘 다 아들일 확률은 얼마인가?

[풀이] (가) 둘 다 아들일 확률은 첫 번째도 두 번째도 아들일 확률인데 각 경우는 1/2이므로 둘 다 아들일 확률은 1/4이다.

(나) 사건 D를 둘 다 아들이 태어날 사건이라고 하고, 사건 S를 적어도 한 명의 아들이 태어날 사건이라고 하자. 위의 문제는 결국 $P(D|S)$를 구하는 것이다.

$$P(D|S) = \frac{P(D,S)}{P(S)} = \frac{1/3}{2/3} = \frac{1}{2}$$

한편, 결합확률과 조건부확률의 관계에 대하여 다음 식이 성립한다.

$$P(E,F) = P(E|F)P(F) = P(F|E)P(E)$$

위의 식은 두 사건 E와 F에 대하여 각 사건이 일어날 확률과 결합확률을 안다면 어느 하나의 사건을 조건으로 하고 다른 하나의 사건을 결과로 할 경우에 대해서 조건부확률을 구할 수 있음을 나타낸다. 다음 문제를 풀어보자.

문제 2.1

항아리에 검은 공 3개와 흰 공 4개가 들어있다. 이때 다음의 물음에 답하라.

(1) 복원추출을 가정하고 두 개의 공을 차례로 끄집어내었을 때 그 공이 모두 검은 색일 확률은?
(2) 비복원추출을 가정하고 두 개의 공을 차례로 끄집어내었을 때 그 공이 모두 검은 색일 확률은?

2 확률적 독립성

두 사건이 **확률적으로 독립**(確率的獨立, Statistical independence)이라는 것은 한 사건의 결과가 다른 사건의 결과에 영향을 미치지 않는 것을 말한다. 가령 KBL (Korea Basketball League, 한국 프로농구리그)에서 창원 LG가 부산 KTF를 이기는 사건과 NFL(National Football League, 미국 프로풋볼리그)에서 위스컨신 그린베이 패커스(Greenbay Packers)가 피츠버그 스틸러스를 이기는 사건을 생각할 때 두 사건은 서로 어떤 관계가 있을까? 그냥 단순히 생각해 봐도 아무런 관계가 없다. 따라서 두 사건은 확률적으로 독립이다.

2008년에는 한국의 아마추어 축구리그(일명 K3 리그)에서 일부 팀의 선수들이 돈을 받고 승부조작을 한 사건으로 떠들썩했던 적이 있다. 그들이 왜 그런 짓을 했는지 사정을 알 길은 없지만, 무엇인가 미끼가 있었을 것이다. 특히 두 경기의 결과가 그 다음에 있을 경기에 영향을 미칠 경우에는 승부조작의 확률이 더욱 높아지는데 어떤 경기에서 한 팀이 이길 경우와 질 경우에 따라 다른 경기에서 또 다른 한 팀이 이기도록 조작할 수도 있고 지게 할 수도 있다. 이럴 경우에는 승부 자체가 처음부터 조작되는 것이기 때문에 경기 간에 강한 연관성이 작용되며 이럴 경우에 조건부확률은 독립성을 잃을 수도 있다.

두 사건의 확률적 독립성을 설명하기 위해 주사위 던지기와 동전 던지기를 생각해 보자. 이때 두 실험은 동시에 해도 되고 순서적으로 해도 된다. 주사위 던지기에서 1의 눈이 나올 확률은 1/6이고 동전 던지기에서 앞면이 나올 확률은 1/2이다.

이때 동전 던지기에서 앞면이 나오는 조건에서 주사위의 눈이 1이 나올 확률은 얼마일까? 의심할 여지도 없이 1/6이다. 왜냐하면 주사위 던지기에서 1의 눈이 나올 확률은 동전 던지기의 결과에 관계없이 어떠한 경우에도 1/6이기 때문이다. 즉, 동전 던지기에서 앞면이 나오는 사건을 F라고 하고 주사위 던지기에서 1의 눈이 나오는 사건을 E라고 하면 동전 던지기에서 앞면이 나오는 조건에서 주사위의 눈이 1이

나올 확률은 $P(E|F)$가 되는데 사건 E와 사건 F가 일어날 확률이 상호 무관하므로 결국은 $P(E|F) = P(E) = 1/6$이다.

이번에는 두 사건의 결합확률, 즉 동전 던지기에서 앞면이 나오고 주사위의 눈이 1이 나올 확률은 얼마일까? 이때도 두 사건이 서로 아무런 관계가 없으므로 곱의 사건에 대한 확률이 된다. 따라서 $P(E,F) = P(E)P(F) = 1/2 \times 1/6 = 1/12$이다. 마지막으로 동전 던지기에서 앞면이 나오는 조건에서 주사위의 눈이 1이 나올 확률은 다음과 같다.

$$P(E|F) = \frac{P(E,F)}{P(F)} = \frac{1/12}{1/2} = \frac{1}{6} = P(E)$$

즉, $P(E|F) = P(E)$이다. 위의 두 가지 사실로부터 다음의 결과를 얻게 된다.

$$P(E|F) = \frac{P(E,F)}{P(F)} = \frac{P(E)P(F)}{P(F)} = P(E)$$

결론적으로 두 사건 E와 F가 상호독립이라면 $P(E,F) = P(E)P(F)$이다. 마찬가지로 $P(E,F) = P(E)P(F)$의 관계가 성립하면 두 사건 E와 F는 상호독립이다.

이와 같은 관계는 일반적으로 n개의 사건에 대해서도 성립한다. 즉, n개의 사건 E_i, $i = 1, 2, \cdots, n$이 상호독립일 경우 다음 식이 만족된다.

$$P(E_1, E_2, \cdots, E_n) = P(E_1)P(E_2)\cdots P(E_n)$$

만약 두 사건이 독립이 아니면 무엇이라고 부를까? 독립사건이 아닌 사건은 **종속사건**(從屬事件, Dependent event)이라고 한다.

예제 2.2

한 쌍의 주사위를 던지는 실험에서 몇 가지 사건을 다음과 같이 정의할 때 각 경우가 확률적으로 독립인지 아닌지를 논하라.

(1) E가 두 눈의 합이 3일 사건이고, F가 두 눈의 합이 12일 사건

(2) E가 두 눈의 합이 홀수가 나올 사건이고, F가 두 눈의 합이 9일 사건

(3) 이번에는 한 개의 주사위를 던져서 {1, 2, 3}의 눈이 나올 사건을 E, {3, 5}가 나올 사건을 F

[풀이] (1) 한 쌍의 주사위를 던지는 실험에서 두 눈의 합이 3일 사건은 E={(1,2), (2,1)}인 경우이므로 $P(E)$ =1/18이고, 두 눈의 합이 12일 사건은 F=(6,6)

뿐이므로 $P(F)=1/36$이다. 그런데 E와 F를 동시에 만족하는 경우는 없으므로 $P(E,F)=0$이다.

한편, $P(E)P(F)=1/648$이다. 결국, 두 사건은 확률적으로 독립이 아니다.

그럼 왜 이 두 사건은 독립이 아닐까? 그 이유는 두 사건이 상호배타적 사건(相互排他的 事件, Mutually exclusive events)이기 때문이다. 즉, 사건 E와 사건 F는 서로 동시에 일어날 수 없다.

(2) 한 쌍의 주사위를 던지는 실험에서 두 눈의 합이 홀수일 사건은 두 눈이 서로 홀 혹은 짝의 어느 한 값을 각각 가지는 경우이므로 $P(E)=1/2$이다. 한편, 사건 F의 확률은 $P(F)=1/9$이다. 한편, 두 눈의 합이 홀수이고 두 눈의 합이 9일 결합사건의 확률은 1/9이다. 즉, $P(E,F)=1/9$이다. 그런데 $P(E)\times P(F)=1/2\times 1/9=1/18$이다. 따라서 $P(E,F)\neq P(E)\times P(F)$이다.

그럼 이 두 사건은 왜 독립이 아닐까? 그 이유는 두 사건이 포괄적(包括的, Inclusive)이기 때문이다. 즉, 어떤 사건이 다른 한 사건을 포함하고 있다.

(3) 한 개의 주사위를 던져서 {1, 2, 3}이 나올 사건을 E, {3, 5}가 나올 사건을 F라고 하였으므로 각각의 확률은 $P(E)=1/2$, $P(F)=1/3$이다.

한편, $P(E,F)=P${3의 눈이 나올 확률}=1/6이다. 그런데 $P(E)\times P(F)=1/6$이다. 결국, $P(E,F)=P(E)\times P(F)$이다. 따라서 이들 두 사건은 확률적으로 독립이다.

문제 2.2

주사위 던지기와 동전 던지기에서 E는 주사위 던지기에서 홀수의 눈이 나올 사건이고 F는 동전 던지기에서 앞면이 나올 사건이라고 할 때 다음의 물음에 답하라.

(1) 두 사건의 결합사건의 확률을 구하라.

(2) 이들 두 사건의 확률적 독립성을 판정하라.

3 조건부확률의 응용

1) 조건부확률의 곱의 법칙

조건부확률의 중요한 성질 중에 **곱의 법칙**(Multiplication law)이 있다. 임의의 세 사건 E, F, G 사이에는 다음과 같은 관계식이 성립하며, 이를 조건부확률의 곱의 법칙이라고 한다.

$$P(EF|G) = P(F|G)P(E|FG)$$

위의 식에서 사건 G가 일어난 조건에서 사건 E와 사건 F의 결합사건의 확률은 두 조건부사건의 확률로 분해되는데 다음과 같이 구한다.

① 사건 G가 일어나는 조건에서 사건 F가 일어날 조건부확률을 구한다.
② 사건 F와 사건 G가 동시에 일어날 조건에서 사건 E가 일어날 조건부확률을 구한다.
③ 위에서 구한 두 확률을 곱한다.

위의 사실을 증명하면 다음과 같다. 먼저, 위 식의 왼쪽 식을 조건부확률의 정의에 의해서 다음과 같이 바꾼다.

$$P(EF|G) = \frac{P(E,F,G)}{P(G)}$$

한편, 식 $P(EF|G) = P(F|G)P(E|FG)$의 오른쪽 식에 대해서 역시 조건부확률의 정의에 의해서 다음과 같이 바꾸어 쓴다.

$$P(F|G)P(E|FG) = \frac{P(E,G)}{P(G)} \times \frac{P(E,F,G)}{P(F,G)} = \frac{P(E,F,G)}{P(G)}$$

위의 두 식에 대하여 맨 우측을 보면 결국 두 식이 같으므로 다음과 같은 결과를 얻는다.

$$P(EF|G) = P(F|G)P(E|FG)$$

위 식의 물리적인 의미는 사건 G가 일어난 조건에서 사건 E와 F가 일어날 확률을 구하기 위해서는 사건 G가 일어난 조건에서 사건 F가 일어날 확률을 구하고 이어서 사건 F와 G가 일어난 조건에서 사건 E가 일어날 확률을 구한다는 것이다.

이 사실을 이용하면 어떤 복잡한 현상에 대하여 상호연관성이 있을 것 같은 서로 다른 사건의 확률을 바탕으로 그 사건들의 인과관계를 정의함으로써 구하고자 하는 사건의 확률을 구할 수 있다.

예제 2.3

하나의 주사위를 두 번 던지는 실험에서 세 사건 E, F, G를 다음과 같이 정의하자.

E : 먼저 던진 주사위의 눈이 3인 사건

F : 두 주사위의 눈의 합이 6인 사건

G : 두 주사위의 눈이 모두 홀수인 사건

이때 조건부확률의 곱의 법칙 $P(EF|G) = P(F|G)P(E|FG)$이 성립함을 증명하라.

[풀이] 먼저 $P(F|G)$와 $P(E|FG)$를 구한 후 두 값의 곱이 $P(EF|G)$와 같음을 증명한다.

$$P(F|G) = \frac{P(F,G)}{P(G)} = \frac{1/12}{1/4} = \frac{1}{3}$$

$$P(E|FG) = \frac{P(E,F,G)}{P(F,G)} = \frac{1/36}{1/12} = \frac{1}{3}$$

$$P(EF|G) = \frac{P(E,F,G)}{P(G)} = \frac{1/36}{1/4} = \frac{1}{9}$$

따라서, $P(EF|G) = P(F|G)P(E|FG)$가 성립한다.

이번에는 **조건부확률의 독립성**에 대해서 알아본다. 즉, 세 사건 E, F, G에 대하여 사건 E와 사건 F가 상호독립이면 다음 식이 성립한다.

$$P(EF|G) = P(F|G)P(F|G)$$

위의 식은 한계사건에 대한 독립성을 나타내는 $P(E_1, E_2) = P(E_1)P(E_2)$의 개념을 조건부확률로 넓힌 것인데 증명은 다음과 같다.

먼저 식 $P(EF|G)$에서 조건부확률의 정의로부터 $P(EF|G) = P(F|G)P(E|FG)$이다. 그런데 사건 E와 사건 F가 상호독립이라면 $P(E|FG) = P(E|G)$이다. 결국 $P(EF|G) = P(E|G)P(F|G)$이다.

예제 2.4

주사위를 두 번 던지는 실험에서 사건 E, F, G를 다음과 같이 정의하자.

E : 먼저 던진 주사위의 눈이 3인 사건
F : 주사위의 두 눈의 합이 6인 사건
G : 주사위의 두 눈이 모두 홀수인 사건

이때 조건부확률 $P(EF|G) = P(E|G)P(F|G)$의 독립성이 성립하는지 판별하라.

[풀이] 좌변과 우변의 각 확률을 다음과 같이 계산한다.

$$P(EF|G) = \frac{P(E,F,G)}{P(G)} = \frac{1/36}{1/4} = \frac{1}{9}$$

$$P(E|G) = \frac{P(E,G)}{P(G)} = \frac{1/12}{1/4} = \frac{1}{3}$$

$$P(F|G) = \frac{P(F,G)}{P(G)} = \frac{1/12}{1/4} = \frac{1}{3}$$

따라서 $P(EF|G) = P(E|G)P(F|G)$는 성립하고 사건 E와 사건 F는 조건 G에 대하여 상호독립이다.

지금까지 우리는 세 개의 사건에 대한 조건부확률을 공부하였는데 실제로는 그 이상의 사건들이 조건으로 작용하는 경우도 있다. 그래서 n(단, $n > 2$)개의 사건에 대하여 확률의 곱의 성질이 성립하는지를 알아본다.

먼저 결합확률과 조건부확률의 정의로부터 다음의 식이 성립한다.

$$P(E,F) = P(E|F)P(F) = P(F|E)P(E)$$

그리고 n개의 사건에 대하여 다음의 관계가 성립한다고 유추할 수 있다.

$$P(E_1, E_2, \cdots, E_n) = P(E_1)P(E_2|E_1)P(E_3|E_1E_2)\cdots P(E_n|E_1E_2\cdots E_{n-1})$$

위의 식을 보면 n개의 사건이 서로 꼬리에 꼬리를 물고 중첩되면서 조건으로 작용한다. 위의 식을 증명하기 위해서 먼저 위 식의 오른쪽 항에 대하여 조건부확률을 결합확률의 식으로 표현하자.

$$P(E_1)P(E_2|E_1)P(E_3|E_1E_2)\cdots P(E_n|E_1E_2\cdots E_{n-1})$$
$$= P(E_1)\frac{P(E_1,E_2)}{P(E_1)}\frac{P(E_1,E_2,E_3)}{P(E_1,E_2)}\cdots\frac{P(E_1,E_2,\cdots,E_n)}{P(E_1,E_2,\cdots,E_{n-1})}$$

위의 결과에 대하여 간단한 연산을 하면 다음과 같이 약분된다.

$$P(E_1)P(E_2|E_1)P(E_3|E_1E_2)\cdots P(E_n|E_1E_2\cdots E_{n-1}) = P(E_1,E_2,\cdots,E_n)$$

위의 식을 좌우로 바꾸면

$$P(E_1,E_2,\cdots,E_n) = P(E_1)P(E_2|E_1)P(E_3|E_1E_2)\cdots P(E_n|E_1E_2\cdots E_{n-1})$$

따라서 n(단, $n > 2$)개의 사건에 대하여 조건부확률의 곱의 성질이 성립한다.

예제 2.5

주머니 안에 흰 공 4개와 검은 공 6개가 들어 있다. 매번 공을 하나씩 끄집어 낼 수 있고 한 번 끄집어 낸 공은 다시 주머니에는 넣지 않는다. 이때 다음의 물음에 답하라.

(1) 연속해서 2개의 공을 끄집어 낼 때 하나는 흰 공이고 다른 하나는 검은 공일 확률은 얼마인가? 단, 순서도 고려한다.

(2) 연속해서 세 개의 공을 끄집어 낼 때 세 번째에 처음으로 검은 공이 나올 확률은 얼마인가?

[풀이] (1) 연속해서 2개의 공을 끄집어 낼 때 하나는 흰 공이고 다른 하나는 검은 공일 경우는 처음에 흰 공이고 나중에 검은 공일 경우와 그 반대일 경우가 있다. 흰 공이 나올 사건을 W, 검은 공이 나올 사건을 B라고 하면 앞의 경우는 $P(W,B)$이고 뒤의 경우는 $P(B,W)$이다. 각 경우의 확률은 다음과 같다.

$$P(W,B)=P(W)P(B\mid W)=\frac{2}{5}\times\frac{2}{3}=\frac{4}{15}$$

$$P(B,W)=P(B)P(W\mid B)=\frac{3}{5}\times\frac{4}{9}=\frac{4}{15}$$

따라서 연속해서 2개의 공을 끄집어 낼 때 하나는 흰 공이고 다른 하나는 검은 공일 확률은 위의 두 경우의 확률을 더한 8/15이다.

(2) 연속해서 세 개의 공을 끄집어 낼 때 세 번째에 처음으로 검은 공이 나올 확률은 앞의 두 번은 흰 공이 나오고 마지막 세 번째 검은 공이 나와야 한다. 따라서, 세 번째 처음으로 검은 공이 나올 확률은

$$P(W)P(W\mid W)P(B\mid WW)=\frac{2}{5}\times\frac{1}{3}\times\frac{3}{4}=\frac{1}{10}$$

이다.

문제 2.3

하나의 주사위를 던져서 5 이상의 수를 얻을 사건을 A라고 하고 홀수가 나올 사건을 B라고 할 때 $P(A\mid B)$와 $P(B\mid A)$를 구하여 두 값을 비교하고 그 의미를 논하라.

2) 전확률의 법칙

조건부확률의 응용분야로서 전확률의 법칙이 있다. **전확률의 법칙**(全確率의 法則, Total probability law)이란 모든 확률을 다 고려한 확률이라는 뜻인데 이에 대하여 알아보자.

먼저 표본 공간 Ω가 존재하고 그 공간 안에는 n개의 **상호배타적**(相互排他的,

Mutually exclusive)인 **사건의 분할**(事件分割, Partition of events)이 있다고 하자. 여기서 상호배타적이라는 것은 서로 다른 사건 간에는 서로 겹치는 부분이 없음을 말한다. 그리고 상호배타적인 각 사건을 E_i, $i=1,\ 2,\ \cdots,\ n$이라고 나타내자. 이때 다음의 식이 성립한다.

$$\Omega = E_1 \cup E_2 \cup \cdots \cup E_n$$

상호배타적 사건 분할의 예로는 어떠한 것이 있을까? 먼저 퍼즐을 생각할 수 있다. 예를 들어서 퍼즐 조각이 7개가 있다고 하면 이 7개의 상호 다른 조각으로 하나의 그림을 만들 수 있다. 그림 2-1은 7개의 조각으로 된 퍼즐이다.

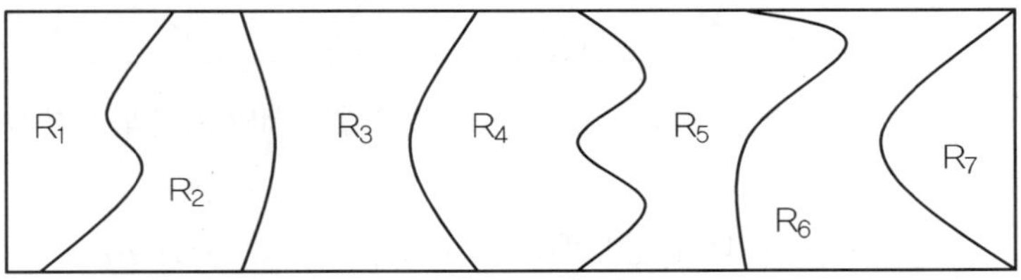

그림 2-1 일곱 조각의 퍼즐

이때 이 그림 위에 커피가 쏟아져서 만들어진 얼룩이 하나 있다고 하자. 그러면 커피가 쏟아져서 만들어진 얼룩 모양을 만들기 위하여 각각의 퍼즐 조각이 얼룩에 얼마나 기여를 하는지를 알아보는 것은 의미가 있는 일이다.

전확률의 법칙을 나타내는 다른 예로서 살인사건의 자료수집(Profiling)이 있다. 사람이 살해된 사건을 M이라고 하자. 그런데 사람이 살해된 이유는 원한, 금전, 치정, 단순 우발사고 등 여러 가지가 있다. 그런데 이와 같이 하나의 큰 사건을 두고 전혀 다른 몇 가지 원인들이 존재하는 경우에 죽은 사람이 무엇이 주된 이유가 되어 살해되었는지를 알 수 있다면 경찰은 범인을 좀 더 쉽고 빨리 검거할 수 있을 것이다. 특히 피해자가 죽은 이유를 제공하는 증거를 더 많이 확보할수록 범인을 지목할 확률이 커지게 될 것이다. 반면에 서로 다른 몇 개의 사망원인이 될만한 증거에 대하여 중요도와 상호인과관계를 제대로 파악하지 못한 채 단편적인 수사로 우왕좌왕하다가 보면 범인은 증거마저 인멸하고 그 사건은 미제사건으로 남을 수도 있다.

하여간 한 사람의 살해사건과 관련이 있을 것으로 생각이 되는 서로 배타적인 **원인사건**(原因事件, 혹은 요소사건)이 n가지가 있고, 그것이 R_i, $i=1,\ 2,\ \cdots,\ n$라고 하자. 이때 이와 같은 다양한 요인들을 고려하였을 때 이 사람이 각각의 원인사건에 의하여 살해되었을 확률은 얼마인가? 이것을 계산할 수 있는 것이 전확률이론이다.

다시 퍼즐로 돌아가서 그림 2-1에서 나타낸 상호배타적인 7개의 사건 R_i, $i=1$, 2, ⋯, 7에 대하여 임의의 사건 M이 일어날 사건을 그림 2-2에서 표시한 바와 같이 점선으로 둘러 싸인 부분으로 나타낸다고 하자.

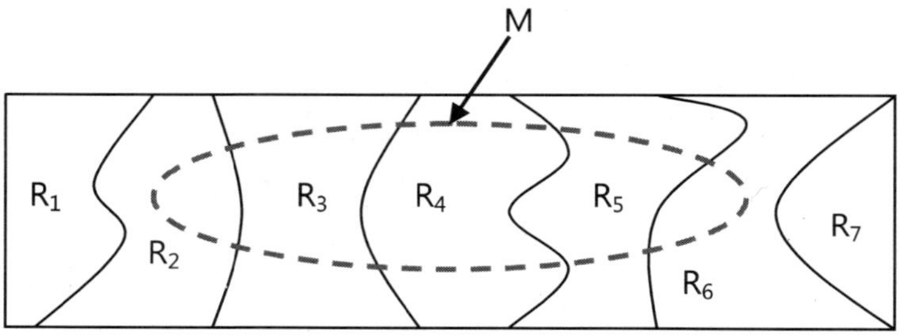

그림 2-2 상호배타적인 7개의 사건과 사건 M의 관계

이때 사건 M과 상호배타적인 n개의 원인 사건 R_i, $i=1, 2, \cdots, n$에 대하여 사건 M을 집합으로 나타내면 다음과 같다.

$$M = M \cap (R_1 \cup R_2 \cup \cdots \cup R_n)$$

위의 식에 대하여 분배법칙을 적용하면 다음의 결과를 얻는다.

$$M = (M \cap R_1) \cup (M \cap R_2) \cdots (M \cap R_n)$$

위 식에 대해서 R_i, $i=1, 2, \cdots, n$가 상호배타적인 사건이므로 위 식의 양변에 확률을 취하면 다음과 같다.

$$P(M) = P(M \cap R_1) + P(M \cap R_2) + \cdots + P(M \cap R_n)$$

그런데, $P(M \cap R_i)$은 두 사건 M과 R_i가 동시에 일어날 결합사건의 확률이므로 $P(M \cap R_i) = P(M, R_i)$로 쓸 수 있고 또 조건부확률과 결합확률 간의 관계식 $P(M, R_i) = P(M|R_i)P(R_i)$으로부터 위의 마지막 식은 다음과 같이 나타낼 수 있다.

$$P(M) = \sum_{i=1}^{n} P(M|R_i)P(R_i)$$

위의 결과를 전확률의 법칙이라고 한다.

위 식을 보면 사건 M이 일어나게 된 원인사건과 그 원인사건을 조건으로 사건

M이 일어난 확률의 합이 결국은 사건 M이 일어나게 된 확률이라는 것이다. 따라서 위 식이 가지는 물리적인 의미는 원인사건을 많이 확보하여야 결과적으로 일어난 사건의 확률을 정확하게 예측할 수 있다는 것이다.

예제 2.6

주머니 안에 흰 공 4개와 검은 공 6개가 들어 있다. 매번 공을 하나씩 끄집어 낼 수 있고 한 번 끄집어 낸 공은 다시 주머니에 넣지 않는다. 이때 두 번째 끄집어 낸 공이 검은 공일 확률은 얼마일까?

[풀이] 공을 끄집어낸 횟수를 i라 하고 흰 공이 나올 사건은 W, 검은 공이 나올 사건은 B라고 하면, i번째에 흰(검은)공을 끄집어 낸 사건은 $W_i(B_i)$이다. 두 번째 끄집어 낸 공이 검은 공일 확률은 $P(B_2)$이고 다음과 같다.

$$\begin{aligned} P(B_2) &= P(B_2|W_1)P(W_1) + P(B_2|B_1)P(B_1) \\ &= \frac{2}{3}\times\frac{2}{5}+\frac{5}{9}\times\frac{3}{5}=\frac{3}{5} \end{aligned}$$

문제 2.4

아래의 표는 학생의 토익점수이다. 이때 한 학생을 선택하여 그의 점수를 물어보았을 때 800점 이상일 확률을 전확률의 법칙을 이용하여 구하라.

토익점수	학년				
	1	2	3	4	합계
600점 미만	50	30	15	5	100
6500~799	30	48	62	60	200
800점 이상	20	22	23	35	100
합계	100	100	100	100	400

3) 베이즈의 공식(Bayes' formula)

조건부확률 $P(B|A)$는 사건 A가 일어나는 조건에서 사건 B가 일어날 확률을 구하는 문제이다. 그리고 전확률의 법칙은 상호배타적인 여러 사건이 일어난 경우에 어떤 사건이 일어날 확률을 구하는 문제였다. 그러나 우리주변에서는 이와 반대로 어떤 사건 B가 일어난 상황에서 그 사건과 연관성이 있는 여러 개의 사건 A_i, $i=1, 2, 3, \cdots$ 중 한 사건 A_i(단, i는 $1, 2, 3, \cdots$중의 어느 한 값)이 일어날 확률

$P(A_i \mid B)$을 구하고자 하는 경우가 있다. 지금부터 이 문제를 생각해 보자.

표본공간 내에 상호배타적인 분할사건 E_1, E_2, $\cdots$(단, $\{E_1, E_2, \cdots\} \subset \Omega$)가 있다고 하자. 이때 이미 일어난 사건 F에 대하여 그 사건을 조건으로 하는 다른 원인사건 E_i(단, $\{E_1, E_2, \cdots\} \subset \Omega$)가 일어날 확률 $P(E_i \mid F)$을 구해보자.

결론부터 말하자면 $P(E_i \mid F)$에 대해서 다음의 식이 성립한다.

$$P(E_i \mid F) = \frac{P(E_i)P(F \mid E_i)}{\sum_{j=1}^{\infty} P(E_j)P(F \mid E_j)}, \; i = 1, 2, \cdots$$

Thomas Bayes

위의 식을 영국의 수학자이자 통계학자인 토마스 베이즈(Thomas Bayes, 1702-1761)의 이름을 따서 **베이즈의 공식**[6](Bayes' formula)이라고 한다.

위 식은 얼른 보면 복잡해 보이지만 분모가 앞에서 공부한 전확률의 공식에서 나온 모습과 비슷하다는 것을 알 수 있다. 그런데 한 가지 다른 점은 조건으로 제시된 사건과 그 후 일어난 사건이 순서가 반대인 것이다.

한편 증명과정은 생각보다 간단한데, 먼저 사건 F가 일어났다는 가정하에서 그 사건의 원인사건이 되는 것으로 추정되는 요소사건 E_i가 일어날 확률을 $P(E_i \mid F)$라고 정의한다. 그러면 조건부확률의 정의에 의해서 다음과 같은 관계가 성립한다.

$$P(E_i \mid F) = \frac{P(E_i, F)}{P(F)}$$

전확률의 법칙을 이용하여 위 식의 분모인 $P(F)$ 대신에 다음의 식을 대입하자.

$$P(F) = \sum_{j=1}^{n} P(F \mid E_j)P(E_j)$$

한편 식 $P(E_i \mid F)$에서 분자에 해당하는 $P(E_i, F)$는 사건 E_i와 사건 F의 결합사건의 확률인데 이것을 조건부확률로 나타내면 $P(E_i \mid F)$에 대해서 다음의 식을 얻는다.

---

6 다른 말로 베이즈의 정리(Bayes' theory)라고 한다.

$$P(E_i \mid F) = \frac{P(E_i)P(F \mid E_i)}{\sum_{j=1}^{n} P(E_j)P(F \mid E_j)}$$

이로써 베이즈의 공식에 대한 증명이 끝났다.

베이즈의 공식에서 좌측의 확률 $P(E_i \mid F)$은 사건 F가 일어났을 때 그 **결과사건**(이것을 사건이 확실히 일어났다는 의미에서 증거(Evidence)라고 부른다)인 F에 대한 원인이 되는 여러 개의 다양한 **원인사건**(이것은 여러 가지 원인 들 중의 하나이므로 가정(Hypothesis)이라고 부른다)들 중 i번째 사건 E_i의 확률을 말한다.

여기에서 E_i는 사건 F가 일어나기 이전의 사건인데 그래서 $P(E_i)$를 **주관적 신뢰도**(主觀的 信賴度, Subjective confidence level)를 나타내는 척도라고 한다. 그리고 $P(E_i \mid F)$는 사건 F가 발생 한 후 그 사건에 의해서 변화된 신뢰도를 나타내는 척도이다. 그래서 $P(E_i)$을 **사전확률**(事前確率, Prior probability)이라 하고, $P(E_i \mid F)$을 **사후확률**(事後確率, Posterior probability)이라고 한다.

이와 같은 논의를 화재 사건에 비유해보면 사건 F는 화재가 일어난 사건을 나타내고 사건 E_i는 화재가 일어날 수 있는 여러 가지 원인 중에서 어느 한 사건, 가령 전기누전이 일어날 사건 혹은 방화를 저지를 사건이라고 할 수 있다. 따라서 베이즈의 공식의 기본 개념은 전확률의 법칙과는 반대라는 사실이다.

베이즈의 공식이 가지는 물리적인 의미를 알아보기 위하여 하나의 예를 들어보자. 어떤 네트워크가 외부로부터 공격을 받았는지 아닌지를 판단하려고 한다. 이때 네트워크가 공격을 받았다는 사실이 사후사건이라면 공격을 일으킨 행위가 사전사건인데 그 공격의 원인에는 여러 가지가 있다.

만약 우리가 네트워크에 대하여 아무런 정보를 가지고 있지 않으면 우리는 그 네트워크가 공격을 당했는지의 여부를 정확히 판단할 수 없으므로 그저 50%의 확률로 네트워크가 공격을 받았거나 그렇지 않다고 예측할 수밖에 없다. 이때 네트워크가 공격을 받는 사건을 "O", 받지 않는 사건을 "X"라고 하면 각 확률은 $P(O) = P(X) = 0.5$이다.

그런데 과거의 경험에 의하면 네트워크가 정상적인 상황에서는 측정한 트래픽이 **장기평균치**(長期平均値, Long-term average value)보다 양이 많을 확률과 적을 확률은 대체로 같다고 한다. 즉, 네트워크가 정상적으로 동작한다면 네트워크를 흐르는 트래픽은 시간의 흐름에 따라서 평균값을 중심으로 약간 증가하거나 감소하는 임의적인 패턴(Random fluctuation)을 보인다. 네트워크가 정상적인 상황(공격을 받지

않는 상황)에서 트래픽의 양이 많은 사건을 H, 적은 사건을 L이라고 하면 조건부확률의 정의에 의하여 $P(H|X)=P(L|X)=0.5$이다.

한편 실험에 의하면 네트워크가 공격을 받는 상황에서 관측 순간의 트래픽이 장기평균치보다 양이 많을 확률은 0.9이며, 적을 확률은 0.1이라고 한다. 즉, 이 상황에 대해서도 조건부확률로 표시가 가능한데 $P(H|O)=0.9$, $P(L|O)=0.1$이다. 따라서 네트워크 트래픽의 양은 공격의 유무에 따라서 많거나 적을 확률이 확연히 다르다.

위에서 정의한 사건을 바탕으로 우리는 네트워크에 대한 공격여부와 트래픽의 양의 과다여부를 종합하여 두 가지 상황에 대하여 다음과 같은 표본공간을 만들 수 있다.

$$\Omega=\{(O,H),\ (O,L),\ (X,H),\ (X,L)\}$$

네트워크 트래픽의 상태를 파악할 때 표본공간 Ω는 공격의 유무와 트래픽 양의 평균치의 상하회라는 두 가지 사건의 곱으로 구성되는 총 네 가지 경우를 원소로 가진다. 그리고 각 경우에 대하여 다음과 같은 결합사건의 확률을 구할 수 있다.

$$P(O,H)=P(O)\times P(H|O)=0.5\times 0.9=0.45$$
$$P(O,L)=P(O)\times P(L|O)=0.5\times 0.1=0.05$$
$$P(X,H)=P(X)\times P(H|X)=0.5\times 0.5=0.25$$
$$P(X,L)=P(X)\times P(L|X)=0.5\times 0.5=0.25$$

여기서 이제 문제가 시작된다. 어느 날 네트워크 운용자가 네트워크를 흐르는 트래픽의 양을 조사해 보니 그 순간에 트래픽의 양이 평상시의 장기평균치보다도 더 많았다고 하자. 이때 그 네트워크는 외부로부터 공격을 받고 있는 중인가 아닌가? 그리고 각 경우의 확률은 얼마일까?

다음의 표를 보자. 표에서 행(行)은 트래픽의 양(많으면 H, 적으면 L)을 나타내고 열(列)은 공격의 여부(공격을 받으면 O, 그렇지 않으면 X)를 나타낸다.

표 2-1 트래픽의 양과 공격에 대한 결합확률

	O	X
H	0.45	0.25
L	0.05	0.25

여기서 네트워크 운용자가 네트워크를 흐르는 트래픽의 양을 조사해 보니 트래픽의 양이 장기평균치보다도 많았다고 하는 조건사건에 해당하는 확률은 행에서 H에 해당하는 부분(굵게 표시된 부분)이다. 따라서 지금부터는 조건이 H인 확률에 관심을 가진다. 그리고 다음과 같이 먼저 사건 H가 일어난 상황에서 사건 O 혹은 사건 X가 일어날 사건을 구해보면 각 확률은 다음과 같다.

$$P(O|H) = \frac{P(O)P(H|O)}{P(O)P(H|O) + P(X)P(H|X)} = \frac{0.45}{0.45 + 0.25} = 0.643$$

$$P(X|H) = \frac{P(X)P(H|X)}{P(O)P(H|O) + P(X)P(H|X)} = \frac{0.25}{0.45 + 0.25} = 0.357$$

여기서 우리는 다음과 같은 사실을 알 수 있다. 네트워크 운용자가 트래픽의 양을 조사해 보니 평균치보다도 많았다고 할 때, 그 네트워크가 공격을 받았을 확률은 64.3%이며, 공격을 받지 않았을 확률은 35.7%이다.

위의 사실로부터 알 수 있는 것은 우리가 처음에 아무런 정보를 갖지 않은 상황에서 네트워크가 공격을 받았을 것이라고 막연히 예측한 확률은 50%이고, 실제로 트래픽의 양을 조사해서 트래픽의 양이 평균치보다도 많았다는 것을 알았을 때, 그 네트워크가 공격을 받았을 확률이 64.3%라는 것이므로 우리가 어떤 현상에 대하여 구체적인 정보를 가지느냐, 가지지 않느냐에 따라 그 사건이 일어날 확률의 값의 정확도가 달라짐을 알 수 있다. 특히 두 사건 사이에 상호연관성이 있을 때 한 가지 사건의 발생 여부에 대한 정보를 가짐에 따라 우리가 예측할 수 있는 확률의 값이 바뀐다(구체적으로 말하면, 훨씬 커진다)는 사실을 알 수 있다. 이것이 베이즈의 공식이 가지는 중요한 의미이다.

예제 2.7

이 문제는 1990년대 말 대전 둔산동의 아파트에서 일어난 실화를 바탕으로 만든 것이다. 그 아파트는 다음 그림과 같이 학교와 바로 담 하나를 사이에 두고 있었는데 학생들이 아파트의 담을 둘러가는 길(그림에서 쪽문이 없을 때의 등교길)을 두고 굳이 아파트와 학교 사이에 자연적으로 만들어진 일명 '개구멍'을 통하여 등교를 하는 일이 많아지게 되었다.

그래서 아파트는 학생의 안전과 등교의 효율성을 위해 아파트와 학교 사이에 쪽문을 내는 것이 낫다는 생각을 하고 간단한 공사를 하여 쪽문을 내었다. 그런데 막상 쪽문을 만들고 나니 학교에서 조금 떨어진 다른 동에 사는 학부모들이 차로 아이를 태워다가

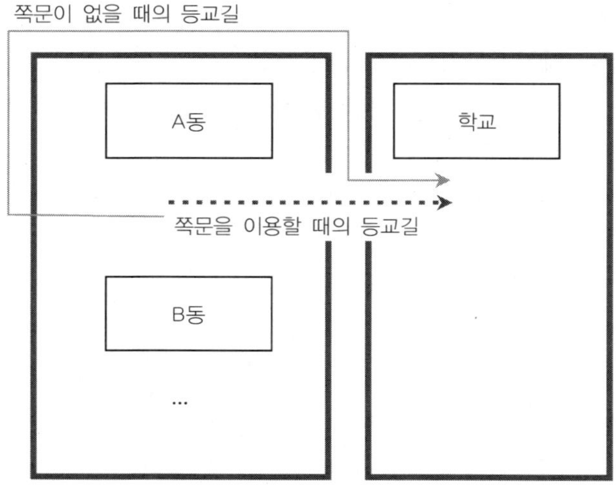

그 쪽문이 있는 A, B동의 건물 출입구 앞의 도로에 아이를 내려주게 되고 그로 인하여 그 동에 사는 사람들이 출근하는데 교통이 혼잡해지는 일이 생겼다. 그래서 쪽문이 있는 해당 동 주민 사이에 교통의 혼잡을 막기 위해서 쪽문을 다시 폐쇄해야 한다는 의견이 나왔고 이 문제를 동 주민투표를 통해 결정하기로 하였다. A, B동에 사는 전체 가구 중 학부모의 비율은 70%인데 주민의 의견을 조사한 결과 학부모의 90%와 학부모가 아닌 사람의 10%는 쪽문을 그대로 두는 것에 찬성하였다. 이때 이 동에 살고 있는 주민을 선택하여 의견을 물어보았을 때 그 주민이 쪽문을 그대로 두는 것에 찬성하였다고 한다면 그 주민이 학부모가 아닐 확률은 얼마일까?

[풀이] 선택된 주민이 학부모일 사건을 P라 하고 쪽문개방을 찬성할 사건을 O라고 하자. 그러면 위의 문제는 $P(P^C|O)$를 구하는 것이다. 따라서 베이즈의 정리를 이용하면 다음과 같다.

$$P(P^C|O) = \frac{P(P^C)P(O|P^C)}{P(P)P(O|P)+P(P^C)P(O|P^C)}$$

$$= \frac{0.3\times 0.1}{0.7\times 0.9+0.3\times 0.1} = \frac{0.03}{0.66} = \frac{1}{22} = 0.045$$

이 사실은 그 아파트에 살고 있는 대다수의 비학부모는 쪽문을 내는 것을 원하지 않는다는 이야기이다.

문제 2.5

학생의 토익성적에 대해서 다음 물음에 답하라.

토익점수	학년				
	1	2	3	4	합계
600점 미만	50	30	15	5	100
600 ~ 799	30	48	62	60	200
800점 이상	20	22	23	35	100
합계	100	100	100	100	400

(1) 800점 이상의 학생 중 한 명을 선택하였을 때 그 학생이 4학년 학생일 확률을 베이즈의 식을 이용해서 계산하라.
(2) 학생 한 명을 임의로 선택하였을 때 그 학생이 4학년 학생일 확률을 구하라.
(3) 위의 두 결과를 비교하여 그 값이 같은지 아니면 다른지를 판별하고 그 이유를 논하라.

문제 2.6

창원대학교 정보통신공학과에서 학과대표를 뽑기로 했다. 3명의 후보가 나왔는데 사전 여론 조사를 해보니까 '나대로'가 당선될 확률은 50%, '이버내'가 당선될 확률은 30%, 그리고 '고과비'가 당선될 확률은 20%라고 한다. 그런데 나대로, 고과비, 이버내가 학과대표가 되었을 때 학과비가 오를 확률이 각각 70%, 70%, 40%로 알려졌다. 선거가 끝난 뒤 학과사무실에 붙은 공고를 보니 학과비가 인상되었다(학생들의 반응: 으흐흑 ^:*:^ 우째 이런 일이…). 고과비가 학과대표로 선출될 확률은 얼마인가?

연습문제

1 대학생의 30%가 지나친 음주로 인하여 간에 이상이 있다고 한다. 초음파검진을 하면 간에 이상이 있으면 90%는 이상반응을 나타내고 그렇지 않은 경우에도 10%의 확률로 이상반응을 보인다. 이때 한 학생을 택하여 검사해보니 그에게서 간에 이상반응이 나왔다고 할 경우 실제로는 간에 이상이 없을 확률은 얼마인가?

2 어떤 가게에서 개점 기념행사를 벌였는데 경품으로 한 명에게 자전거 한 대와 사은품으로 USB 메모리 10개를 10명에게 준다고 한다. 단, 경품과 사은품은 별도로 추첨하므로 한 사람이 둘 다 받을 수도 있다. 그래서 나러키군도 행사에 참가하였다. 그날 경품과 사은품에 응모한 사람이 각각 100명이었다고 하면 나러키가 경품과 사은품을 모두 받을 확률은 얼마인가?

3 어느 게임 아이템을 업그레이드시키는데 업그레이드를 반복할수록 성공확률이 떨어진다고 한다. 처음 업그레이드할 때는 성공확률이 90%이고, 두 번째 업그레이드할 때는 성공확률이 70%이고, 세 번째 업그레이드할 때는 성공확률이 30%라고 한다. 이때 정통이가 처음 두 번째까지는 업그레이드에 성공하였지만 세 번째 업그레이드에서 실패할 확률은 얼마인가?

4 어느 자격시험에서 30%는 최초 응시자이고 나머지는 응시경험이 한 번 이상 있는 사람이다. 첫 응시자의 합격률은 60%이고 응시경험이 있는 사람의 합격률은 80%이다. 이때 자격증 취득에 성공한 사람을 하나 선택하였을 때 이 사람이 첫 응시자일 확률을 구하라.

5 중국 음식점에서 우동에 랩을 씌우는 A회사 및 B회사의 기계를 각각 한 대씩 도입하였다. 종업원은 두 기계를 임의로 사용하는데 A회사 및 B회사의 기계를 사용할 확률이 각각 60%와 40%이다. 기계를 사용하여 랩을 씌우면 가끔 국물이 새는데 A 및 B 회사의 기계에 대하여 국물이 샐 확률이 각각 1%와 2.5%라고 하자. 배달된 우동이 국물이 샜다고 할 때 그 우동이 B회사가 만든 기계로 포장

이 되었을 확률은 얼마인가?

6 100원을 넣고 손잡이를 돌리면 구슬동자가 나오는 기계가 있다. 그 기계 안에는 파란 옷을 입은 구슬동자가 3명, 빨간 옷을 입은 구슬동자가 6명이 들어 있다. 한 어린이가 이 기계를 보고 빨간 옷을 입은 구슬동자가 갖고 싶어졌다. 그래서 그는 돈 300원으로 세 번에 걸쳐서 구슬동자를 뽑았는데 모두 파란 옷을 입은 구술동자만 나올 확률은 얼마인가?

7 필자의 확률론 강의에 40명의 학생이 수업을 들었다. 20%의 학생이 A학점을 받았는데 그 중에서 60%가 남학생이며 A학점을 받은 남학생의 80%가 예비역이다. 이때 임의로 뽑은 한 학생이 A학점을 받은 예비역 남학생일 확률은 얼마인가?

8 볼트를 만드는 공장에서 두 대의 기계 A와 B가 전체 생산량의 40%와 60%를 만든다. 그리고 각 기계가 만든 제품의 불량률은 기계 A와 B에 대하여 각각 5%와 3%이다. 이때 두 기계로부터 만들어진 볼트를 하나의 상자에 넣는다면 상자에서 임의의 하나의 볼트를 끄집어내었을 때 그 제품이 불량일 확률은 얼마인가?

9 어느 산골 마을에 양치기소년이 양을 치면서 평화롭게 살고 있었다. 그 산에는 늑대 한 마리가 살고 있는데 그 늑대가 우울증이 약간 있어서 맑은 날에는 이산저산을 뛰어다니면서 노느라고 양을 잡아먹으러 목장으로 내려올 확률이 10%인 반면 비가 오거나 흐린 날에는 30%나 된다. 그런데 그 산골 동네는 날씨가 비가 오거나 흐릴 확률이 70%, 맑을 확률은 30%라고 한다. 어느 날 양치기 소년이 스마트폰에 정신을 판 사이에 어린 양 한 마리가 늑대에게 잡혀갔다. 그날 날씨가 흐렸을 확률은 얼마인가?

10 두 개의 주사위를 던지는 실험에서 E를 앞의 눈이 1이 나올 사건, F를 두 눈의 합이 6일 사건, 그리고 G를 두 눈이 다 홀수일 사건이라고 할 때, 다음의 관계식이 성립하는지 아닌지를 판정하고 그 결과가 의미하는 바를 기술하라.

$$P(EG|F) = P(E|GF)P(G|F)$$

11 어느 도시에서 늦은 밤에 승용차에 의한 뺑소니사고가 발생했다. 그런데 사고가 난 후 목격자의 말에 의하면 뺑소니차는 흰색이라고 했다. 그런데 일반적으로 늦은 밤에 목격자가 정확하게 자동차의 색을 식별할 확률은 70% 정도 밖에 안 된다. 이 도시에 흰색과 검은 승용차가 각각 6,000대와 4,000대 있다고 할 때 실제로 뺑소니차가 검은색일 확률은 얼마나 될까?

CHAPTER 03

확률변수

제3장에서는 확률변수와 분포함수에 대해서 정의한다. 그리고 실제로 중요한 물리적 의미를 가지는 몇 가지 확률변수에 대하여 특징을 관찰하며, 마지막으로 이들에 대하여 분포함수를 구하는 방법을 소개한다.

1 확률변수와 분포함수

1) 확률변수의 정의

확률변수(確率變數, Random variable)란 확률실험에서 임의의 확률을 가지고 일어나는 사건을 정의하는 변수이다. 예를 들어 주사위를 던졌을 때 나올 수 있는 값은 1에서 6사이의 정수이며 각 값은 확률변수이다. 왜냐하면 각 값은 확률을 가지고 얻어지기 때문이다. 즉, 주사위를 던지면 반드시 어떤 특정한 숫자만 계속해서 나오지 않고 1부터 6사이의 각 숫자가 임의로 나오는데 던지는 실험을 아주 많이 반복하면 각 숫자는 대략 1/6의 확률을 가지고 나타난다.

표 3-1은 주사위 던지기를 여러 번 반복하였을 때 나온 결과와 그 결과를 확률변수로 지정하는 두 가지 방법을 나타낸 것이다.

표 3-1 주사위 던지기 실험과 확률변수

시행횟수	1	2	3	4	⋯
눈의 값	6	3	2	5	⋯
확률변수 X	$X_1=6$	$X_2=3$	$X_3=2$	$X_4=5$	⋯
확률변수 Y	$Y_1=36$	$Y_2=9$	$Y_3=4$	$Y_4=25$	⋯

표 3-1과 같이 먼저 확률변수 X에 대하여 X_i는 i번째 던진 주사위의 눈이 나타내는 값을 나타낸다. 첫 번째 던지기에서는 6의 눈이 나왔으므로 $X_1=6$이다. 주사위를 n번 던지면 각 시행마다 1부터 6까지의 눈이 나올 수 있으므로 X_n은 1부터 6까지 중 어느 한 수가 될 것이다.

한편 확률변수 Y에 대하여 $Y=X^2$이라고 정의하자. 그러면 Y_i는 i번째 던진 주사위의 눈의 제곱값을 나타내는 것인데, 세 번째 던지기에서는 2가 나왔으므로 $Y_3=4$이다. 이 실험을 n번 반복하면 Y_n은 각 n에 대해서 1부터 36까지 중 어느 한 수가 지정될 것이다. 따라서 같은 실험을 하더라도 정의하는 방법에 따라서 서로 다른 확률변수를 얻는다.

확률변수는 다음과 같은 두 가지 특징을 가지고 있다.

① 변수가 가지는 값이 확률을 내포하고 있고 같은 실험을 반복해도 그 사건이 일어날 확률은 같다.

② 어떤 사건이든지 확실하게 일어나지 않고 **임의적**(任意的, Random)으로 일어난다. 동전 던지기에서 지금까지 앞면이 아무리 많이 나왔다고 하더라도 그 다음에 짝수가 나올 확률은 역시 0.5이다. 그래서 확률변수를 **랜덤변수**(Random variable)라고 한다.

예제 3.1

동전을 두 번 던지는 실험에서 앞면이 나오는 횟수를 X라고 정의할 때 다음의 물음에 답하라.

(1) X가 가질 수 있는 값을 정의하라.
(2) X가 가질 수 있는 값에 대하여 확률을 구하라.

[풀이] (1) 2번의 동전 던지기에서 나올 수 있는 경우는 다음과 같다.

(앞, 앞), (앞, 뒤), (뒤, 앞), (뒤, 뒤)

따라서 앞면 혹은 뒷면이 나올 횟수 X는 0, 1, 2이다.

(2) X의 각 값에 대한 확률은 다음과 같다.

$$P(X=0)=\frac{1}{4},\ P(X=1)=\frac{1}{2},\ P(X=2)=\frac{1}{4}$$

문제 3.1

세 번의 동전 던지기 실험에서 앞면이 나올 횟수를 X라고 할 때 다음 물음에 답하라.

(1) X가 가질 수 있는 값을 정의하라.
(2) X가 가질 수 있는 값에 대하여 확률을 구하라.

2) 확률분포함수의 정의

이번에는 확률변수의 분포함수에 대하여 알아보자. 일반적으로 **분포함수**(分布函數, Distribution function)란 어떤 변수가 가지는 값이 분포하고 있는 모습을 나타낸 것이다. 그림 3-1은 어느 기간(13개월)동안 필자의 집에서 사용한 도시가스의 사용량과 사용금액을 나타낸 것이다. 그림을 보면 전년도 11월부터 가스요금이 고지된 연도의 11월까지의 도시가스 사용량이 어떻게 **분포**(分布: Distribute)하고 있는지 잘 나타나 있다. 왼쪽의 눈금과 막대는 가스의 사용량(단위 : m^3)을 나타내고 오른쪽 눈금과 꺾은선은 사용금액을 나타낸다.

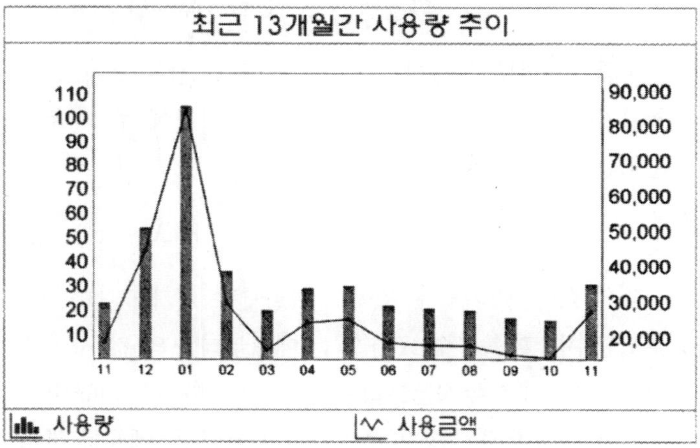

그림 3-1 13개월간의 도시가스 사용량

위의 그래프로부터 최근 13개월 동안 월별로 사용한 가스의 양과 그에 따른 가스요금의 변화를 쉽게 알 수 있다. 필자의 집은 1월에 가장 많은 양의 가스를 사용하고 10월에 가장 적게 사용하였다.

여기서 한 가지 주의할 것은 위의 그래프는 가정의 월별 가스 사용량과 그에 따른 요금을 나타내는 단순한 분포 그래프라는 것이다.

한편 **확률분포함수**(確率分布函數: Probability distribution function, 이하 PDF)는 확률실험을 하였을 때 확률변수가 가지는 확률값의 분포를 나타내는 함수이다. 따라서 x축은 숫자 또는 문자로 표기하고 y축은 0에서 1사이의 유리수 값을 가지는 분포함수이다. 확률분포함수는 확률변수가 표본공간 내에서 가지는 값의 상대적인 빈도를 나타내는 개념이므로 만약 위의 그래프를 확률분포로 나타내려면 위의 그래프에서 막대가 나타내는 13개의 값을 모두 더한 뒤(이 값을 총량이라고 하자) 각각의 월별 사용량을 총량으로 나누면 13개월 중에서 특정월에 가스를 사용한 비율이 나오는데 이것이 확률의 분포에 근접한 값이 된다. 다만 단 1년치의 데이터로 확률분포를 모형화하는 오차는 감수해야 한다. 하여간 이상으로부터 여러분은 분포함수와 확률분포함수는 엄격히 정의하면 다르다는 것을 알 것이다.

그러나 확률의 세계에서는 두 용어를 같은 의미로 쓰고 있는데 지금부터 확률분포함수에 대해서 공부하기로 한다. 확률분포함수란 확률변수 X가 임의의 값 x보다 작거나 같은(즉, 크지 않은) 누적값을 가질 확률이다. 즉, 확률분포함수는 다음과 같이 정의한다.

$$\text{확률변수 } X\text{의 확률분포함수} = P(X \le x)$$

확률분포함수를 줄여서 분포함수라고 한다. 그리고 분포함수는 함수(Function)의 첫글자를 따서 $F(x)$(F를 대문자로 표시함에 주의!)로 나타낸다. 즉 확률변수 X의 분포함수를 다음과 같이 표기한다.

$$F(x) = P(X \le x)$$

위의 식에서도 볼 수 있듯이 확률변수 X가 $[-\infty, \infty]$에서 정의된다고 가정할 때 분포함수는 확률변수 X가 $-\infty$에서부터 x의 값 사이에 있을 누적확률이므로 엄격히 말하면 이를 **누적분포함수**(累積分布函數, Cumulative distribution function)라고 불러야 하지만 편의상 분포함수라고 부른다. 예제를 통하여 분포함수의 의미를 알아보자.

예제 3.2

주사위 던지기에서 얻는 눈의 수를 확률변수 X라고 정의할 때 X에 대하여 확률분포함수를 구하고 그래프로 나타내라.

[풀이] X는 [1, 6]사이의 값을 가지고 각 눈이 나올 확률은 1/6이므로 분포함수는 다음과 같다.

$$F(x) = P(X \le x) = \frac{x}{6}, \text{ 단 } x = 1, 2, \cdots, 6$$

한편, 분포함수의 그래프는 계단함수이다.

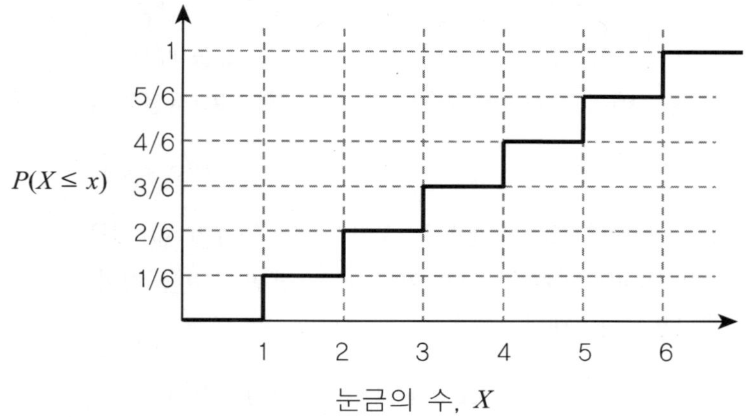

문제 3.2

동전을 두 개 던지는 실험에서 앞면이 나올 횟수를 X라고 정의할 때 X에 대하여 분포함수를 구하고 그래프로 그려라.

[확률분포함수의 성질] 확률분포함수는 몇 가지 특징을 가지고 있는데 다음과 같다.

① $F(x)$는 x에 대해 단순 증가함수이다. 즉, $x \le y \rightarrow F(x) \le F(y)$이다. 왜냐하면, $F(X) = P(X \le x)$로 정의된 것으로부터 자명하다.

② 모든 x에 대하여 $0 \le F(x) \le 1$이다. 한편, $\lim_{x \to \infty} F(x) = 1$이다.

③ 확률변수 X가 가지는 값 $[x, y]$에 대하여 구간 분포함수를 정의하면 다음의 관계가 성립한다.

$$P(x < X \le y) = P(X \le y) - P(X \le x) = F(y) - F(x)$$

한편, 분포함수가 확률변수가 가지는 값의 누적함수라고 한다면 그 반대편을 정의하는 함수도 존재할 것인데 그것에 대하여 알아보자. 확률변수 X의 분포함수는 확률변수가 가지는 값이 x보다 크지 않을 누적확률이므로 그 반대편은 확률변수가 가지는 값이 x보다 클 모든 확률을 더한 값이 되는데, 이것을 **꼬리분포함수**(Tail distribution function)라고 하며 보통 $Q(x)$로 표기한다. 즉, 확률변수 X가 어떤 임계치 x보다 더 클 확률을 다음과 같이 정의한다.

$$Q(x) = P(X > x) = 1 - P(X \le x) = 1 - F(x)$$

한편, 확률변수의 분포함수는 임계치의 상한을 포함하여 정의하는데 어떤 경우에는 그 상한을 포함하지 않고 나타내고 싶을 때도 있을 것이다. 이와 같이 누적확률분포에서 상한치를 포함하지 않은 함수는 다음과 같이 표현한다.

$$F(a^-) = P(X < a)$$

마지막으로 확률변수 X가 어떤 하나의 값(예를 들어 $X = a$)을 가질 **점확률**(Point probability)을 알고 싶을 경우도 있을 것이다. 이 경우에 점확률은 다음과 같이 나타낸다.

$$P(X = a) = P(X \le a) - P(X < a) = F(a) - F(a^-)$$

예제 3.3

확률변수 X의 분포함수 $F(x)$가 다음과 같이 정의될 때 아래의 물음에 답하라.

$$F(x) = \begin{cases} 0, & x < 0 \\ x, & 0 \le x < 0.5 \\ \dfrac{2}{3}, & 0.5 \le x < 2 \\ 1 - 2^{-x}, & x \ge 2 \end{cases}$$

(1) $F(x)$의 그래프를 그려라.
(2) $P(0 < X \le 0.5)$를 계산하라.
(3) $P(X > 0.5)$를 계산하라.
(4) $P(X = 1)$를 계산하라.
(5) $P(X = 2)$를 계산하라.

[풀이] (1) $F(x)$의 그래프는 x가 가지는 값의 각 구간에 대하여 다음과 같다. 단, 다음의 그래프에서 직선 및 곡선의 좌측에 표시된 검은 점은 그 점이 가리키는 x값에 대하여 $F(x)$의 값을 포함하는 것을 나타내고 우측은 포함하지 않는 것을 나타낸다.

(2) $P(0 < X \le 0.5) = F(0.5) - F(0) = 2/3 - 0 = 2/3$

(3) $P(X > 0.5) = 1 - P(0 < X \le 0.5) = 1 - 2/3 = 1/3$

(4) $P(X = 1) = F(1) - F(1-) = 0$

(5) $P(X = 2) = F(2) - F(2-) = 3/4 - 2/3 = 1/12$

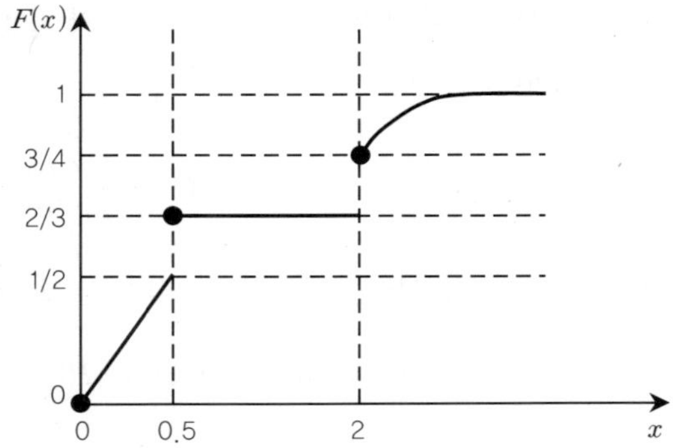

이번에는 **확률밀도함수**(確率密度函數, Probability density function, 이하 pdf, 확률밀도함수는 소문자 pdf로 표시한다!!)에 대하여 알아보자. 확률밀도함수란 확률변수가 특정한 값을 가질 확률을 나타내는 함수이다. 그런데 확률변수가 실수로 표시된다고 하면 그 값은 무한히 세분될 수 있으므로 딱히 하나의 값이라고 말하기가 곤란한 경우가 많다. 따라서 보다 더 정확한 정의는 확률변수가 특정한 값의 주변의 값을 가질 확률로 표현해야 한다.

그런데 여기서 한 가지 짚고 넘어가야 할 것이 있는데 우리가 지금 이야기하는 확률변수는 실수의 값을 가지므로 확률밀도함수는 연속확률변수에 대하여 정의하는 개념이다. 즉, 예제 3.3에서와 같이 확률변수가 실수의 값을 가지는 경우(이와 같은 경우를 연속확률변수라고 한다)에 대해서 확률밀도함수를 정의한다.

반면에 확률변수가 예제 3.2에서와 같이 정수의 값을 가지는 경우(바로 뒤에서 다루겠지만 이 경우를 이산확률변수라고 한다)에는 확률질량함수라는 개념으로 정의한다.

다시 확률밀도함수의 이야기로 돌아와서 확률밀도함수는 확률변수에 대해서 정의된 분포함수에서 그 변수가 어느 한 점의 주변에 있을 확률값이므로 분포함수에 대하여 아주 작은 미소구간에 대한 변화율을 구함으로써 계산할 수 있다. 이때 미소구간을 0으로 접근시키면 확률변수가 특정한 값을 가지는 것과 같게 되는데 이와 같은 이유에서 확률밀도함수라고 한다.

확률밀도함수는 일반적으로 소문자 $f(x)$라고 표시하는데 위에서 정의한 바와 같이 확률변수의 미소변화에 대한 분포함수의 변화율로 다음과 같이 정의한다.

$$f(x) = \lim_{\delta \to 0} \frac{F(x+\delta) - F(x)}{\delta}$$

그런데 앞의 식에서 우측의 항은 $F(x)$의 x에 대한 미분이므로 앞의 식을 다음과 같이 나타낸다.

$$f(x) = \frac{dF(x)}{dx}$$

위의 식에서 좌우변을 정리하면 다음과 같다.

$$f(x)dx = dF(x) = P(x < X \le x + dx)$$

한편, $f(x) = \frac{dF(x)}{dx}$에 대하여 $x = a$의 주변에서 다음의 관계가 성립한다.

$$f(a) = \left.\frac{dF(x)}{dx}\right|_{x=a}$$

따라서 확률밀도함수는 확률분포함수를 미분한 것이다.

확률밀도함수는 다음의 성질을 가진다. 단, 증명은 확률의 공리로부터 자명하므로 생략한다.

① $f(x) \ge 0,\ -\infty < x < \infty$, 즉 확률밀도함수는 양의 함수이다.

② $\int_{-\infty}^{\infty} f(x)dx = 1$, 즉 확률밀도함수를 모든 구간에 대해서 더하면 1이 된다.

③ $F(x) = \int_{-\infty}^{x} f(u)du$, 즉 확률밀도함수를 누적하면 분포함수가 된다.

④ $P(x_1 < X \le x_2) = \int_{x_1}^{x_2} f(u)du$, 즉 구간확률은 밀도함수로 정의할 수 있다.

확률밀도함수를 보는 관점에는 두 가지가 있다.

① 물리적 측면에서 확률밀도함수는 확률변수가 가지는 확률의 값이다. 즉, $f(x)$는 X가 임의의 값 x의 근처에 머물 확률과 같으므로 $f(x)$는 확률변수 $X = x$인 확률이다.

② 수학적으로는 확률밀도함수 $f(x)$가 확률변수 $X = x$인 확률이 아니다. 즉, $f(x) \ne P(X = x)$이다. 왜냐하면, 연속확률변수의 확률밀도함수는 연속함수인데 이 경우 $P(X = x) = F(x) - F(x^-) = 0$이기 때문이다.

문제 3.3

확률변수 X에 대하여 pdf $f(x)$를 다음과 같이 정의할 때 다음의 물음에 답하라.

$$f(x) = \begin{cases} \beta x^2, & 0 < x < 2 \\ 0, & else \end{cases}$$

(1) 위의 확률밀도함수에서 β의 값을 구하라.
(2) $F(x)$를 구하라.
(3) $P(1 < X < 2)$를 계산하라.
(4) $X = 1$일 경우의 확률은 얼마인가?

2 확률변수의 종류

우리 주변에 확률변수로 표시할 수 있는 현상은 강수량, 온도, 사람의 키, 몸무게, 혈압, 주가, 환율, 수출/수입량 등 무수히 많다. 확률변수의 값은 유리수, 정수, 기호, 문자 등 다양하게 표시할 수 있는데, 예를 들면 온도는 34.6℃, 사람의 키는 174.6cm, 주가는 1892.36 등 보통 유리수로 표시한다. 한편, 강수량은 122mm, 혈압은 133/82, 수출/수입량은 212억/289억 달러 등 자연수로 표시한다.

한편, 윷놀이에서 얻어지는 확률변수는 도, 개, 걸, 윷, 모인데 도, 개, 걸, 윷, 모를 정수 1, 2, 3, 4, 5로 표시하면 문자를 숫자로 바꿀 수 있다. 이처럼 각 확률변수가 가지는 값은 대개 실수 혹은 정수로 표시하는데, 이와 같은 기준에 따라서 확률변수의 유형을 크게 두 가지로 구분할 수 있다.

① 사건을 정수로 나타내는 확률변수 : **이산확률변수**(離散確率變數, Discrete random variable)
② 사건을 실수로 나타내는 확률변수 : **연속확률변수**(連續確率變數, Continuous random variable)

먼저 이산확률변수에 대하여 알아보자. 확률실험에서 각 실험의 결과 얻어지는 확률변수가 이산값을 가질 때 그 변수의 확률값을 나타내는 함수를 **확률질량함수**(確率質量函數, Probability mass function, 이하 pmf)라 하고 확률변수 X가 x의 값을 가질 확률을 $p(x)$라고 나타낸다.

이산확률변수를 가지는 실험의 예로서는 동전 던지기, 윷놀이, 주사위 던지기 등이 있는데 먼저 동전 던지기에서 앞의 눈이 나오는 사건을 0, 뒤의 눈이 나오는 사건을 1이라고 두면 이때 확률질량함수는 $p(0) = p(1) = 0.5$이다. 주사위 던지기에서 확률질량함수는 $p(x) = 1/6$, 단, $x = 1, 2, \cdots, 6$이다. 윷놀이에서 평면과 곡면이 나올 사건을 각각 사건 0과 1로 정의하자. 윷에 대하여 평면과 곡면이 나올 확률이 각각 0.5라고 가정하면 $p(0)=p(1)=0.5$이다.

한편, 확률변수가 유리수의 값을 가지는 경우도 있다. 가령 여러분의 집 앞을 지나가는 버스가 있다고 하자. 이 버스는 차고지(車庫地)에서 매 3분에 한 대씩 일정한 간격으로 출발한다. 그런데 이 버스가 여러분의 집 앞까지 오는 도중에 신호등, 손님의 과다, 교통사정 등 다양한 원인으로 인하여 차고지에서 여러분의 집 앞까지 오는데 걸리는 시간이 각기 다를 수 있으므로 여러분이 그 차를 자주 이용해 보면 버스가 여러분의 집 앞을 지나가는 시간 간격이 일정하지는 않을 것이다. 단, 평균적으로는 3분 간격으로 여러분의 집 앞까지 오는데 어느 날 아침 8시부터 9시까지 지나간 버스의 시간 간격을 측정해 본 결과 1분 30초, 2분 43초, 5분 8초, 3분 15초, 10분 22초, 4분 20초 등 이렇게 다양한 값을 가진다고 하자. 이 경우 관측의 시간 단위를 분으로 바꾸면 버스가 지나간 간격은 1.5, 2.72, 5.13, 3.25, 10.37, 4.55과 같이 실수의 값을 가진다. 그리고 이렇게 며칠간 차의 도착간격을 조사해보면 버스가 지나간 간격이 임의의 상한과 하한 사이의 거의 모든 값을 가짐을 알 수가 있다. 이와 같은 확률변수를 **연속확률변수**(連續確率變數, Continuous random variable)라고 한다.

다음에서 각 종류의 확률변수에 대하여 널리 사용되는 대표적인 몇 가지 변수에 대해서 공부하기로 한다.

1) 연속확률변수

연속확률변수(連續確率變數, Continuous random variable)는 확률변수가 가지는 값이 연속량인 실수로 정의된다. 연속확률변수로는 물건의 길이, 무게, 사람의 키, 시간, 개수로 셀 수 없는 모든 물건의 양 등 헤아릴 수 없이 많다.

연속확률변수의 확률밀도함수는 다음과 같이 몇 가지 성질을 가진다.

① $P(X=x)=\int_x^x f(u)du=0$. 즉, 확률변수가 특정한 값을 가질 확률은 0이다! 확률변수가 특정한 값을 가질 확률이 0이라고? 우리의 몸무게를 예로 들자. 여러분의 몸무게는 얼마인가? 60kg? 과연 정확하다고 자신할 수 있는가? 만약 눈금을 10g 단위로 표시한 저울에 여러분이 올라가면? 여러분의 몸무게는 60,040g일 수도 있다. 그런데 만약에 더 정밀한 눈금의 저울을 가지고 측정하면 또 어떻게 될까? 60,037g? 좀 더 정확한 눈금으로 측정하면? 60,036.8g … 이렇게 계속 눈금을 줄여가면? 따라서 측정한 값은 표시 가능한 척도의 단위에 따라 무수히 많은 더 정밀한 값으로 표시할 수 있으므로 만약 눈금을 무한

대로 작게 가져가면 결국은 무(無)가 되고만다!

이와 같은 주장을 뒷받침하는 이론이 있는데 그것은 '제논의 역설'이라는 것이다. 우리가 화살을 쏜다고 생각해보자. 화살은 시위를 벗어난 후 목표물을 향하여 날아간다. 그런데 이때 성능이 아주 좋은 카메라로 아주 조밀한 시간 단위로 계속 사진을 찍어서 화살이 시위로부터 목표물까지 날아가는 궤적을 추적해 보자. 그러면 논리적으로는 분절 구간(화살이 날아간 거리를 촬영한 횟수로 나눈 값)이 0에 근접하여서 화살은 전혀 진행하지 않은 것처럼 보인다. 그러나 화살은 앞을 향하여 나아가서 목표물에 도착한다. 이것을 제논의 역설이라고 한다. 연속확률변수에 대해서 확률밀도함수를 그래프로 그리면 확률변수의 하나의 값은 그래프상에서 단지 하나의 점에 불과하기 때문에 점의 폭이 0이라면 그 점이 가지는 값이 존재하지 않는다. 따라서 연속확률변수에 대해서는 확률변수 X가 가지는 확률값을 다르게 정의할 필요가 있다. 다음의 식이 이것을 나타낸 것이다. 먼저 구간확률의 정의로부터 다음의 식이 성립한다.

$$P(x < X \leq x + \Delta x) = \int_{x}^{x+\Delta x} f(u)du \approx f(x)\Delta x$$

위식의 좌우항을 정리하면 다음의 식을 얻는다.

$$f(x) = \frac{1}{\Delta x} P(x < X \leq x + \Delta x)$$

위의 마지막 관계식을 통하여 우리는 확률밀도함수 $f(x)$가 확률변수 X가 가지는 확률의 값이 아니라 $f(x)\Delta x$가 충분히 작은 Δx에 대하여 확률변수 X가 가지는 값이 x의 근처에 있을 가능성을 나타내는 값임을 알 수 있다.

② $P(x_1 < X \leq x_2) = \int_{x_1}^{x_2} f(u)du = F(x_2) - F(x_1)$. 즉, 확률변수 X가 임의의 두 값 (x_1, x_2) 사이에 있을 확률을 확률분포함수로서 정의할 수 있다.

③ $P(a < X \leq b) = P(a \leq X < b) = P(a < X < b) = P(a \leq X \leq b)$: 이 식은 ①로부터 자명하다.

우리 주변에서 가장 널리 사용되는 연속확률변수로는 균등분포 확률변수, 지수분포 확률변수와 정규분포 확률변수이다. 이 세 가지 확률변수에 대해서 알아보자.

(1) 균등분포 확률변수

균등분포 확률변수(均等分布確率變數, Uniformly distributed random variable, 혹은 一様分布 확률변수라고도 함)는 표본공간 내에서 정의된 구간에 대해 확률변수가 같은 밀도함수의 값을 가지는 것을 말한다. 즉 확률변수 X가 다음과 같은 pdf를 가진다.

$$f(x)=\begin{cases}\frac{1}{b-a}, & a\le x\le b\\ 0, & else\end{cases}$$

균등분포 확률변수는 보통 $X\sim U(a,b)$라고 나타내며 여기서 U는 Uniform에서 따온 것이다.

한편, 균등분포 확률변수의 분포함수는 다음과 같다.

$$F(x)=\int_{-\infty}^{x}f(u)du=\int_{a}^{x}\frac{1}{b-a}du=\begin{cases}0, & x\le a\\ \frac{x-a}{b-a}, & a<x<b\\ 1, & x\ge b\end{cases}$$

위의 식에서 보듯이 균등분포 확률변수의 분포함수는 정의 구간 내에서 선형적으로 증가한다.

예제 3.4

균등분포 확률변수 X에 대하여 다음 물음에 답하라.

(1) $(a,b)=(0,10)$일 때 이 확률변수의 확률밀도함수와 확률분포함수를 구하고 그래프로 그려라.

(2) $P(X<5)$를 계산하라.

(3) $P(3<X<7)$을 계산하라.

[풀이] (1) 확률변수 X가 $U(0,10)$인 균등분포를 따르므로 확률밀도함수는 다음과 같다.

$$f(x)=\begin{cases}\frac{1}{10}, & 0\le x\le 10\\ 0, & else\end{cases}$$

따라서 확률밀도함수는 다음과 같이 나타낼 수 있다.

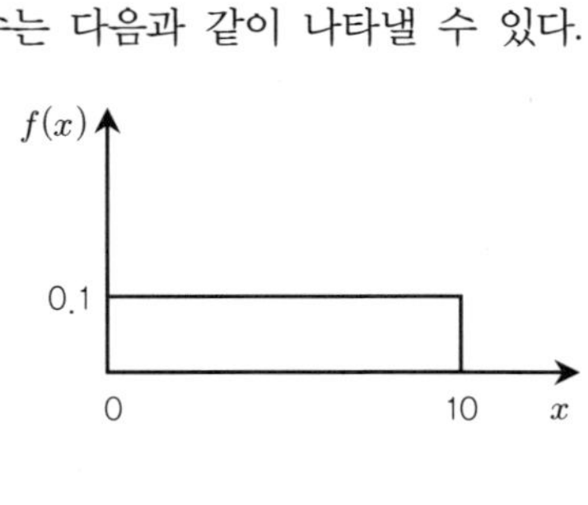

한편, 확률분포함수는 정의에 의하여 다음과 같이 얻어진다.

$$F(x) = \int_{-\infty}^{x} f(u)du = \int_{0}^{x} \frac{1}{10} du = \begin{cases} 0, & x < 0 \\ \frac{x}{10}, & 0 \le x < 10 \\ 1, & x \ge 10 \end{cases}$$

따라서 확률분포함수는 다음과 같이 나타낼 수 있다.

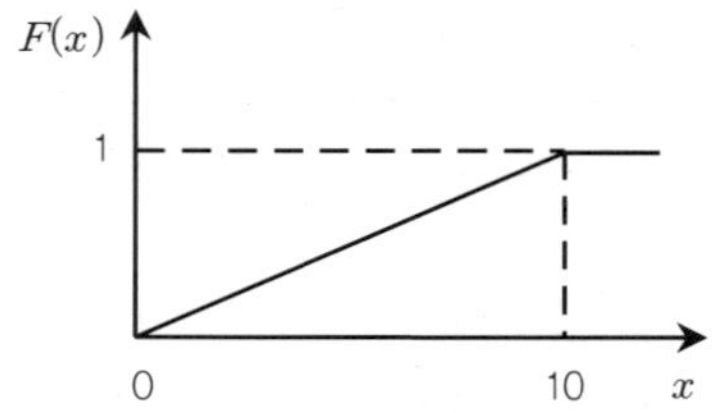

(2) $P(X < 5) = F(5) = \frac{5}{10}$

(3) $P(3 < X < 7) = F(7) - F(3) = \frac{4}{10}$

문제 3.4

우리 주변에 균등분포를 따르는 확률변수로서 어떤 것이 있는지 예를 들어보자.

문제 3.5

균등분포 확률변수 X가 $X \sim U(0,0.1)$ 인 경우 다음 물음에 답하라.

(1) 확률밀도함수를 구하라.

(2) 확률밀도함수가 가지는 값과 실제의 확률과의 관계를 비교하고 이 현상에 대한 물리적 의미를 논하라.

문제 3.6

어떤 아날로그-디지털 변환장치(Analog-to-Digital Converter)는 입력으로 들어오는 아날로그 신호를 반올림하여 양자화(量子化, Quantization)한 다음 그 값을 디지털 신호(Digital signal)로 바꾸어 출력하기 위해 다음의 왼쪽 그림과 같이 주어진 연속적인 신호의 값을 오른쪽의 그림과 같이 Δx 의 크기를 단위로 하는 값으로 양자화한다고 한다. 이때 다음의 물음에 답하라.

(1) 양자화 신호의 오차의 범위는 얼마인가?

(2) 양자화 신호의 오차를 균등확률변수로 나타낼 경우 확률밀도함수를 구하라.

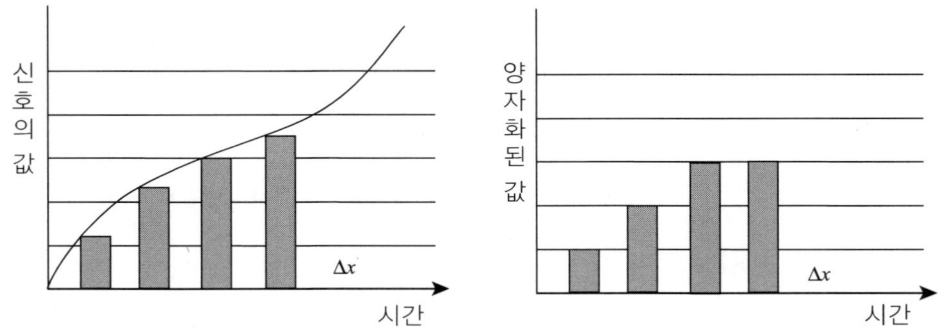

(2) 지수분포 확률변수

지수분포 확률변수(指數分布確率變數, Exponentially distributed random variable)는 확률변수가 **매개변수**(媒介變數, Parameter) λ를 가지는 다음과 같은 **지수함수**(指數函數, Exponential function)로 표시되는 pdf를 가진다.

$$f(x) = \begin{cases} \lambda e^{-\lambda x}, & x \geq 0 \\ 0, & x < 0 \end{cases}$$

여기서 매개변수 λ는 지수분포 확률변수의 특성을 나타내는데 이 파라미터가 의미하는 것을 버스의 도착을 예로 들어보자. 먼저 위의 식에서 x가 시간을 나타낸다고 가정하고 $x = t$일 $f(t)$는 관측자가 버스 정류장에서 t라는 시간 동안 기다렸으나 버스가 아직 오지 않을 사건을 나타내는 확률밀도함수이다. 따라서 t의 값이 커질수록 $f(t)$의 값은 작아진다. 즉, 버스는 기다리는 시간이 길어질수록 도착할 확률은 높다.

위에서 예로 든 버스의 도착에 대해서 버스가 도착하는 간격이 평균 $1/\lambda$ 시간이다. 사건의 발생간격이 $1/\lambda$이면 하나의 사건이 발생하는 속도(이를 발생률이라고 한다)는 λ에 해당된다. 그래서 매개변수 λ의 값에 따라서 $f(t)$의 기울기가 달라지는데 만약 버스가 평균 3분 간격으로 지수분포를 따라서 여러분의 집 앞에 도착한다면 버스의 분당 평균 도착률(도착대수/분)은 위의 식에서 λ에 해당하며 $\lambda = 1/3$이 된다. 그런데 버스가 1/3대라는 것이 있을 수 없으므로 분당 1/3대가 온다고 하지 않고 3분에 1대씩 도착한다고 말하는 것이다.

한편, 평균을 구하는 시간의 단위에 따라 λ의 값이 달라지는데 버스의 평균 도착률이 3분 간격이라면 시간당 평균 도착률은 20이다. 따라서 지수분포 확률변수의 밀도함수를 정의할 때 시간의 단위를 분명히 밝혀야 한다. 시간의 단위는 초, 분, 시간, 일, 월, 년 등 어느 것이어도 좋다. 시간의 크기가 다르면 파라미터의 값이 바뀔 뿐이다. 즉, 하루에 버스가 평균 100대가 지나간다면 한 달(한 달은 30일로 가정)에는 평균 3,000대가 지나가는 셈이다.

지수분포 확률변수의 확률밀도함수가 왜 위와 같은 함수를 가지게 되는지 좀 더 자세히 알아보자. 시간구간을 좀 더 잘게 세분하여서 임의의 관측시간 Δt시간 동안 어떤 사건이 일어날 확률은 같다고 하자. 그렇다면 단위시간당 평균 발생률이 λ인 사건에 대하여 임의의 짧은 시간구간 Δt 이내에 하나의 사건이 일어날 확률은 $\lambda \Delta t$이다.

$F(t)$를 t의 분포함수(즉 위의 버스의 경우 시간 t 이내에 차가 도착할 누적확률)라고 두고 그림 3-2와 같은 상황을 생각하자.

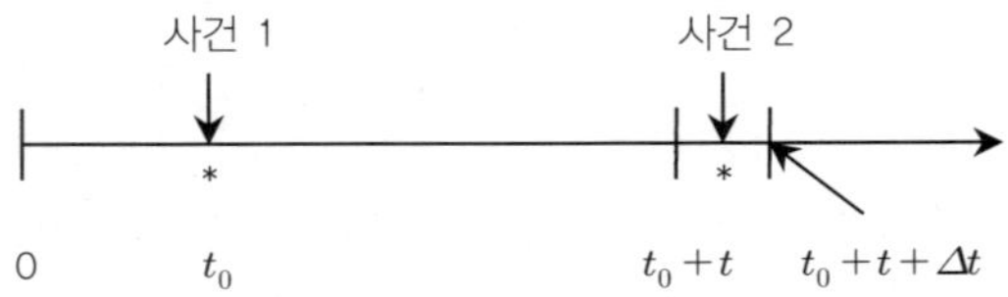

그림 3-2 시간축 상에서 사건의 발생 모습

위의 그림은 사건 1이 시간 t_0에 일어 난 후 t시간 뒤인 t_0+t까지는 새로운 사건이 일어나지 않다가, 미소(微小)시간 구간$(t_0+t, t_0+t+\Delta t)$의 Δt 동안에 사건 2가 일어날 경우이다. 따라서 아주 짧은 관측 시간$(t_0+t, t_0+t+\Delta t)$ 동안에 하나의 사건이 일어날 확률은 이전의 사건이 일어난 시간인 t_0에 무관하게 시간$(0,t)$와 시간 $(t, t+\Delta t)$ 사이의 문제이므로 다음과 같이 사건의 확률을 표시할 수 있다.

P{사건 t_0에 사건 1이 일어난 뒤 시간$(t_0+t, t_0+t+\Delta t)$동안에 사건 2가 일어남}
$= P${시간(t_0, t_0+t) 동안 어떤 사건도 일어나지 않다가 시간 $(t_0+t, t_0+t+\Delta t)$ 동안에 사건 2가 일어남
$= P${시간$(0,t)$ 동안 어떤 사건도 일어나지 않다가 시간$(t, t+\Delta t)$ 동안에 하나의 사건이 일어남
$= F(t+\Delta t) - F(t) = (1-F(t))\lambda \Delta t$

위의 식에서 맨 마지막의 등식을 다음과 같이 나타낼 수 있다.

$$\frac{F(t+\Delta t)-F(t)}{\Delta t} = (1-F(t))\lambda$$

한편, 위의 식에서 좌변이 $F(t)$의 미분이므로

$$\frac{dF(t)}{dt} = \lambda(1 - F(t))$$

로 표시하자. 이 미분방정식은 **1계상미분방정식**(1係常微分方程式, First order ordinary differential equation)이다. 위의 식이 변수 분리형 방정식임에 착안하여 다음과 같이 바꾸자.

$$\frac{dF(t)}{1 - F(t)} = \lambda dt$$

위의 식에서 우변을 좌측으로 이항하면

$$\frac{dF(t)}{1 - F(t)} - \lambda dt = 0$$

인데, 위의 식에서 좌변의 첫 항을 보면 분모를 미분하되 부호만 바꾸면 분자에 해당하는 식이 나옴을 알 수 있으므로 다음과 같이 부호를 바꾸자.

$$-\frac{dF(t)}{1 - F(t)} + \lambda dt = 0$$

한편, 위의 식은 다음의 식과 같다.

$$d\left[-\int \frac{dF(t)}{1 - F(t)} dt + \int \lambda dt\right] = 0$$

위의 식을 한 번 적분하면 다음과 같다.

$$-\int \frac{dF(t)}{1 - F(t)} dt + \int \lambda dt = c$$

위의 식을 또 한 번 적분하면 다음과 같다.

$$\log(1 - F(t)) = -\lambda t + c$$

$F(t)$가 로그함수 안에 들어 있으므로 위식의 양변에 지수조작을 가하면 다음과 같다.

$$1 - F(t) = e^{-\lambda t + c}$$

결국 우리는 확률분포함수 $F(t)$에 대하여 다음의 결과를 얻는다.

$$F(t) = 1 - e^{-\lambda t + c}$$

그런데 여기서 끝이 난 것은 아니고 모르는 파라미터 c를 구해야 한다. 미분방정식에서 모르는 파라미터 c의 값은 초기조건으로부터 구할 수 있다. 여기서는 초기조건이 시간 $t=0$이며 확률분포함수의 성질로부터 $F(0)=0$이므로 위의 미분방정식은 다음의 해를 가진다.

$$F(t) = 1 - e^{-\lambda t},\ t \geq 0$$

위의 식으로부터 확률밀도함수는 $F(t)$를 미분한 것이므로 다음과 같다.

$$f(t) = \lambda e^{-\lambda t},\ t \geq 0$$

한편, 위의 식에서 $f(t)$는 무엇을 의미하는가? 앞에서 예로 든 버스의 도착 문제에서 $f(t)$는 관측자가 t시간 동안 관측했을 때 버스가 아직 오지 않을 확률을 나타내는 확률밀도함수이다. 그리고 $F(t)$는 0부터 t까지 합한 모든 t에 대하여 각 관측에서 t시간이 지나도 버스가 오지 않을 확률의 합이다. 즉, 고객이 버스가 올 때까지 기다린 시간이 t까지인 모든 경우에 대한 누적 확률이다. 반대로 $1-F(t)$는 고객이 버스가 올 때까지 기다려야 할 시간이 t보다 클 모든 확률의 합이다.

물론, $f(t)$를 0에서 ∞까지 적분한 값 $F(\infty)=1$이다. 즉, 버스는 무한정 기다리면 언젠가는 온다!

예제 3.5

어떤 버스의 도착 간격이 평균 1분, 2분 혹은 3분의 지수분포를 따른다고 할 때, 고객이 버스 정류장에 가서 차가 올 때까지 기다려야 할 시간이 1분에서 10분일 확률을 1분 단위로 구하여 그래프로 그려라.

[풀이] $f(t)$에서 매개변수 λ는 1, 1/2, 혹은 1/3이며, t는 1부터 10까지의 값을 가지므로, 각 경우에 대하여 계산을 하여 그래프로 그리면 다음과 같다.

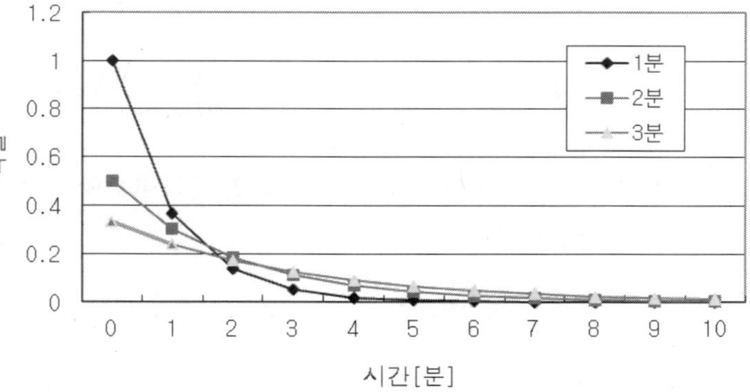

문제 3.7

어떤 버스가 도착 간격이 평균 1분, 2분 혹은 3분 간격인 지수분포를 따라서 도착한다고 가정할 때 고객이 버스 정류장에 가서 차가 올 때까지 기다려야 할 시간이 1분 이하에서 10분 이하까지 매 1분단위로 나타나는 확률분포함수를 구하여 그래프로 그려라.

[지수분포 확률변수의 분포함수의 무기억성] 지수분포 확률변수에 대하여 분포함수의 **무기억성**(無記憶性, Memoryless property)이란 지수분포를 따르는 확률변수가 과거에 일어난 사건에 대하여 기억을 하지 못하는 것을 말한다. 확률변수가 사람이 아닌 이상 기억을 못하는 것은 당연한데 이 말은 무엇을 뜻하는가? 다음의 식이 지수확률변수의 무기억성을 나타낸 것이다.

$$P\{X>t+s\,|\,X>t\}=P\{X>s\}$$

확률변수 X가 지수분포를 따른다고 하자. 위의 식은 이 확률변수 X가 t보다 더 크다는 조건에서 그 확률변수가 $t+s$보다 더 클 확률은 지금까지의 확률값에 무관하게 그냥 그 확률변수가 s보다 더 클 확률과 같다는 것이다.

언뜻 이해가 되지 않는 사람을 위해서 비유를 하면 이와 같다. 어떤 물건을 사서 시간 t동안 고장나지 않고 잘 썼다고 할 때, 그 이후로 시간 s동안 역시 고장나지 않고 잘 쓸 확률은 그 물건이 앞으로 s 시간 동안 고장나지 않고 잘 동작할 확률과 같다. 물리적으로 이해가 되었으면 이번에는 수학적으로 위의 식을 증명해보자. 먼저 조건부확률의 정의에 의해 위식의 좌변을 다음과 같이 나타내자.

$$P\{X>t+s\,|\,X>t\}=\frac{P\{X>t+s, X>t\}}{P\{X>t\}}=\frac{P\{X>t+s\}}{P\{X>t\}}$$

지수분포 확률변수에 대한 분포함수의 정의로부터 분모와 분자에 대하여 다음의 결과를 얻는다.

$$P\{X>t+s\,|\,X>t\}=\frac{P\{X>t+s\}}{P\{X>t\}}=\frac{e^{-\lambda(t+s)}}{e^{-\lambda t}}=e^{-\lambda s}$$

위식에서 맨 우측의 결과는 지수분포 확률변수의 꼬리함수와 같으므로 다음의 관계식이 성립한다.

$$P\{X>t+s\,|\,X>t\}=e^{-\lambda s}=P\{X>s\}$$

위의 식으로부터 우리는 지수분포 확률변수가 가지는 분포함수가 과거의 사실에 의존하지 않는다는 것을 알 수 있다.

문제 3.8

어떤 스캐너의 수명은 평균 5년인 지수분포를 따른다. 고객이 그 스캐너를 사서 6년간 고장없이 잘 사용했다고 할 때, 이 사람이 앞으로 1년 이상 고장없이 그 스캐너를 사용할 확률을 구하라.

(3) 정규분포 확률변수

정규분포 확률변수(正規分布確率變數: Normally distributed random variable)는 확률변수가 취하는 확률밀도함수의 분포가 **정규분포**(正規分布: Normal distribution)를 따르는 것을 말한다.

정규분포라는 말은 어디서 유래한 것일까? Normal은 라틴어 Norma에서 유래했다. 원래 Norma라는 말은 아주 옛날에 석공 및 목수가 돌을 반듯하게 자르거나 기둥을 지면과 수직으로 세울 때 쓰는 T자 모양의 자(T-square)를 나타내는 말이었다. 그래서 수직인 각을 Normal angle이라고 한다.

Normal이라는 단어를 사전에서 찾아보면 "標準的인, 典型的인, 普通의, 通常의" 등과 같은 뜻을 가진다. 이안 해킹(Ian Hacking)은 Normal이라는 단어가 어떤 현상이 가져야 할 당연한 모습(How things are or how they ought to be)을 의미한다고 한다. 따라서 정규분포는 우리 주변에서 통상적으로 자주 나타나는 전형적인 물리현상을 내포하고 있음을 알 수 있다.

그렇다면 우리 주변에서 통상적으로 자주 나타나는 전형적인 물리현상이란 무엇인가? 만약 우리 주변에서 나타나는 아주 통상적으로 나타나는 물리적인 현상(가령, 사람의 키나 지능지수 등)이라면 일반적으로 평균값의 근처에서 머물려고 하는 경향이 있고 또 그 주변에서 양쪽으로 비슷하게 분산되며 좌우로 대칭인 모양을 띠는 특징을 가진다. 그래서 정규분포를 사용하는 이유는 다음과 같다.

① 정규분포는 주변의 물리적 현상을 나타내는데 가장 보편적인 이론적 기반이다. 즉, 아주 많은 양의 샘플을 관측하는 경우 대부분의 물리현상이 평균값을 중심으로 좌우대칭의 값이 나올 확률이 크다.

② 정규분포는 광범위한($-\infty$, ∞) 확률변수의 확률밀도함수를 나타낼 수 있다.

③ 정규분포를 따르는 확률변수의 확률밀도함수를 여러 개 더하면 그 확률밀도함수 역시 정규분포가 된다(이 이야기는 나중에 자세히 다룰 예정이다).

④ 확률변수가 가지는 1차 및 2차 모멘트[7]만 알면 그 확률변수의 분포함수를 정규분포로 표시할 수 있다(이 이야기도 나중에 자세히 다룰 예정이다).

이처럼 다른 확률변수와는 다르게 서론을 길게 시작한 정규분포를 따르는 확률변수에 대해서 확률밀도함수의 모양이 어떻게 생겼는지 알아보자. 정규분포 확률변수는 앞에서 다룬 확률변수와는 다르게 사건의 물리적인 동작을 바탕으로 해석적인 방법으로 식을 유도하는 것이 아니라 무수히 많은 실험이나 관측을 통하여 얻는 평균값 및 분산의 값으로 표시하는 **선험적**(先驗的, Empirical) 확률변수이기 때문에 측정치로부터 얻어진 데이터로 정의한다. 구체적으로는 평균 μ 및 분산 σ^2를 가지는 정규분포 확률변수 X는 다음과 같은 pdf를 가진다.

$$f(x) = \frac{1}{\sqrt{2\pi}\,\sigma} e^{-\frac{(x-\mu)^2}{2\sigma^2}}, \quad -\infty < x < \infty$$

이때 정규분포 확률변수 X는 Normal의 첫 글자를 따서 $X \sim N(\mu, \sigma^2)$로 표기한다. 정규분포 확률변수는 위의 pdf에서도 볼 수 있는 바와 같이 함수의 값이 평균값인 μ를 중심으로 좌우대칭의 값을 가지며 X가 평균값 μ일 때 pdf는 $f(\mu) = \frac{1}{\sqrt{2\pi}\,\sigma}$이다.

정규분포 확률변수는 다음과 같은 특징을 가지고 있다.

① 정규분포 확률변수는 $(-\infty, \infty)$사이의 실수값을 가지며 pdf가 평균 μ를 중심으로 좌우대칭의 종모양(Bell shape)을 하는 연속확률변수이다. 따라서 정규분포 확률변수의 **비대칭도**(非對稱度, Skewness)는 0이다.

② 평균값인 μ가 클수록 그래프는 오른쪽으로 위치하고 분산 σ^2이 클수록 그래프의 꼭짓점이 낮아지고 그래프는 좌우로 넓게 퍼진다. 즉, 평균과 분산이 그래프의 모양을 결정한다.

정규분포 확률변수는 일명 **가우스 확률변수**(Gaussian random variable)라고도 불리는데, 그것은 독일의 수학자이자 과학자인 **가우스**(Johann Carl Friedrich Gauss, 1777-1855)가 이 확률변수를 발견하였다고 알려져 있기 때문이다.

Johann Carl. Friedrich Gauss

7 모멘트는 제4장에서 다룸

Abraham de Moivre

1809년 가우스는 천체운동을 하는 물체의 궤도를 측정하는 실험을 하다가 측정오차가 존재하고 그 오차의 분포가 종의 모양을 가진다는 것을 알아냈다. 그러나 실제로 이 확률분포를 처음 발견한 사람은 가우스가 아니라고 한다. 현재 문헌상에 나와 있는 바로는 프랑스의 수학자 **아브라함 드 므와브르**(Abraham de Moivre, 1667-1754)에 의해서 1733년에 최초로 고안되었는데 이 이론이 세상에 알려진 것은 그가 죽은 지 2년 뒤인 1756년에 발간된 기회의 원칙(The doctrine of chances)을 통해서라고 한다.

그런데 드 므와브르가 발견한 확률분포함수는 가우스가 주창한 연속함수는 아니었다. 그 이유는 드 므와브르가 이 확률분포를 발견하는데 사용한 실험방법에 있다. 드 므와브르는 동전을 가지고 실험하였는데 동전을 던지는 횟수가 증가함에 따라 특정 면(앞면 혹은 뒷면)이 나올 횟수의 확률분포가 종모양을 가진다는 것을 알아내었다. 이때 동전의 특정 면이 나올 횟수는 정수의 값을 가지므로 확률변수 자체가 이산치를 가지며, 따라서 이 경우의 확률분포함수는 당연히 연속함수가 아니다.

드 므와브르의 주장을 확인하기 위해서 다음의 문제를 풀어보자.

문제 3.9

위의 드 므와브르가 실험한 동전던지기를 한 번부터 5번까지 시행한 경우 동전 던지기의 시행 횟수와 그에 따라 앞면이 나올 횟수의 확률밀도함수를 그려라.

Pierre–Simon, marquis de Laplace

한편, 1778년 프랑스의 수학자이자 천문학자인 피에르 **시몽 드 라플라스**(Pierre-Simon, marquis de Laplace, 1749-1827)는 측정오차의 확률분포 곡선을 찾다가 그 곡선의 그래프가 종의 모양을 하고 있다는 것을 발견했다.

그리고 이와는 독립적으로 미국에서는 1808년 **로버트 애드리언**(Robert Adrian, 이 사람은 수학과는 전혀 관계가 없는 무명인이었다고 한다)이라는 사람이 항해술, 천문학, 측지학 등의 활동에서 얻어진 측정오차로 무작위 실험에 대한 오차의 분포를 얻은 결과 그것이 종의 모양을 가진다는 것을 알아냈다.

한편, 라플라스는 1812년 중심극한정리(제6장에서 자세히 기술함)라는 이론을 정립함으로써 실험으로부터 얻어낸 측정오차의 분포곡선과 가우스의 정규분포곡선 간의 상호관련성을 규명하여 동일한 측정을 여러 번 반복하여 얻어진 오차가 정규분포 곡선과 거의 비슷한 분포를 보임을 분명히 하였다.

한편, 정규분포를 이론적으로 정립한 위의 예와는 달리 **프랜시스 골턴**(그는 우리가 종의 기원을 통하여 익히 알고 있는 찰스 다윈의 사촌이라고 한다)이라는 사람은 1874년에 **퀸컹크스**(Quincunx)라는 장치를 고안하였다. 퀸컹크스는 일정한 간격으로 칸이 매겨진 상자를 밑에 설치해 두고 충분히 높은 위치에서 아랫부분에 구멍이 뚫린 항아리를 통하여 작은 크기의 공을 흘려보내면 그 공은 좌우로 퍼져서 떨어지는데 이때 떨어진 공의 개수가 나타내는 모양이 정규분포를 따름을 보였다.

20세기 말 필자가 일본에서 유학하고 있을 때 같은 학교에서 함께 공부했던 전자공학과의 한 선배가 네모난 모양의 금속표면에 어떤 액체를 뿌려서 코팅을 하는데 이때에도 위와 아주 유사한 환경으로 실험을 하고 있었다. 즉, 액체가 들어있는 용기가 받침대로 고정되어 있고 그 용기에 작은 구멍을 뚫고 그곳으로부터 금속표면에 액체를 뿌리는 실험을 하는데 아무래도 금속표면의 중앙부분에 액체가 많이 묻었다. 그러나 선배는 액체가 중앙에 얼마나 많이 뿌려지는지 잘 모르겠다고 고민하기에 필자가 정규분포를 예를 들어서 설명을 해준 기억이 난다. 그때 마침 필자는 초고속 정보통신망의 트래픽공학에 관한 연구를 하고 있었고, 복수의 가입자로부터 네트워크로 들어오는 트래픽의 양을 중심극한정리와 정규분포 등을 이용하여 입력 파라미터를 예측하는 것을 생각하고 있었다. 그러고 보면 사람들은 각자 다른 환경에서 다른 문제를 고민하고 있지만 사실은 서로 비슷한 수학적 문제를 고민하고 있다는 생각이 든다.

이와 같이 정규분포 확률변수는 우리 주변에서 볼 수 있는 물리계에서 가장 많이 사용되는 확률변수인데, 몇 가지 사례를 들어보자. 그림 3-3은 우리나라의 고등학교 내신에서 등급별 목표로 하는 분포도이다. 사실 내신성적을 등급으로 나타낼 때 정수로 표시하기 때문에 확률변수가 이산값을 가지므로 정규분포함수의 조건인 연속 확률변수는 아니지만 그래프의 모양이 정규분포를 닮았기에 예로 든다.

그림 3-3과 같이 고교에서 학생들에게 매기는 내신성적은 중앙값(Median)인 5등급을 중심으로 좌우가 대칭인 모양을 하고 있다. 5등급이 차지하는 비율이 20%이며, 1등급에서 4등급까지 차지하는 비율은 각각 4, 7, 12, 17%이고 6등급에서 9등급은 그 역순이다. 다만, 그래프의 전반적인 모양은 종모양이라기 보다는 삿갓모양을 하고 있다. 즉, 그래프가 좌우로 넓게 퍼져있다는 의미이다. 그러나 이것도 어엿한 종모양이다. 물론 내신 분포가 반드시 등급별로 목표로 하는 비율을 맞춘다는 것은 어렵겠지만(성적이 동점자인 학생이 많으면 어느 등급의 비율이 목표치를 벗어날

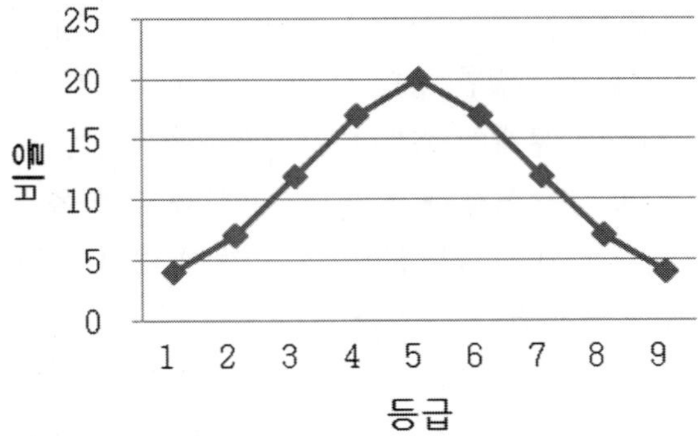

그림 3-3 고교 내신 등급분포

것이므로) 이 비율을 따르려고 노력할 것이다.

그럼 내신성적은 왜 이런 모양을 가지도록 고안하였을까? 그 이유는 전체 학생들의 성적이 비교적 고르게 분포하도록 하여 대학에서 내신성적을 바탕으로 학생들을 선발하기 좋도록 하기 위해서이다. 만약 그래프의 분포를 좁고 중앙이 뾰족하도록 하거나 아니면 종모양으로 3, 4, 5등급이 차지하는 비율이 대부분이 되도록 도톰하게 하였다면 어떤 일이 일어날까? 이 문제는 각자 한 번 생각해보기 바란다.

한편, 실제 수능의 성적분포는 어떻게 될까? 그림 3-4는 20xx(단 자세한 년도는 숨김)학년도 수능 수리 나형의 등급 분포도이다.

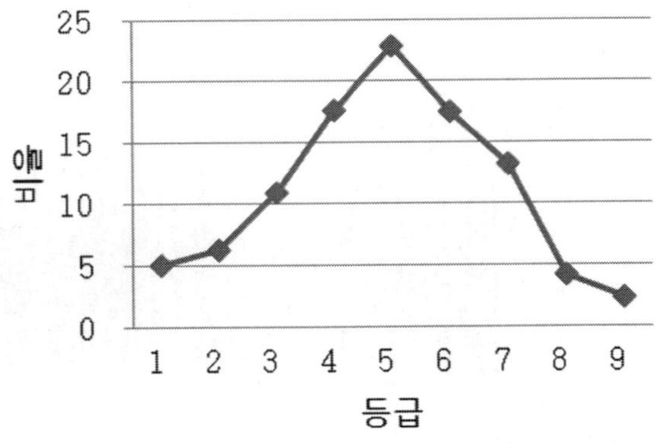

그림 3-4 20xx학년도 수능 수리 나형 등급 분포

그림 3-4와 같이 실제로 수능의 성적은 좌우대칭이 아니다. 그 이유는 무엇일까? 수능시험은 수십만 명의 학생이 응시하기 때문에 동점자가 여러 명 나올 확률이 높다. 따라서 문제를 출제하는 측에서 아무리 난이도를 조절하려고 노력해도 각 등급의 목표 비율(목표 비율은 내신에서와 같다)을 정확하게 맞출 수 없기 때문에 이와 같이 약간 찌그러진 종모양을 한다. 따라서 수능성적의 분포는 과목마다 시행 연도마다 분포가 모두 다르다.

이를 방지하기 위해 한국교육과정평가원에서는 고3을 대상으로 3, 6, 9월 모의고사를 시행하면서 학생들의 수준을 예측하며 대체로 이전 연도의 수능시험 수준과 당해 연도 6/9월 모의고사 성적을 바탕으로 당해 연도의 수능 시험 문제를 출제하여 가능하면 목표로 하는 등급별 비율을 맞추려고 노력한다.

그러나 모의고사는 어디까지 모의고사일 뿐 재학생과 재수생 모두 응시하는 수능에서는 등급별 분포를 정확히 맞추는 일은 쉬운 일이 아니다. 그래도 그림 3-4를 보면 20xx학년도 수학 나형에서는 당초 목표로 하는 분포를 비슷하게는 맞춘 것 같지만 매년 수능시험이 끝나면 어느 과목은 문제가 쉽게 출제되고 또 어떤 과목은 어렵게 출제되었다는 기사가 대중매체에 나오는데 그 경우에는 분포가 더욱 찌그러질 확률이 높다.

이번에는 공학실험의 결과를 하나 소개한다. 그림 3-5는 주파수 확산 신호의 시간에 대한 파형을 나타내고 있다. 관측 시간은 60여 마이크로초(10^{-6}초)이며 신호의 세기는 -4에서 4사이의 값을 가진다.

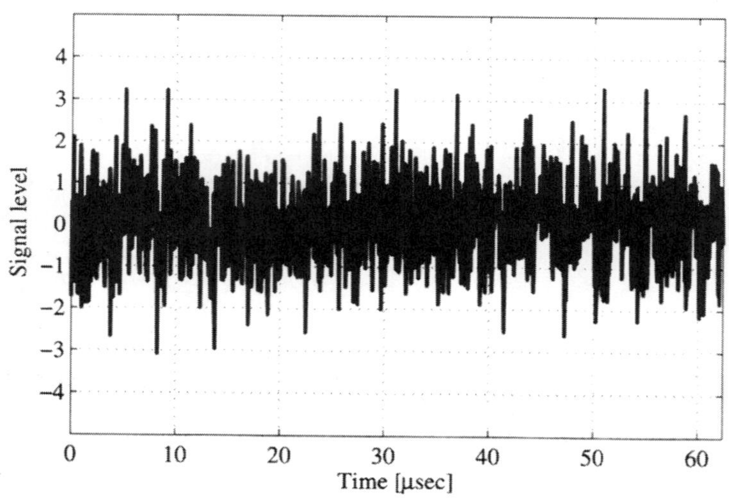

그림 3-5 주파수 확산 신호의 시간에 대한 파형

그림 3-5에서도 볼 수 있는 바와 같이 신호의 크기가 -4에서 4사이의 값에서 아주 랜덤하게 변화하고 있고 평균은 대충 보아서 0인 것이라는 알 수 있다. 그러나 이 신호의 확률밀도함수를 그림 3-5로부터 알아내기란 쉽지 않다. 그림 3-6은 그림 3-5에서 각 신호레벨이 차지하는 값에 대한 pdf이다. x축은 정규화된 신호의 크기를 나타내고 y축은 각 신호가 나타나는 빈도로부터 계산한 **상대빈도**(Relative frequency, 즉 확률밀도함수)이다. 그림에서 실선은 측정값의 pdf이고 점선은 정규분포의 pdf이다.

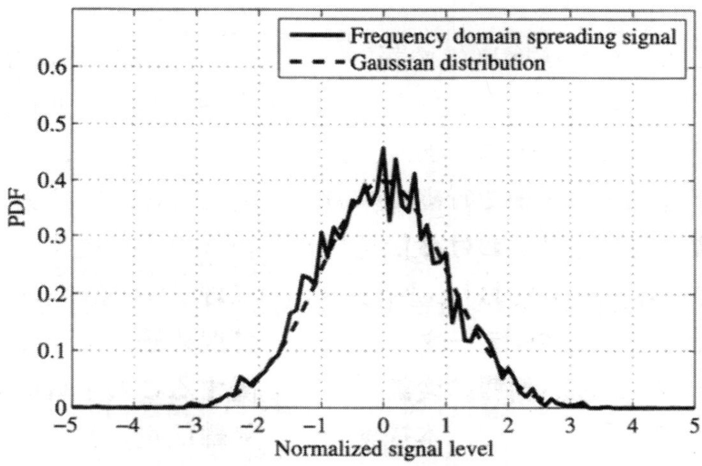

그림 3−6 주파수 확산 신호의 확률밀도함수

그림 3-6에서 볼 수 있듯이 그림 3-5의 파형에 대한 확률밀도함수는 평균을 0으로 하는 정규분포에 아주 근사함을 알 수 있다.

예제 3.6

어떤 집단에서 사람의 키를 측정한 결과 남자의 평균키가 170cm이고 표준편차가 10인 정규분포를 따른다고 한다. 이때 이 확률변수의 pdf를 $x=[115,225]$의 범위에 대하여 구하고 그래프로 그려라.

[풀이] 위의 파라미터 값으로부터 정규분포 확률변수의 pdf에 대하여 다음의 함수를 얻을 수 있다.

$$f(x)=\frac{1}{\sqrt{2\pi}\,10}e^{-\frac{(x-170)^2}{200}},\ \text{단}\ 115<x<225$$

아래의 그림은 위의 밀도함수에 대하여 계산한 결과를 나타낸 것이다.

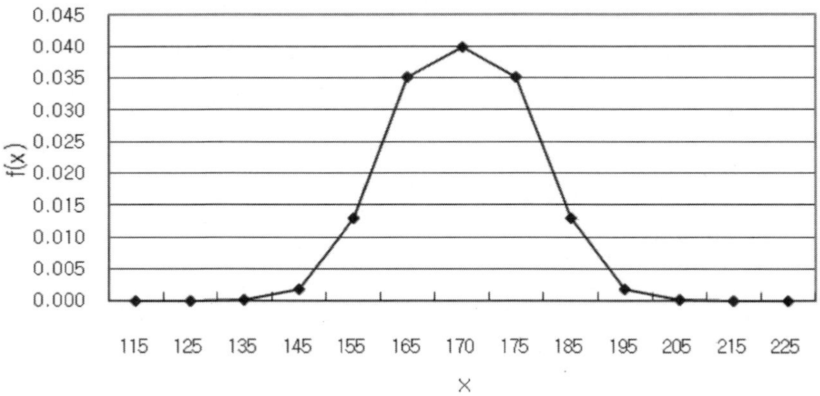

문제 3.10

평균이 170이고 표준편차가 10, 20, 30인 세 개의 정규분포 확률변수의 pdf를 $x=[115, 225]$에 대하여 x의 값을 10씩 증가시키면서 각각 구하고 그래프의 변화 모양을 분석하라.

[정규분포 확률변수에 대한 1차함수의 분포함수] 지금까지 우리는 평균 μ 및 분산 σ^2를 가지는 정규분포 확률변수 X에 대해서 알아보았다. 그렇다면 정규분포 확률변수 X를 변수로 하는 1차함수 $Y=\alpha X+\beta$는 어떠한 특성을 가질까?

결과부터 이야기하면 $Y \sim N(\alpha\mu+\beta,\ \alpha^2\sigma^2)$로 표기할 수 있는데, 먼저 물리적으로 그 이유를 한 번 생각해보자. 정규분포 확률변수 X가 평균 μ를 가진다면 그 확률변수를 α배한 확률변수의 평균도 α배이고 거기에 상수 β를 더했으니 평균도 β만큼 커진다. 따라서 Y의 평균은 $\alpha\mu+\beta$이다. 그리고 정규분포 확률변수 X의 분산이 σ^2일 때 Y의 분산에 대해서는 분산의 정의를 아는 사람이라면 $\alpha^2\sigma^2$임을 알 수 있을 것이다(단, 평균과 분산에 대해서는 제4장에서 자세히 다룰 예정).

한편, 위의 문제를 수학적으로 증명해 보자. 먼저 확률변수 Y, 단 $Y=\alpha X+\beta$, 가 x보다 작거나 같을 확률인 분포함수를 $F_Y(x)$라고 나타내고 다음과 같이 정의하자.

$$F_Y(x) = P\{Y \le x\} = P\{\alpha X+\beta \le x\}$$

위의 식에서 등식의 맨 마지막 항에 대해 다음과 같이 변환할 수 있다.

$$P\{\alpha X+\beta \le x\} = P\{X \le \frac{x-\beta}{\alpha}\}$$

위의 식에서 역시 맨 마지막 항을 보면 이 확률이 바로 확률변수 X에 대한 분포함수임을 알 수 있다. 따라서 위의 우측을 다음과 같이 나타내자.

$$P\{X \le \frac{x-\beta}{\alpha}\} = F_X\left(\frac{x-\beta}{\alpha}\right)$$

결국 우리는 다음의 결과를 얻는다.

$$F_Y(x) = F_X\left(\frac{x-\beta}{\alpha}\right)$$

단, 위에서 확률변수 X의 분포함수를 $F_X(x)$라고 나타내었다.

한편, 확률밀도함수의 정의에 의해서 다음의 관계가 성립한다.

$$f_Y(x) = \frac{d}{dx}F_Y(x) = \frac{1}{\alpha}F_X'\left(\frac{x-\beta}{\alpha}\right) = \frac{1}{\alpha}f_X\left(\frac{x-\beta}{\alpha}\right)$$

따라서 위로부터 다음과 같은 결과를 얻을 수 있다.

$$f_Y(x) = \frac{1}{\sqrt{2\pi}\,\alpha\sigma}e^{-\frac{(x-(\alpha\mu+\beta))^2}{2\alpha^2\sigma^2}}$$

결국 확률변수 Y는 평균이 $\alpha\mu+\beta$이고 분산이 $\alpha^2\sigma^2$인 정규분포를 가지는 확률변수이다. 즉, $Y \sim N(\alpha\mu+\beta, \alpha^2\sigma^2)$이다.

예제 3.7

X가 평균이 10, 분산이 4인 정규분포 확률변수라고 할 때 다음 물음에 답하라.

(1) X의 확률밀도함수를 구하라.
(2) $Y = 3X+5$의 확률밀도함수를 구하라.
(3) 각 확률변수의 그래프를 [0, 60]사이의 값에 대하여 그려라.
(4) 두 그래프가 의미하는 바를 설명하라.

[풀이] (1) X가 평균이 10, 분산이 4인 정규분포 확률변수이므로 X의 pdf는 다음과 같다.

$$f(x) = \frac{1}{2\sqrt{2\pi}}e^{-\frac{(x-10)^2}{8}}, \quad -\infty < x < \infty$$

(2) 확률변수 Y의 pdf는 다음과 같다.

$$f_Y(x) = \frac{1}{\sqrt{2\pi}\,\alpha\sigma} e^{-\frac{(x-(\alpha\mu+\beta))^2}{2\alpha^2\sigma^2}} = \frac{1}{6\sqrt{2\pi}} e^{-\frac{(x-35)^2}{72}}$$

(3) 아래에 두 확률밀도함수의 그래프를 나타내었다. 아래의 그래프에서 x축은 확률밀도 X와 Y가 가지는 값이고 y축은 각 확률변수의 밀도함수이다.

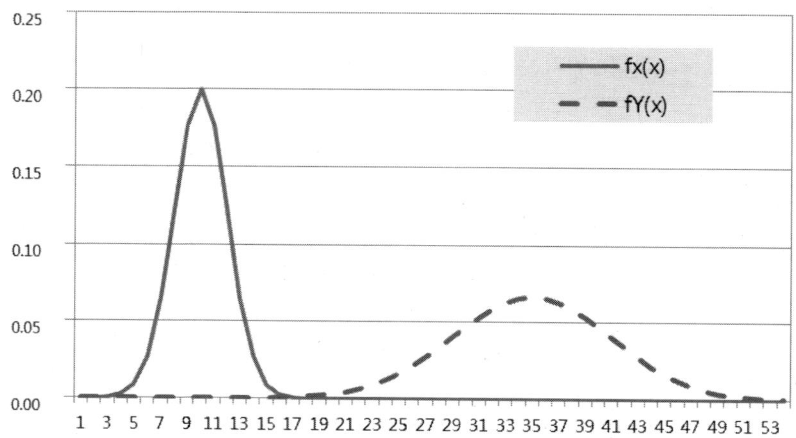

(4) 위의 그림에서 알 수 있는 바와 같이 X의 확률밀도함수는 평균 10을 중심으로 뾰족한 종의 모양을 하고 있고, Y의 확률밀도함수는 평균 35를 중심으로 종의 모양(이라기보다는 왕릉의 모양)을 하고 있다. 한편, 확률변수 X가 평균값인 10일 확률밀도함수는 $f_x(10) = 0.2$이며, 확률변수 Y가 평균값인 35일 확률밀도함수는 $f_Y(35) = 0.066$이다.

문제 3.11

어떤 라우터(인터넷 서비스용 교환 장비)에는 두 종류의 가입자가 가입되어 있다. 하나는 네트워크로 트래픽을 대량으로 내보내는 가입자(이를 Heavy user라고 한다)이고 다른 하나는 트래픽을 소량 내보내는 가입자(이를 Light user라고 한다)이다. 그리고 각 유형의 가입자의 수는 n_H와 n_L이며 그들이 내보내는 트래픽의 초당 패킷 발생확률은 각각 p와 r(단 $p > r$)라고 한다. 그러면 이들 두 가지 유형의 가입자가 네트워크로 흘러보내는 트래픽은 파라미터가 각각 $N(n_H p,\ n_H pq)$, 단, $q = 1-p$, 와 $N(n_L r,\ n_L rs)$, 단, $s = 1-r$,의 정규분포로 표시할 수 있다. 이때 이 라우터로 들어오는 트래픽의 총량의 분포를 나타내는 파라미터를 구하라.

지금까지 정규분포 확률변수에 대하여 정의하고 정규분포 확률변수의 1차함수의 확률밀도함수에 대해서도 알아보았다. 그래서 확률변수의 평균과 분산을 알면 그 확률변수가 가지는 확률밀도함수를 구할 수 있음을 보였다. 그런데 우리가 접하게 되는 물리현상이 가지는 평균과 분산이 모두 다른 경우도 존재하는데 이 경우 일일이 확률밀도함수를 구하는 일은 번거로운 일이다.

이 문제를 해결하기 위해서 관측대상으로 하는 실험이 어떠한 것이든 상관없이 평균 μ 및 분산 σ^2를 가지는 정규분포 특성이 있다고 하면 그 정규분포 확률변수 X를 잘 가공하여 평균 0 및 분산 1을 가지는 새로운 확률분포를 만들 수 있는데 그것이 **표준정규분포**(標準正規分布, Standard normal distribution)이다.

한편, 표준정규분포의 확률밀도함수의 값은 미리 계산하여 표로 만들어 놓았기 때문에 필요할 경우 언제든지 바로 활용할 수 있어서 다양한 특성을 가지는 확률모형을 통일된 하나의 **보편적모형**(普遍的模型, Universal model)으로 쉽게 나타낼 수 있다. 가령 남자의 키와 여자의 몸무게는 그 값이 서로 완전히 다른 확률변수이지만, 만약 두 확률변수가 정규분포를 따른다고 가정하면 두 확률변수에 대하여 약간의 가공을 하면 어느 확률변수도 확률밀도함수를 표준정규분포로 나타낼 수 있다.

지금부터는 확률변수가 어떠한 값을 가지든지(가령, 남자 고등학생의 키, 초등학교 6학년 학생의 수학 점수, 혹은 대학생의 신발의 크기 등 전혀 다른 특성을 가지는 확률변수를 가정함)에 상관하지 않고 모든 확률변수가 정규분포를 따르기만 한다면 그 확률변수가 가지는 평균과 분산에 대한 정보로부터 그 확률변수의 확률분포를 구하는 방법을 알아본다.

[표준정규분포함수(標準正規分布函數, Standard normal distribution function)]

앞에서 정의한 정규분포 확률변수 $X \sim N(\mu, \sigma^2)$를 가정하자. 그리고 새로운 확률변수 Z는 다음과 같다.

$$Z = \frac{X-\mu}{\sigma}$$

정규분포 확률변수 X의 1차함수의 확률밀도함수에 대한 정의로부터(즉, $Z = \frac{X-\mu}{\sigma}$에 대한 확률밀도함수의 정의로부터) Z의 pdf는 다음과 같다.

$$f(z) = \frac{1}{\sqrt{2\pi}} e^{-\frac{z^2}{2}}$$

위의 식을 보면 $f(z)$는 평균이 0이고 분산이 1인 정규분포 확률밀도함수이다. 여기서 위의 결과가 중요한 이유가 숨어있다. 다음을 가정해 보자.

- 평균이 170cm이고 분산이 2cm인 남자 고등학생의 키
- 평균이 50점이고 분산이 4점인 초등학교 6학년 학생의 수학 점수
- 평균이 265cm이고 분산이 5cm인 남자 대학생의 신발 크기

위의 변수는 모두 특성이 아주 다른 확률변수이다. 그러나 매개변수의 값이 전혀 다른 특성을 가지는 확률변수들도 정규화 작업을 거치면 모두 평균이 0이고 분산이 1인 표준정규분포 확률변수로 바꿀 수 있다.

이와 같은 pdf를 가지는 확률변수를 **표준정규분포 확률변수**(標準正規分布 確率變數, Standard normal distribution random variable)라고 하며 $Z \sim N(0,1)$로 표기한다. 그림 3-7은 정규분포와 표준정규분포간의 차이를 비교한 것이다.

그림 3-7(a)에서 사람의 체중, 지능, 그리고 키의 분포는 서로 다른 평균과 분산을 가지고 있다. 그래서 사람의 체중에 대한 분포확률을 구할 때는 체중의 분포 그래프를 보아야 하고 지능이나 키도 각각 구해야 한다. 따라서 이들 데이터를 저장하고 가공하는 일이 각 경우에 대해 별도로 이루어져야 한다. 만약 우리가 관심을 가지고 있는 대상이 100,000가지라면 100,000개의 정규분포표를 미리 준비해놓아야 하는데 이래서는 곤란하다.

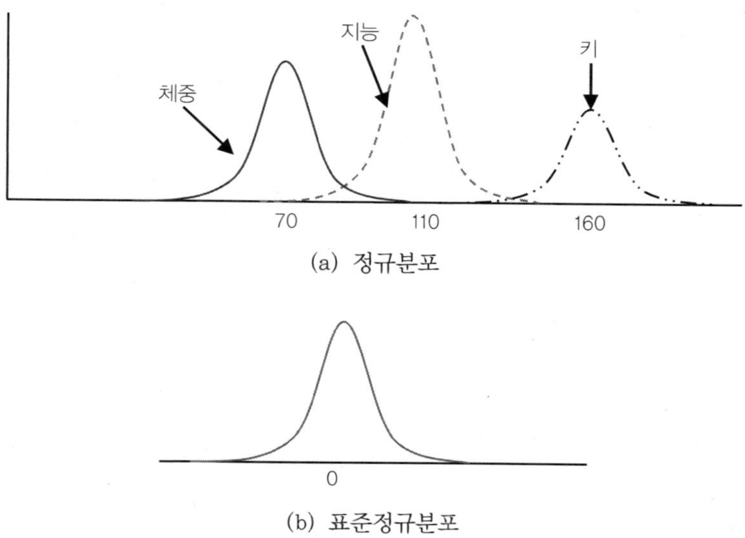

그림 3-7 정규분포와 표준정규분포

한편, 그림 3-7(b)와 같이 표준정규분포의 경우에는 대상물에 무관하게 모든 경우에 대하여 분포함수가 평균이 0이고 분산이 1인 하나의 그래프로 나타나므로 하나의 표(표준정규분포표)를 이용하여 확률변수의 분포함수를 구할 수 있다.

지금부터는 표준정규분포를 따르는 확률변수의 분포함수를 일반적인 분포함수와 구별하기 위해 다음과 같이 정의한다.

$$\Phi(x) = \Pr\{Z < x\} = \int_{-\infty}^{x} f(z)dz$$

한편, $\Phi(x)$가 $\Pr\{Z < x\}$를 나타내는 함수라면 가끔은 $\Pr\{Z > x\}$를 나타내는 함수(꼬리분포함수)도 관심의 대상이 될 수 있는데 $Q(x) = \Pr\{Z > x\}$로 정의하자. 이때 $\Phi(x)$와 $Q(x)$ 사이에는 $Q(x) = 1 - \Phi(x)$의 관계가 성립한다.

정규분포의 대칭성으로부터 다음의 관계도 성립한다.

$$Q(x) = 1 - \Phi(x) = \Phi(-x)$$

한편, $\Phi(0) = 0.5$의 성질을 이용하면 양의 값을 가지는 표준정규분포 확률변수의 분포함수를 쉽게 구할 수 있는데 편의를 위해 표준정규분포 확률밀도함수의 어느 한 쪽만을 고려하기 위해 **편측분포함수**(片側分布函數, One-side distribution function) $\Phi^H(x)$를 다음과 같이 정의한다.

$$\Phi^H(x) = \Pr\{0 < Z < x\}$$

따라서 임의의 양수 a에 대하여 $\Phi(a)$를 구하고자 할 때 다음과 같이 구할 수 있다.

$$\Phi(a) = \Phi(0) + \Phi^H(a) = 0.5 + \Phi^H(a)$$

$\Phi^H(x)$로 표시되는 표준정규분포함수의 값을 부록에 첨부하였다.

예제 3.8

표준정규분포를 따르는 확률변수 Z의 분포함수를 x의 범위 [−3,3]에 대해서 x의 값이 1씩 증가한 값에 대하여 그래프를 그려라.

[풀이] 표준정규분포표로부터 다음의 결과를 얻는다.

$$\Phi(-3) = 0.0013$$
$$\Phi(-2) = 0.0228$$

$$\Phi(-1) = 0.1587$$
$$\Phi(0) = 0.5$$
$$\Phi(1) = 0.8413$$
$$\Phi(2) = 0.9773$$
$$\Phi(3) = 0.9987$$

아래의 그래프에서 $F(x) = \Phi(x)$를 나타낸 것이다.

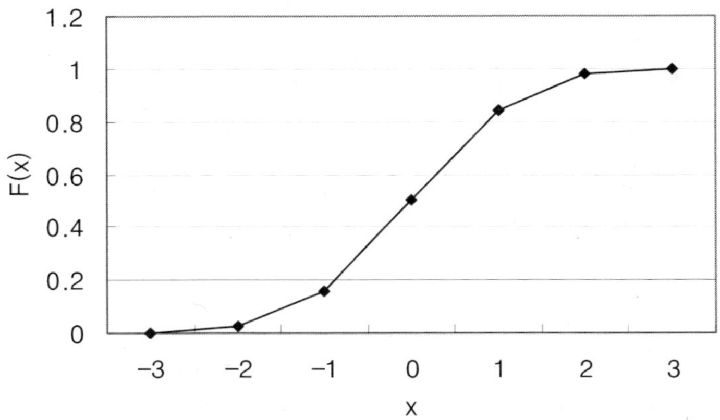

예제 3.9

어느 마을에 사는 어른 및 아이를 포함한 사람의 키가 정규분포를 따른다고 할 때 다음 물음에 답하라.

(1) 평균 = 160cm이고, 분산 = 100인 경우 한 사람을 세워 놓고 키를 재었을 때 그의 키가 190cm보다 더 클 확률은 얼마인가?

(2) (1)에서 만약 다른 값은 같고 표준편차가 30이면 그 확률은 어떻게 되는가?

[풀이] (1) 우선, 사람의 키를 X라고 두고, 표준편차가 10일 때 키가 190보다 클 확률은 다음과 같이 표현할 수 있다.

$$P\{X > 190\} = P\left\{\frac{X-160}{10} > \frac{30}{10}\right\} = P\{Z > 3\}$$
$$= 1 - \Phi(3) = 1 - (0.5 + \Phi^H(3)) = 1 - 0.9987 = 0.0013$$

(2) 표준편차가 30이면 키가 190보다 클 확률은 다음과 같다.

$$P\{X > 190\} = P\left\{\frac{X-160}{30} > \frac{30}{30}\right\} = P\{Z > 1\}$$
$$= 1 - \Phi(1) = 1 - 0.8413 = 0.1587$$

문제 3.12

확률변수 X가 평균 5, 분산 4인 정규분포를 따른다. 이때 다음의 물음에 답하라.

(1) X가 1보다 작은 값을 가질 확률을 $\Phi(x)$의 함수로 나타내고 그 값을 구하라.
(2) X가 2에서 6사이의 값을 가질 확률을 $\Phi(x)$의 함수로 나타내고 그 값을 구하라.
(3) X가 7보다 큰 값을 가질 확률을 $\Phi(x)$의 함수로 나타내고 그 값을 구하라.
(4) 확률변수와 평균의 차가 2보다 클 확률을 $\Phi(x)$의 함수로 나타내고 그 값을 구하라.

문제 3.13

확률변수 X가 평균 μ, 표준편차 σ인 정규분포를 따른다. 이때 다음 물음에 답하라.

(1) X가 $[\mu-\sigma, \mu+\sigma]$ 사이의 값을 가질 확률은 얼마인가?
(2) X가 $[\mu-2\sigma, \mu+2\sigma]$ 사이의 값을 가질 확률은 얼마인가?
(3) X가 $[\mu-3\sigma, \mu+3\sigma]$ 사이의 값을 가질 확률은 얼마인가?

문제 3.14

어떤 전기회로가 평소에는 꺼져 있다가 사람이 스위치를 눌러서 1.5V의 전압이 들어오면 켜진다. 그런데 이 전기회로에는 스위치를 켜지 않아도 평소에 평균 0.3V, 분산 0.09의 정규분포를 따라서 전압이 흐른다. 어느 날 스위치를 켜지도 않았는데 전기회로가 켜지는 일이 일어날 확률은 얼마인가?

[정규분포함수의 근사해석] 위에서 우리는 정규분포 확률변수에 대해서 분포함수와 꼬리함수를 구하는 방법을 공부했다. 그리고 확률변수가 특정한 범위의 값(예를 들면 $-x$와 x사이의 값)을 가질 확률 등을 표준정규분포표를 이용하여 쉽게 구할 수 있음을 보았다.

그러나 가끔은 표준정규분포표가 없는 경우나 수식을 이용하여 확률분포를 계산하고자 할 경우가 있을 것이다. 이와 같은 경우를 위해 정규분포 확률변수의 분포를 근사적으로 구하는 방법을 소개한다. 이 방법은 윌리엄스(J. D. Williams)가 1946년에 저명한 수학저널인 The Annals of Mathematical Statistics에 발표한 연구결과이며 저자의 이름을 따서 **윌리엄스의 근사**(Williams approximation)라고 하는데 결과만 인용하면 다음과 같다.

우선 확률변수 X가 평균 μ, 표준편차 σ인 정규분포를 따른다고 하자. 이 확률변수에 정규화 과정을 거쳐서 평균 0, 분산 1인 표준정규분포를 따를 때 정규화된 확률변수 Z가 다음 식을 만족한다.

$$P\{-x \le Z \le x\} \le \sqrt{1-\exp\left(-\frac{2x^2}{\pi}\right)}$$

한편, 평균 μ, 표준편차 σ인 정규분포를 따르는 확률변수 X와 표준정규분포를 따르는 확률변수 Z의 관계로부터 확률변수 X가 $\mu - x\sigma$와 $\mu + x\sigma$(단, x는 주로 1, 2, 3 등으로 표기됨) 사이의 값을 가질 확률의 근사값은 다음과 같다.

$$P\{\mu - x\sigma \le X \le \mu + x\sigma\} \le \sqrt{1-\exp\left(-\frac{2}{\pi}\left(\frac{x-\mu}{\sigma}\right)^2\right)}$$

예를 들어서 정규분포를 따르는 확률변수 X가 $\mu - x\sigma$와 $\mu + x\sigma$ 사이의 값을 가질 확률이 α를 넘지 않도록 하는 x의 값을 x_α라고 한다면 위의 식으로부터 다음의 결과를 얻는다.

$$\alpha = \sqrt{1-\exp\left(-\frac{2}{\pi}\left(\frac{x_\alpha-\mu}{\sigma}\right)^2\right)}$$

위의 식으로부터 x_α는 다음과 같다.

$$x_\alpha = \mu + \sigma\sqrt{-\frac{\pi}{2}\log_e(1-\alpha^2)}$$

문제 3.15

어떤 네트워크에는 평소에 트래픽이 $X \sim (\mu, \sigma^2)$인 정규분포를 따라서 흐른다. 그런데 측정치가 어떤 임계치를 넘으면 네트워크가 과부하에 걸리거나 외부로부터 공격을 받았다고 판단하여 조치를 취한다. 따라서 $P\{X > \mu + x\sigma\}$을 구하고자 하는 경우도 있는데 그 값이 최소한 얼마인지 윌리엄스의 근사를 이용해서 구하라.

마지막으로 네트워크 엔지니어링에서 중요한 물리적 의미를 지니는 문제 하나를 생각해보자. 확률변수 X를 네트워크를 흐르는 트래픽의 양이라고 할 때 $P\{X > \mu + x\sigma\}$가 전체 분포에서 차지하는 비율이 최소한 α(이를 보통 100α-percentile이라고 부른다)보다 크기 위한 x의 값은 얼마나 될까? 즉, $P\{X > \mu + \sigma x\} > \alpha$를 만족하는 x의 값(이 값을 $x_{\alpha+}$라고 두자)은 얼마일까?

정규분포 확률변수의 밀도함수의 대칭성으로부터 이 문제는 실제로 $P\{\mu - \sigma x \le X \le \mu + \sigma x\} \le 1 - 2\alpha$인 x의 값을 구하는 것과 같다. 따라서 앞에서와 같은 방법으로 구하면 결과는 다음과 같다.

$$x_{\alpha+} = \mu + \sigma\sqrt{-\frac{\pi}{2}\log_e(1-(1-2\alpha^2))}$$

[측정을 통한 정규분포 곡선] 지금까지 우리는 정규분포 확률변수와 그의 분포함수에 대하여 이야기하였다. 마지막으로 지금부터는 실제로 측정을 통해 정규확률분포를 얻는 과정에 대해서 알아보자. 이를 위해 듀앙(Z. Duan) 등이 쓴 논문의 결과를 소개한다. 듀앙은 1999년 12월 1일 하루 24시간 동안 5분 간격으로 뉴질랜드의 오클랜드대학교(University of Auckland) 캠퍼스 내의 인터넷 액세스 링크(학교와 외부 인터넷 간의 연결 링크)상에서 학교로 들어오는 트래픽을 측정하였는데 측정 기간 동안 총 32,628,004개의 패킷을 받았다. 당연히 패킷은 시간에 따라 들어오는 양이 다르기 마련인데 주간(Day-time)을 오전 10시부터 오후 5시로 정의하고 야간(Night-time)은 저녁 7시부터 그 다음날 오전 7시로 정의하고 그 사이의 시간은 전환시간(Transition period)이라고 정의하였다.

그림 3-8은 이와 같이 정의된 시간 구간에서 측정한 초당 대역폭(단위: Mega bit per second-초당 전송된 비트의 수를 10^6 단위로 표시함)을 그림으로 나타낸 것이

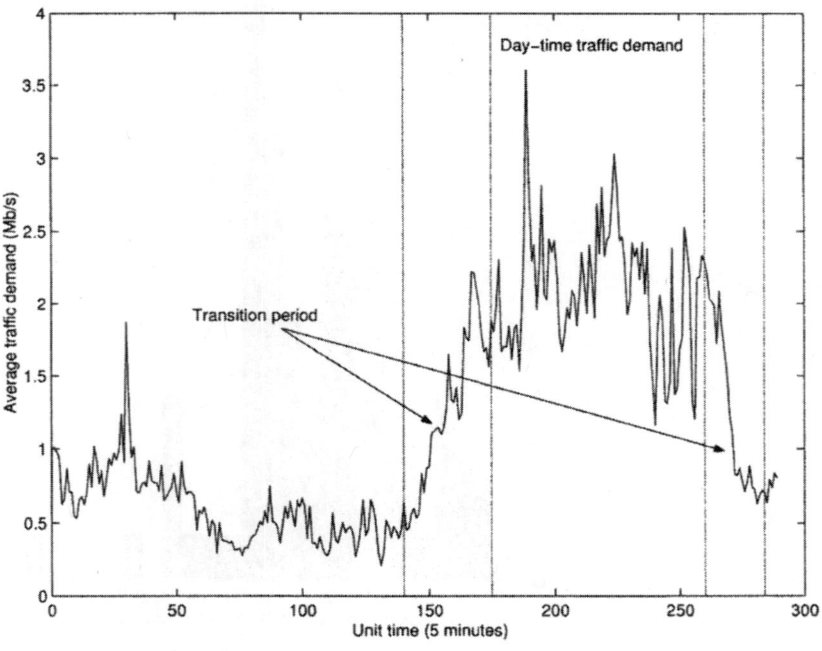

그림 3-8 오클랜드대학 인터넷 링크 대역폭사용량[Duan 등의 논문에서 발췌]

다. 그림 3-8에서 시간에 따라 변화하는 트래픽의 양은 측정단위인 5분 동안 들어온 트래픽 양을 다시 5분으로 나누면 초당 사용대역량을 계산할 수 있는데, 24시간은 5분짜리 측정단위가 288개이므로 단위시간이 288까지 나타나 있다. 그림 3-8에서 가로축의 시간단위(Unit time)는 1, 2, … 과 같이 이산적으로 변하며 그 순간의 초당 평균 사용대역량(Average traffic demand, 이를 ATD라고 하기도 한다)이 세로축에 나타냈는데 주간에는 평균 2.1Mbps, 야간에는 평균 0.6Mbps의 대역폭을 사용하였다.

그런데 우리는 그림 3-8만 보아서는 링크의 사용량이 정규분포를 따른다는 것을 알 수 없다. 다만 알 수 있는 것은 대역사용량이 주간과 야간에 아주 다르다는 것과 대역폭 사용량은 0.2Mbps 이상 4Mbps 이하라는 것이다.

그림 3-8에서 매 관측순간의 ATD의 값을 보면 서로 다른 관측지점에서 같은 값을 가지는 지점이 여러 곳 있음을 알 수 있다. 가령, 그림 3-8에서 ATD가 0.75Mbps인 지점은 하루 중 대략 10번 나옴을 알 수 있다. 그리고 주간에는 한 번도 나오지 않음도 알 수 있다. 그리고 3.5Mbps인 지점은 야간에는 나오지 않고 주간에 한 번

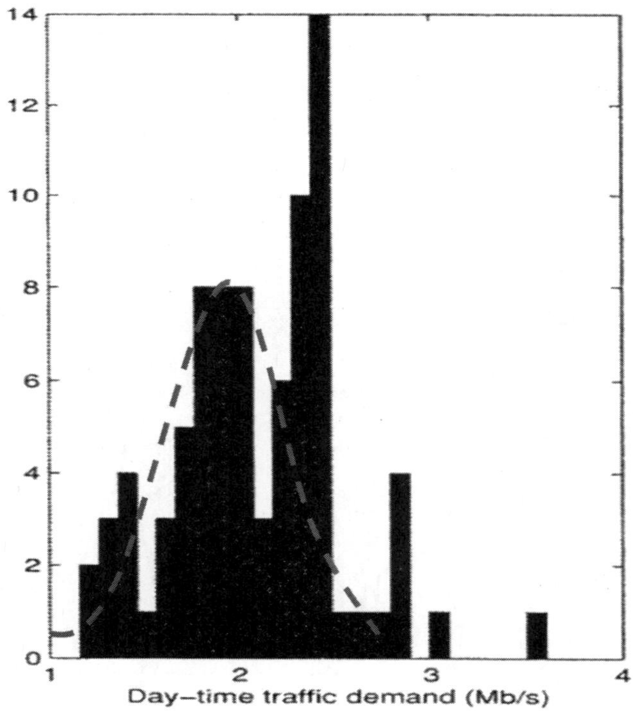

그림 3-9 오클랜드대학 인터넷 링크 주간 대역폭 사용량 빈도[Duan 등의 논문에서 발췌]

나옴을 알 수 있다. 이와 같이 트래픽의 양을 적당한 시간단위로 구분하고 각각에 대한 출현빈도를 나타내면 우리는 링크의 사용량에 대한 분포를 얻을 수 있다.

한편, 네트워크 설계에 있어서 가장 중요한 점은 트래픽이 많이 발생하는 최악의 경우를 고려하는 것이다. 즉, 네트워크가 가장 붐비는 시간대를 알아내서 그때를 대비할 수 있는 네트워크의 규모를 설계하는 것이다. 이때 주로 사용하는 데이터는 하루 중 **최번시**(最繁時, Busy Hour, 하루 중에서 트래픽의 양이 가장 큰 한 시간 구간)의 트래픽량의 평균이다. 그림 3-8에서 주간에 최번시가 들어있는데 주간중 발생한 모든 트래픽에 대하여 특정 대역폭에 대하여 발생빈도를 합하여 그래프로 나타낸 것이 그림 3-9이다. 이때 대역폭의 크기(이를 Bin size라고 부른다)는 0.1Mbps를 단위로 분류하였다.

그림 3-9에서 가로축인 트래픽 사용량 ATD는 0에서 4Mbps까지이고 그의 빈도가 세로축에 나타나 있는데 빈도가 주간 대역폭 사용량 평균치인 2.1Mbps 주변에 많이 몰려있고 좌우로 갈수록 줄어드는 것을 볼 수 있는데, 이것이 바로 정규분포 확률함수의 가장 특징적인 모습이다. 다만, 그림 3-9에서 2.5Mbps 근처에 우뚝 솟은 한 개의 막대와 3Mbps 이후의 갑작스런 공백이 조금 눈에 거슬리기는 하지만 여기서 우리는 통계학의 스킬을 이용하여 데이터에 대해 약간의 가공[8]을 하면 그림 3-9에서 표시한 점선과 같이 대역폭의 사용량에 대한 빈도는 정규분포곡선에 가깝다.

2) 이산확률변수

이산확률변수(離散確率變數, Discrete random variable)는 확률변수가 가지는 값이 이산치(離散値, Discrete value)인 확률변수이다. 즉, 확률변수가 가질 수 있는 값이 유한한 범위에서 셀 수 있는 정수이거나 그와 유사한 방법으로 표시 가능한 변수를 말한다. 이산확률변수는 다음과 같은 특징을 가진다.

① 이산확률변수의 분포함수는 점단위(Point-wise) 확률의 합으로 계산된다. 왜냐하면 확률변수가 가질 수 있는 값이 정수이기 때문이다. 즉, 확률분포함수 $F(x)$에 대해서 다음 식이 성립한다.

$$F(x) = P(X \le x) = \sum_{x_i \le x} p(x_i),\ \text{단 } p(x_i)\text{는 } X = x_i\text{일 확률}$$

8 여기 분명히 해둘 것은 이것은 데이터의 조작은 아니다. 데이터의 조작은 자신이 바라는 데이터가 나오지 않을 때 데이터를 만들어내는 것을 말한다. 데이터의 가공은 전체적으로 특정패턴을 보이는 데이터 가운데서 특이한 극히 일부분의 데이터를 무시하는 것이다!

② 이산확률변수 X가 x의 값을 가질 확률, 즉 확률질량함수 $p(x)$는 다음과 같다.

$$p(x) = P(X = x) = F(x) - F(x^-) \geq 0$$

여기서 이산확률변수의 질량함수는 0이 아님을 주의하자!

③ 이산확률변수의 구간확률은 연속확률변수와 같은 방법으로 구한다. 즉, 다음의 관계식이 성립한다.

$$P(x_1 < X \leq x_2) = F(x_2) - F(x_1)$$

한편, $P(x_1 < X \leq x_2) = F(x_2) - F({x_1}^-)$임도 유의하자.

우리 주변에서 가장 널리 사용되는 이산확률변수의 분포는 균등분포, 이항분포, 기하분포와 푸아송분포 등인데, 이들 네 가지 분포에 대해서 알아본다.

(1) 균등분포

앞에서 연속확률변수에 대해서 정의되는 균등확률변수는 확률변수가 가질 수 있는 값이 실수로 정의되며 구간 내 모든 변수에 대하여 같은 확률밀도함수를 가지는 변수라고 정의한 바 있다.

반면에 이산확률변수에 대해서는 확률변수가 가질 수 있는 값이 정수 혹은 이산적인 변수로 정의되며 정의하는 구간 내에서 각 값에 대하여 모두 같은 확률을 가지는 확률변수라고 정의한다.

우리 주변에서 균등분포를 따르는 이산확률변수의 가장 간단한 예는 동전 던지기에서 앞면과 뒷면이 나올 사건 혹은 주사위를 던졌을 때 특정한 면이 나올 사건과 같은 것이다. 확률변수 X가 주사위 던지기의 결과 얻어지는 눈의 값이라고 할 때 X는 1과 6사이의 정수 값을 가지며, 이때 확률질량함수는 모든 값에 대해 균등하게 1/6이다.

균등확률변수는 다음과 같이 정의한다.

> 확률변수 X가 유한한 집합 $\{x_1, x_2, \cdots, x_N\}$ 내의 값을 가질 때 $X = x_i,\ i = 1,\ 2,\ \cdots,\ N$일 확률(확률질량함수 $p(x_i)$)은 $p(x_i) = 1/N$이다.

문제 3.16

두 개의 주사위를 던지는 실험에서 얻는 두 눈의 수의 합을 X라고 할 때 다음 물음에 답하라.

(1) 두 눈의 수의 합에 대한 확률질량함수 $p(x)$를 구하고 그래프를 그려라.
(2) 두 눈의 수의 합에 대한 분포함수 $F(x)$의 그래프를 그려라.

(2) 이항분포

이항분포(二項分布, Binomial distribution)는 버누이 시행의 결과 얻어지는 확률분포이다. 따라서 먼저 **버누이 시행**(Bernoulli trial)에 대해 설명하고 이항분포를 정의한다.

James Bernoulli

[버누이 시행] 버누이 시행은 스위스의 수학자 제임스 버누이[9](James Bernoulli, 1654-1705, 원래 이름은 Jacob인데 James 혹은 Jacques라고 불림)라는 사람이 고안하였다. 버누이 시행은 같은 확률 실험을 여러 번 시행할 때 매번 시행하는 확률 실험이 상호독립이고 각 실험의 결과가 두 가지 사건으로 표시되는 표본공간을 가진다.

버누이 시행의 가장 쉬운 예로는 동전 던지기를 하였을 때 동전의 앞면과 뒷면이 나오는 사건 혹은 구슬놀이에서 홀수 혹은 짝수 맞추기 등이다. 동전 던지기에서 앞면과 뒷면이 나올 확률은 0.5이다. 그러나 구슬놀이에서는 구슬을 쥔 사람이 상대방의 부르는 패턴을 학습하면서 양손에 쥐는 구슬의 개수를 조작할 수 있으므로 홀과 짝이 나올 확률은 0.5라는 보장이 없다. 물론 아무 생각없이 많은 수의 구슬을 대충 나누어서 내미는 사람은 수도 없이 반복실험을 하다 보면 홀수와 짝수가 나올 확률은 같다.

이번에는 중매결혼(사실 요즘도 중매결혼을 하는 사람이 있는지 모르겠지만 소개팅이라고 생각해도 무방하다)에 대해서 생각해보자. 서로 모르는 미혼 남녀가 맞선을 보아서 결혼에 성공할 확률이 p라고 한다면 성공하지 못할 확률은 $1-p$이다. 이에 대해 두 가지 사건을 각각 o와 x로 표시하면 확률변수와 확률질량함수는 다음과 같다.

맞선 결과	확률변수	확률질량함수
결혼 성공	o	p
결혼 실패	x	$1-p$

9 "베르누이"는 일본사람들이 부르는 방식인데 우리도 그대로 따라 부른 것이고, 미국이나 유럽 사람들은 "버누이"라고 발음을 한다. 한편, 스위스 본토 사람들은 어떻게 부를까? 필자의 짧은 프랑스어 실력으로 볼 때 아마도 "베흐누이"가 아닐까 싶다. 다만, '흐'는 약하게 콧소리 내야 하고… 하여간 우리나라만 빼고는 모두 자기의 입장에서 부른다. 그래서 나는 국제적으로 널리 통용되는 '버누이'로 부른다. 단, "베르노울리"라고 발음을 하지는 말자!!^^. 이건 아니다.

[이항분포] 윷가락 하나를 던져서 평면에는 0을 할당하고 곡면에는 1을 할당한다고 하자. 이 경우 0과 1이 랜덤하게 나타나는데 이와 같은 실험은 버누이 시행에 해당한다. 단, 여기서 0이 나타날 확률은 p이고 1이 나타날 확률은 $1-p$이다. 물론 p의 값은 0.5일 수도 있고 아닐 수도 있는데 이에 대해서는 나중에 자세히 다루기로 한다.

버누이 시행을 n번 반복하였을 때 우리가 관심을 가지는 문제로서 0이 나온 횟수가 k번일 확률이 얼마인지 구해보자. 확률변수 X를 n번 시행한 윷가락 던지기에서 0이 나올 횟수라고 하자. 그러면 X가 가질 수 있는 값의 범위는 0부터 n까지이다. 여기서 우리의 관심은 0이 나온 횟수가 k일 확률이 얼마인지를 알아보는 것이다.

이를 위해 임의의 i(단, $i=1,\ 2,\ \cdots,\ n$)번째 관측시점에서 X가 가지는 값을 A_i라고 두자. 그리고 i번째 관측에서 0 혹은 1이 나올 사건을 각각 Z_i와 O_i라고 하자. 즉 모든 i에 대하여 A_i는 Z_i와 O_i 중의 한 값을 가지게 된다.

한편, n번의 결과를 관찰하였을 때 각 관측 결과는 상호독립이므로 전체 실험 결과의 확률을 다음과 같이 나타내기로 한다.

$$P\{A_1,\ A_2,\ \cdots,\ A_n\}=P\{A_1\}P\{A_2\}\cdots\ P\{A_n\}$$

이때 총 n번의 관측에서 0을 k번 관측할 경우는 전체 n번의 관측 중에서 0이 k번 관측되고 나머지 $n-k$번은 1이 관측되는 경우이므로 위의 식은 다음과 같다.

$$P\{n\text{번의 관측에서 단순하게 0이 }k\text{번 나옴}\}=p^k(1-p)^{n-k}$$

그런데 n번 던진 윷가락 중에서 평면이 나온 k개의 윷을 선택하는 조합의 수인 ${}_nC_k$를 고려하면 결국 n번 관측에서 0이 k번 나올 확률(이것을 $p(n,k,p)$라고 나타내자)은 다음과 같다.

$$P\{n\text{번의 관측에서 }k\text{번 0이 나옴}\}=P(n,k,p)={}_nC_k\,p^k(1-p)^{n-k}$$

일반적으로 확률변수가 이항분포를 따른다고 할 때 그 확률변수를 $X\sim B(n,p)$와 같이 표시한다.

이항분포를 이용하여 확률을 계산할 수 있는 가장 대표적인 것이 윷놀이에서 도, 개, 걸, 윷, 모가 나올 확률이다. 우리는 보통 나무로 된 윷을 가지고 윷놀이를 하지만 사실은 동전 네 개만 있으면 윷놀이가 가능하다.

예제 3.10

100원짜리 동전 네 개를 이용하여 윷놀이를 한다. 이때 도, 개, 걸, 윷, 모 중에서 나올 확률이 높은 순서대로 나열하라.

[풀이] 동전에서 앞면과 뒷면이 나올 확률이 같으므로 $p=1-p=0.5$이다. 그리고 동전의 앞면을 윷의 면이 평평한 것으로 생각하고 뒷면을 볼록한 면이라고 생각하면 도, 개, 걸, 윷, 모가 나올 확률은 각각 다음과 같다.

도 : 앞면이 하나 뒷면이 3개 나옴 → $P\{\text{도}\}=\binom{4}{3}\left(\frac{1}{2}\right)^4=\frac{1}{4}$

개 : 앞면과 뒷면이 각각 2개 나옴 → $P\{\text{개}\}=\binom{4}{2}\left(\frac{1}{2}\right)^4=\frac{6}{16}=\frac{3}{8}$

걸 : 앞면이 3개 뒷면이 1개 나옴 → $P\{\text{걸}\}=\binom{4}{1}\left(\frac{1}{2}\right)^4=\frac{1}{4}$

윷 : 모두 앞면이 나옴 → $P\{\text{윷}\}=\binom{4}{0}\left(\frac{1}{2}\right)^4=\frac{1}{16}$

모 : 모두 뒷면이 나옴 → $P\{\text{모}\}=\binom{4}{4}\left(\frac{1}{2}\right)^4=\frac{1}{16}$

위의 결과를 바탕으로 나올 확률이 높은 순서대로 나열하면 개가 나올 확률이 가장 높고 그 다음으로 도와 걸이 나올 확률이 같은 값을 가지며, 마지막으로 가장 나오기 어려운 경우는 윷과 모이다. 물론 윷과 모는 나올 확률이 같다. 즉, 가장 빈번히 나올 사건은 다음과 같은 순서이다(비교를 위하여 분모를 통일함).

1등 : 개(6/16)
2등 : 도와 걸(둘 다 4/16)
3등 : 윷과 모(둘 다 1/16)

필자가 수업시간에 학생들에게 주사위 던지는 실험과 관련된 숙제를 내었는데 강의를 들은 30명의 학생 중 29명의 학생은 윷의 평면과 곡면이 나올 확률을 0.5로 가정하여 숙제를 잘(?) 풀었는데 유독 한 학생만이 평면과 곡면이 나올 확률을 0.6 대 0.4로 가정하여 숙제를 해왔다. 그래서 필자는 속으로 '이런 독창적인 학생이 있나?'라는 생각으로 그 학생에게 이유를 물었더니 자신이 찾아본 바로는 우리나라에 있는 주사위를 던져서 실험을 하면 평면과 곡면이 나올 확률이 0.6대 0.4이기 때문에 자신은 그렇게 풀었다고 하였다.

'앗!! 이런 이런 일이?' 필자는 그 학생에게 근거가 되는 자료를 제출하면 숙제도 맞다고 해줄 뿐만 아니라 보너스 점수도 주겠다고 하였다. 다음 수업시간에 그 학생은 동아 사이언스 인터넷판에 실린 관련 기사와 함께 학회저널에 실린 논문을 한

부 제출하였다. 거기에는 필자가 궁금해하던 문제에 대하여 명쾌한 설명이 있었다! 당연히 필자는 그 학생에게 숙제도 맞다고 해주었을 뿐만 아니라 보너스 점수도 듬뿍 주었다.

필자의 제자가 제출한 자료에 따르면 1995년 고려대학교 통계학과 허명회교수가 완전한 반원이 아닌 우리나라의 윷의 모양을 고려한 평면과 곡면이 나올 확률을 구하였는데 그 결과 평면과 곡면이 나올 확률이 0.6대 0.4였다. 즉, 윷은 곡면보다는 평면쪽으로 더 잘 나온다는 것이다! 그리고 이 가정으로 도, 개, 걸, 윷, 모의 각 사건이 나올 확률을 구해보면 걸-개-윷-도-모의 순으로 사건이 나올 확률이 크다는 결론을 내렸다고 한다.

위의 사실을 확인해보기 위해 필자가 직접 계산을 해보았더니 고려대학교 팀이 제시한 위의 걸-개-윷-도-모의 순서마저도 사실과 틀렸을 뿐만 아니라 확률이 같은 경우도 있었다! 여러분은 순서가 어떻게 되는지 궁금하지 않은가? 다음 문제를 풀면서 확인해보자.

문제 3.17

윷놀이에서 다음 물음에 답하라.

(1) 평면과 곡면이 나올 확률이 0.6대 0.4일 때 도, 개, 걸, 윷, 모에 대해서 가장 많이 나올 순서대로 나열하라.

(2) 평면과 곡면이 나올 확률이 0.4대 0.6일 때 도, 개, 걸, 윷, 모에 대해서 가장 많이 나올 순서대로 나열하라.

한편, 김미경, 허명회 등은 윷의 평면을 깎은 모양을 수학적으로 모형화하여 평면과 곡면이 나오는 확률의 관계를 연구하였는데 그들의 연구에 의하면 윷의 단면의 한 끝과 원의 중점이 이루는 각도에 따라 윷의 평면이 나올 확률이 정해짐을 알아냈다. 그리고 박진경, 박홍선 등은 우리나라에서 팔고 있는 대부분의 윷은 평면이 나올 확률이 0.5와 0.6의 사이의 값을 가지며 평면이 나올 확률이 0.5에 가까울수록 '개'가 '걸'보다 빈번하게 출현한다는 것을 알아냈다. 그리고 윷의 모양이 곡면이 넓은 모양으로 갈수록 곡면이 나올 확률은 0.6에 근접한다. 이 경우에는 '걸'의 빈도수가 '개'의 빈도수보다 더 많아진다. 결국 윷놀이에서 어느 말이 더 많이 나올지는 윷의 모양에 따라 달라진다.

한편, 필자는 이 책을 쓰면서 윷말이 달리는 칸의 수에 대하여 도무지 논리가 타당하지 않음에 의문을 가졌는데 가령, 도, 개, 걸, 윷, 모에 대하여 평면과 곡면이 나올 확률이 같을 경우 개가 나올 확률이 가장 높고 도와 걸이 그 다음으로 높은데 왜 윷말은 도가 가장 적게 달리도록 하였는지, 그리고 걸은 나올 확률이 도와 같은데 또 왜 윷말을 세 칸이나 보내게 한 것인지 궁금했다. 그리고 또 윷과 모는 나올 확률이 같은데 왜 모가 윷보다 한 칸 더 멀리 달리도록 하였는지도 궁금했다.

오히려 '윷놀이'라는 이름에서 볼 수 있듯이 '윷'이 주인인데 왜 모가 윷보다 더 좋은 대접을 받는 것일까?

필자의 의문은 동아 사이언스에 실린 '윷놀이 말 놀음 필승 전략'에 설명되어 있었는데 윷놀이는 우리나라에서 삼국시대 이전부터 정월 초하루부터 보름까지 즐겨 행해지는 고유의 민속놀이였다. 부여 시대에 다섯 종류의 가축(돼지, 개, 양, 소, 말)을 다섯 부락에 연초에 같은 수로 나누어 주고 각 부족이 그 가축을 1년 동안 키워서 식구를 가장 많이 늘린 부족에게 상을 주었다. 이때 돼지, 개, 양, 소, 말을 각각, 도, 개, 걸, 윷, 모에 비유시킨 것이다.

한편, 윷말이 한 번에 움직이는 거리를 정하는 기준으로는 동물 몸의 크기를 가지고 정했다. 즉, 다섯 동물의 몸의 크기를 비교해보면 말-소-양-돼지-개 순이고 몸집이 큰 동물이 다리 또한 길었으므로 걷는 속도가 빠를 수밖에 없었다. 그런데 유독 돼지만은 몸집이 큼에도 불구하고 개보다 걷는 속도가 느려서 돼지를 개의 뒤로 보냈다.

문제 3.18

어떤 네트워크 라우터에 고객이 n명 연결되어 있다. 임의의 관측기간 동안(가령, 5초 또는 1분) 각 고객이 패킷을 발생시킬 사건은 확률 p인 이항분포를 따른다. $n=10$이고 $p=0.1$이라 할 때 다음의 물음에 답하라.

(1) 관측시점에 2개의 패킷이 발생될 확률을 구하라.
(2) 관측시점에 많아 봐야 5개의 패킷이 발생될 확률을 구하라.
(3) 관측시점에 최소한 3개의 패킷이 발생될 확률을 구하라.
(4) 관측시점에 발생된 패킷이 2개보다 적을 확률을 구하라.
(5) 관측시점에 발생된 패킷이 9개보다 많을 확률을 구하라.

문제 3.19

이항분포를 따르는 확률변수 $X \sim B(n,p)$에서 확률질량함수의 값이 최대일 확률변수 X의 값은 얼마인가?

이항분포를 마무리하면서 한 가지만 더 이야기한다. 이항분포함수는 그 함수가 가지고 있는 특성상 시행횟수 n이 큰 경우에 계산이 곤란하다. 즉, 확률질량함수 $P(n,k,p) = {}_nC_k\, p^k (1-p)^{n-k}$에서 n이 클 경우 ${}_nC_k$(단, ${}_nC_k = \dfrac{n!}{k!(n-k)!}$)를 계산할 때 팩토리얼의 계산에 어려움이 있기 때문이다.

그래서 아래의 어느 한 조건이 만족될 경우 이항분포함수 $B(n,p)$는 정규분포함수 $N(np, npq)$(단, $q = 1-p$이며, np는 평균치이고, npq는 분산)로 근사해서 계산하는 것이 편하다. 즉, $P(n,k,p)$는 다음과 같이 근사식으로 표시할 수 있다.

$$P(n,k,p) = {}_nC_k\, p^k q^{n-k} \cong \frac{1}{\sqrt{2\pi npq}} e^{-\frac{(k-np)^2}{2npq}}$$

단, 이항분포를 정규분포로 근사할 수 있는 조건(아래의 세 조건 중 어느 하나라도 만족하면 성립함)은 다음과 같다.

- $\text{Min}(np, nq) > 10$
- $0.1 < p < 0.9$이고, $npq > 5$
- $npq > 25$

한편, 정규분포함수에 대해서 확률밀도함수나 분포함수는 앞에서 공부한 바와 같이 계산을 따로 할 필요가 없고 표준정규분포를 참조하면 쉽게 계산할 수 있다. 이것도 이항분포를 정규분포로 근사하는 한 가지 이유이기도 하다.

[음이항분포함수] 이항분포를 공부하면서 알아두면 도움이 되는 확률분포함수로서 **음이항분포**(陰二項分布, Negative binomial distribution)함수가 있다. 성공확률이 p인 버누이 시행에서 매 시행마다 실험의 결과가 독립이므로 각 시행에서 성공할 확률은 p이고 실패할 확률은 $1-p$이다.

이때 k번 성공하기 위해서 필요한 시행의 횟수를 확률변수 X로 두자. $X = n$이라고 함은 $n-1$번의 시행 중 $k-1$번을 성공한 후 마지막 n번째에 성공하여 결국은 n번째 되는 시행에서 성공한 총 횟수가 k가 되어야 한다.

위와 같은 상황을 확률로 나타내면 다음과 같다.

$$P\{X = n\} = {}_{n-1}C_{k-1}\, p^{k-1}(1-p)^{n-k} p = {}_{n-1}C_{k-1} p^k (1-p)^{n-k}$$

위의 확률밀도함수를 음이항 확률밀도함수라고 한다.

예제 3.11

어떤 사람이 농구장에 자유투를 하려고 갔다. 그런데 그는 골을 10번 넣지 않으면 집에 가지 않으려는 야무진 결심을 했다. 그런데 문제는 그가 공을 던져서 골을 넣을 확률이 10%밖에 안 된다는 것에 있다. 그가 목표를 달성하기 위해서 공을 100번이나 던져야 할 확률은 얼마일까?

[풀이] 위의 공식에서 $n=100,\ k=10$일 경우이며 그 확률은 다음과 같다.

$$P\{X=100\}={}_{99}C_9\,0.1^9\,0.9^{90}$$

Wow, 그런데 위의 값을 계산하는 것이 장난이 아니다. 먼저 0.9를 90번이나 제곱을 해야 하고, 앞의 조합계산도 그렇고…. 계산은 각자 해보자.

문제 3.20

A, B 두 팀이 농구를 하였는데 4쿼터까지의 득점이 같아서 자유투를 던져서 5개를 먼저 성공시키는 팀이 이기는 것으로 하였다. 자유투는 A팀이 먼저 던지는 것으로 하고 각 팀은 번갈아 가면서 공을 던진다. A, B 팀의 자유투 성공확률은 50%라고 할 때 승부가 결정난 것이 10번째일 확률은 얼마인가?

(3) 기하분포

기하분포(幾何分布, Geometric distribution)는 이항분포에서와 같이 버누이 시행을 한 결과로부터 유래한다. 가령 어느 미혼 남자가 여자와 선을 보고 난 뒤 결혼에 성공할 확률이 p라고 한다면 결혼에 성공하지 못할 확률은 $1-p$가 되는데 이때 우리가 관심을 가지는 것은 이 남자가 결혼에 성공할 때까지 선을 보아야 하는 횟수에 관한 것이다.

이 남자가 한 번 선 본 사람과는 다시 선을 보지 않는다고 가정한다면 그가 선을 보아서 결혼에 성공하는 사건은 사실 매번 독립적인 사건이므로 선을 볼 때 과거의 일이 현재에 아무런 영향을 미치지 못한다.

확률변수 X를 이 남자가 결혼에 성공할 때까지 보아야 하는 선의 횟수라 하고 $X=n$일 확률 $P\{X=n\}$을 구해보자. $X=n$이라는 것은 이 남자가 n번 선을 보았는데 $n-1$번은 결혼까지 도달하는데 실패하고 마지막 n번째 드디어 결혼에 성공하였다는 뜻이다.

이때 i번째 선을 보았을 때 결혼에 성공하는 사건을 S_i라 하고 실패하는 사건을 F_i라고 하면 위에서 이야기한 것을 집합기호로 나타내면 처음부터 $n-1$번 선을 보아서 계속 실패하고 맨 마지막인 n번째 드디어 성공한 경우이며 여기서 각 사건이 상호독립이므로 이 상황을 수식으로 표현하면 다음과 같다.

$$P\{X=n\} = P\left\{\bigcap_{i=1}^{n-1} F_i\right\} \cap P\{S_n\} = \prod_{i=1}^{n-1} P\{F_i\} P\{S_n\} = (1-p)^{n-1} p$$

위와 같이 버누이 시행을 기반으로 하는 확률실험을 할 때, 가령 성공과 실패라는 두 가지 상황이 있다고 하면, 실험에서 처음으로 성공을 하기 위해 시행해야 하는 실험의 횟수를 나타내는 확률변수를 **기하분포 확률변수**(幾何分布確率變數, Geometrically distributed random variable)라 하고 이때 **기하**(幾何)의 뜻은 "아이 참, 도대체 몇 번이나 반복을 하란 말이야?(^*^)"로 이해를 하면 물리적 의미가 더 분명할 것이다.

그렇다면 기하분포를 따르는 확률변수에 대해서 처음으로 성공하기 위해서 최소한 n번은 시행해야 할 확률(이것을 $p(n+)$로 나타내자)은 얼마일까? 이 경우는 처음부터 $n-1$번째의 시행에서는 계속 실패하다가 n번 혹은 그 이상의 시행에서 처음으로 성공할 확률과 같으므로 $p(n+) = p(n) + p(n+1) + \cdots$ 이다. 즉, 다음 식이 성립한다.

$$p(n+) = \sum_{k=n}^{\infty} p(k) = \sum_{k=n}^{\infty} q^{k-1} p = pq^{n-1} \frac{1}{1-q} = q^{n-1}, \text{ 단 } q = 1-p$$

기하분포를 따르는 확률변수의 질량함수가 파라미터 p에 대해서 어떤 동작을 하는지 알아보기 위해서 p가 0.3, 0.5, 0.7일 경우에 대해 n이 [1, 20]사이에서 변할 때 $P\{X=n\} = (1-p)^{n-1}p$의 모양을 나타낸 것이 그림 3-10의 그래프이다.

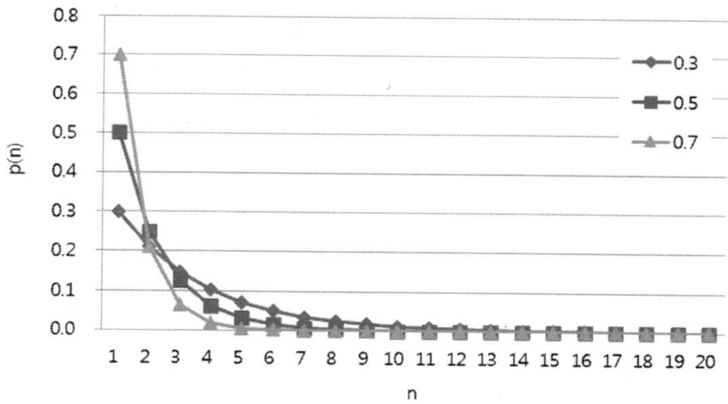

그림 3-10 기하분포 확률변수의 확률질량 함수

그림 3-10에서 보는 바와 같이 파라미터 p의 값이 클수록 작은 n에 대한 확률질량함수의 값이 크다. 반대로 p의 값이 작을수록 n이 커져도 확률질량함수의 값은 쉽게 작아지지 않는다. 즉, p의 값이 클수록 성공까지 시행해야 할 시도의 수가 작다는 의미이다.

예제 3.12

어떤 세 남자가 선을 보고 결혼에 성공할 확률이 각각 20, 50, 70%라고 한다. 그렇다면 이 세 남자가 세 번 만에 결혼에 성공할 확률은 각각 얼마인가?

[풀이] 위의 식에서 $p=0.2,\ 0.5,\ 0.7$이고 $n=3$이므로 각 남자가 세 번 만에 결혼에 성공할 확률은 각각 다음과 같다.

$p=0.2$인 경우: $P\{X=3\}=0.8^2\times 0.2=0.128$

$p=0.5$인 경우: $P\{X=3\}=0.5^3=0.125$

$p=0.7$인 경우: $P\{X=3\}=0.3^2\times 0.7=0.063$

예제 3.13

어떤 남자가 선을 보고 결혼에 성공할 확률이 1%라고 한다. 그렇다면 이 남자가 언젠가는 결혼에 성공할 확률은 얼마일까?

[풀이] 우선 직관적으로 생각하면 이 남자가 여자와 만나서 선을 보고 결혼에 성공할 확률이 1%밖에 되지 않고 또 매번 선을 보는 사건은 독립이므로 새로운 여자를 만나도 매번 성공할 확률은 1%일 것이고 따라서 도대체 결혼에 성공할 수 있을지 심히 걱정이 될지도 모른다.

그러나 이 남자가 포기하지 않고 선을 계속 본다면 결혼에 성공할 확률은 1이다. 아래를 보라.

$$P\{X<\infty\}=\sum_{n=1}^{\infty}(1-p)^{n-1}p=\frac{p}{1-(1-p)}=1$$

문제 3.21

항아리에 같은 모양의 3개의 흰 공과 2개의 검은 공이 들어있다. 그리고 끄집어 낸 공은 다시 항아리에 집어넣는다. 이때 물음에 답하라.

(1) 첫 번째 시행에서 검은 공을 끄집어 낼 확률을 구하라.

(2) 세 번째 시행에서 처음으로 검은 공을 끄집어 낼 확률을 구하라.

(3) 검은 공을 끄집어내기 위해서 최소한 3번은 시행해야 할 확률을 구하라.

[기하분포 확률변수의 무기억성] 기하분포 확률변수에도 **무기억성**(無記憶性, Memoryless property)이 있는 것으로 알려져 있다. 기하분포 확률변수 X의 무기억성은 다음과 같이 나타낸다.

$$P\{X=n+k \mid X>n\}=P\{X=k\}$$

위의 식에서 확률변수 X가 기하분포를 따를 때 성공하기 위해서 $n+1$번 이상 시도한 상황에서 최초로 성공할 때까지의 시행 횟수가 k번일 확률은 $n+1$번 이상 시행 동안의 성공 여부에 관계없이 k번 더 시행해야 한다는 것을 의미한다. 이 주장이 사실인지 증명해보자.

먼저 확률변수 X가 기하분포 확률변수일 때 처음으로 성공하기 위해 $n+1$번 이상 시도해야 할 확률은 다음과 같다.

$$P\{X>n\}=\sum_{k=n+1}^{\infty} q^{k-1}p=p\frac{q^n}{1-q}=q^n$$

그리고 이 조건에서 최초로 성공할 때까지의 시행횟수가 $n+k$일 확률은 다음과 같다.

$$P\{X=n+k \mid X>n\}=\frac{P\{X=n+k\}}{P\{X>n\}}=\frac{q^{n+k-1}p}{q^n}=q^{k-1}p$$

그런데 위 식에서 맨 우측의 식은 눈에 익숙하다. 즉, 이것이 바로 기하분포 확률변수의 pmf, 즉, $p\{X=k\}$이다. 따라서 위의 식은 다음과 같이 쓸 수 있다.

$$P\{X=n+k \mid X>n\}=P\{X=k\}$$

결국 확률변수 X가 기하분포를 따를 때 n번째까지 성공을 못한 상황에서 성공할 때까지의 총 시행횟수가 $n+k$일 확률은 그냥 실패한 과거는 잊고 처음부터 성공할 때까지 k번 시행해야 한다는 것을 의미한다. 따라서 기하분포를 따르는 확률변수는 무기억성을 가진다.

예제 3.14

어떤 장난감은 고장날 확률이 5%인 기하분포를 따른다. 그런데 이 장난감을 사서 고장 없이 10년 간을 잘 썼는데 그 뒤 1년 안에 고장날 확률은 얼마일까?

[풀이] 장난감이 고장날 확률이 0.05이므로

$$P\{X=11 \mid X>10\}=\frac{P\{X=11\}}{P\{X>10\}}=\frac{q^{10}p}{q^{10}}=p=0.05$$

문제 3.22

로또에서 1등에 당첨될 확률은 8,140,000분의 1이다. 나일등씨는 오직 로또 일등에 당첨되겠다는 일념으로 그 동안 로또를 8,139,999장이나 샀는데 한 번도 1등에 당첨되지 못하였다. 이 사람이 8,140,000장째 로또를 산다면 1등에 당첨될 확률은 얼마인가?

(4) 푸아송분포

필자는 어렸을 때 여름방학이 되면 가야산이 가까이 보이는 물 맑고 산 깊은 경북 성주의 할머니, 할아버지 댁에 가서 방학이 끝날 때까지 거기서 보내곤 하였다. 시골에서 방학의 일과는 늘 비슷하겠지만 오전에는 책을 읽거나 방학숙제를 하고 낮에는 동네 아이들과 함께 강가에서 멱을 감으며 놀고 늦은 오후에는 소를 몰고 낙동강 지류의 넓은 들판으로 나가서 해질 무렵까지 소에게 풀을 먹였다.

나는 소가 풀을 뜯어먹는 여름 오후의 지루한 시간을 강가의 나무그늘 아래에 앉아서 국도를 지나가는 차의 수를 헤아리면서 보내곤 하였다. 1970년대까지만 해도 우리나라에는 자가용이 거의 없었고 자동차가 귀하던 시절이라 시골에서 차를 보는 일은 큰 즐거움이었다. 그 당시 나는 확률분포가 무엇인지를 아직 모르던 시절이었으나 그냥 소먹이는 동안에 차가 몇 대나 지나갔는지 헤아리곤 하였다.

이와 같이 일정한 관측 시간 동안에 자신이 관심을 가지는 사건이 몇 번이나 일어날지를 알아보는 일은 여가 이상의 의미가 있는데 특히 공학적인 문제뿐만 아니라 실제 생활에 있어서 이와 같은 문제는 큰 의미를 지닌다. 가령 한 병원에 한 시간 동안 손님이 몇 명 오는지, 어느 시내버스 정류장 앞을 차가 몇 대 지나가는지, 1초 동안에 라우터[10]에 패킷이 몇 개 들어오는지 등 궁금한 일은 셀 수 없이 많다. 이와 같은 특징을 모형화하는 함수로 푸아송분포함수가 있다.

푸아송분포함수는 프랑스의 수학자 **푸아송**(Siméon Denis Poisson, 1781-1840)이 고안한 이산확률분포함수인데 임의의 연속하는 시간구간 동안 사건이 일어날 횟수에 대한 확률을 나타낼 때 유용하다.

Siméon–Denis Poisson

여기서 유의해야 할 것은 푸아송분포함수가 관측기간은 연속시간이고 사건의 발생횟수가 이산치를 가진다는 것이다.

푸아송 분포를 따르는 사건의 예로는 공장에서 매달 고장나는 기계의 대수, 하루에 가게로 물건을 사러 오는 고객의 수, 하루동안 고속도로를

10 라우터(Router)는 인터넷 데이터를 전송하는 장치이다.

지나가는 차량의 대수, 또는 그 고속도로에서 일어나는 자동차 사고의 수, 그리고 인터넷에서 1시간 동안 라우터로 들어온 패킷의 수 등 특정한 시간 동안에 일어나는 사건의 수를 모형화하는데 아주 유용한 확률분포함수로서 물리적으로 의미가 큰 함수이다.

이와 같이 활용범위가 넓은 푸아송분포함수를 정의하기 위해서는 다음과 같은 두 가지 가정이 필요하다.

가정 1 : 임의의 시간 구간에서 사건의 발생은 다른 시간 구간에서 발생한 사건과 상호독립이다.

가정 2 : 임의의 충분히 작은 시간 구간 $\Delta t \to 0$에서 사건은 오직 한 번만 일어나며[11] 그때의 확률은 $p = \lambda \Delta t$이다. 단, 여기서 λ는 긴 시간을 단위로 하였을 때 사건의 평균 발생률이다. 이 가정으로부터 알 수 있는 사실은 시간 구간 Δt 동안 사건이 일어나지 않을 확률 q는 $q = 1 - p$이다. 따라서 이 사건은 버누이 과정을 따른다.

먼저 임의의 시간 구간 $[0,t]$ 동안 k개의 사건이 일어날 확률을 $P(k,t)$라고 하자. 이때 시간 $[0,t+\Delta t]$ 동안에 사건이 하나도 일어나지 않을 확률 $P(0,t+\Delta t)$는 다음과 같다.

$$P(0,t+\Delta t) = P\{(0,t) \text{ 동안에 사건이 하나도 일어나지 않고 } (t,t+\Delta t) \text{ 동안에도 사건이 하나도 일어나지 않음}\}$$

이때 서로 다른 시간 구간에서 사건이 일어날 경우 이들은 상호독립이므로 위의 식을 구간별로 독립적인 확률로 구할 수 있다. 따라서 위의 식은 다음과 같이 표현이 가능하다.

$$P(0,t+\Delta t) = P\{(0,t) \text{ 동안에 사건이 하나도 일어나지 않음}\} \times P\{(t,t+\Delta t) \text{ 동안에도 사건이 하나도 일어나지 않음}\}$$

먼저 위 등식의 우측 항에 대해서 생각해 보자. $P\{(0,t)$ 동안에 사건이 하나도 일어나지 않음$\}$은 $P(0,t)$이고, $P\{(t,t+\Delta t)$ 동안에도 사건이 하나도 일어나지 않음$\}$은 q이므로 위의 등식을 다음과 같이 나타낼 수 있다.

11 최근 세계육상선수권대회에서 선수들의 기량 너무 비슷해서 결승점을 통과한 순서를 초고속 연속촬영 카메라로 판독하여 1,000분의 1초의 단위로 1등을 가리는 일과 같이 시간단위를 쪼개면 어떻게든 어느 순간에 하나의 사건만 일어난다!

$$P(0,t+\Delta t) = P(0,t)q = P(0,t)(1-\lambda\Delta t)$$

위의 식에서 맨 좌측의 항과 맨 우측의 항을 좌우로 정리하여 다음과 같이 바꾸어 쓰기로 한다.

$$\frac{P(0,t+\Delta t) - P(0,t)}{\Delta t} = \lambda P(0,t),\ t \geq 0$$

여기서 $\Delta t \to 0$에 대하여 위의 식은 다음과 같은 미분방정식으로 귀결된다.

$$\frac{d}{dt}P(0,t) = -\lambda P(0,t)$$

위의 식은 1계 미분방정식이므로 위에서 $P(0,t)$를 왼쪽으로 넘겨서 양변을 적분하면 다음의 결과를 얻는다.

$$\text{Log}\, P(0,t) = -\lambda t + C$$

이번에는 위의 식에 대해 양변에 지수함수를 가하면 다음의 결과를 얻는다.

$$P(0,t) = e^{-\lambda t + C} = Ae^{-\lambda t},\ \text{단}\ A = e^{C}$$

이제 위의 식에서 남은 일은 A를 구하는 것이다. 한편, 미분방정식에서 계수는 초기 조건으로부터 구하는데 관측하는 시간 구간이 0인 경우에서는 사건이 일어나지 않을 확률이 1이라는 사실로부터 $P(0,0) = 1$이다. 따라서 위의 마지막 식은 다음과 같다.

$$P(0,t) = e^{-\lambda t}$$

이번에는 시간 구간 $[0,t+\Delta t]$동안에 k개의 사건이 일어날 확률을 구하자. $t+\Delta t$시간 동안에 k개의 사건이 일어날 확률을 $P(k,t+\Delta t)$라고 하면 그 확률은 두 가지 경우로 나누어 생각할 수 있는데, 다음과 같다.

첫 번째는 t시간 동안에 k개의 사건이 일어나고 나머지 Δt시간 동안에 사건이 일어나지 않을 경우

두 번째는 시간 t 동안에 $k-1$개의 사건이 일어나고 나머지 Δt 동안에 사건이 한 번 일어날 경우

위의 두 가지 경우를 고려한 확률은 다음과 같다.

$$P(k,t+\Delta t) = P(k,t)q + P(k-1,t)p = P(k,t)(1-\lambda\Delta t) + P(k-1,t)\lambda\Delta t$$

앞의 식에서 좌우항을 정리하면 다음과 같은 식을 얻을 수 있다.

$$\frac{P(k,t+\Delta t)-P(k,t)}{\Delta t}=-\lambda P(k,t)+\lambda P(k-1,t)$$

$\Delta t \to 0$에 대하여 위의 식은 다음과 같은 미분방정식으로 귀결된다.

$$\frac{d}{dt}P(k,t)+\lambda P(k,t)=\lambda P(k-1,t)$$

위의 미분방정식을 풀기 위해 다음의 초기 조건을 생각한다. 즉, 관측 시간 구간 0 동안에 k개의 사건이 일어날 확률은 0이라는 사실로부터 다음의 결과를 얻는다.

$$P(k,0)=0$$

먼저 $k=1$일 경우를 생각하자. 그러면 위의 방정식 $\frac{d}{dt}P(k,t)+\lambda P(k,t)=\lambda P(k-1,t)$은 다음의 식으로 나타낼 수 있다.

$$\frac{dP(1,t)}{dt}+\lambda P(1,t)=\lambda P(0,t)$$

위의 미분방정식은 **일반해**(一般解, Homogeneous solution, 그 해를 $P_h(1,\ t)$로 표시함)와 **특별해**(特別解, Particular solution, 그 해를 $P_P(1,\ t)$로 표시함)의 두 개의 해를 가진다. 즉, 위의 방정식의 해는 다음과 같이 표기할 수 있다.

$$P(1,t)=P_h(1,t)+P_P(1,t)$$

먼저 일반해는 다음의 식을 만족한다.

$$\frac{dP_h(1,t)}{dt}+\lambda P_h(1,t)=0$$

위의 방정식의 해는 다음과 같다.

$$P_h(1,t)=0$$

한편, 특별해는 방정식 $\frac{dP(1,t)}{dt}+\lambda P(1,t)=\lambda P(0,t)$에서 우항의 영향을 받는 해로서 다음과 같다.

$$P_P(1,t)=\int_0^t \exp[-\lambda(t-\tau)]\lambda\exp[-\lambda\tau]d\tau=\lambda te^{-\lambda t}$$

결국 $P(1,t)$는 다음의 식으로 나타낼 수 있다.

$$P(1,t) = \lambda t e^{-\lambda t}$$

위와 같은 방법을 반복하여 k가 2인 경우에도 미분방정식의 해를 얻을 수 있고 그 결과는 다음과 같다.

$$P(2,t) = \frac{(\lambda t)^2}{2} e^{-\lambda t}$$

같은 방법으로 k가 2보다 큰 경우에도 미분방정식의 해를 얻을 수 있으며 임의의 k에 대하여 그 결과는 다음과 같다.

$$P(k,t) = \frac{(\lambda t)^k}{k!} e^{-\lambda t}$$

위의 식은 고안한 사람의 이름을 따서 **푸아송분포**(Poisson disdistribution)의 확률질량함수라고 한다.

위의 식에서 한 가지 알아두면 편리한 사항으로서 확률질량함수를 구할 때 관측기간인 t에 대하여 비교적 자유로운 설정이 가능하다는 것이다. 즉, 관측시간을 1초, 1분, 혹은 1시간이나 하루로 가정하면 t의 값이 1로 **정규화**(Normalization)되어서 확률질량함수가 다음과 같이 보다 더 간단하게 표시될 수 있다.

$$P(k) = \frac{\lambda^k}{k!} e^{-\lambda}$$

푸아송분포는 일정한 시간 간격 동안 일어난 사건의 수에 대한 확률을 계산하기에 편한 이유로 주변의 거의 모든 물리적 현상에서 사용되고 있으나, 특히 네트워크 모델링에서는 단골 손님으로 등장하는 확률질량함수이다. 즉, 대규모 네트워크에 대하여 충분히 큰 규모의 가입자를 수용하는 스위치(교환기)나 인터넷 라우터로 들어오는 호(Call)의 수나 패킷(Packet)의 수를 모델링할 때 아주 유용한 확률함수로 널리 알려져 있다.

푸아송분포가 파라미터 λ와 k의 값에 따라 어떠한 동작을 하는지 알아보기 위해 $\lambda=1$, 2, 3인 경우를 가정하여 $k=[0, 20]$에 대하여 $p(k)$를 그린 것이 그림 3-11의 그래프이다.

그림 3-11에서 볼 수 있는 바와 같이 λ의 값이 작을수록 $p(k)$는 작은 k값에 대하여 확률질량함수의 값이 커지며 그래프도 왼쪽으로 쏠리게 된다. 반대로 λ의 값이

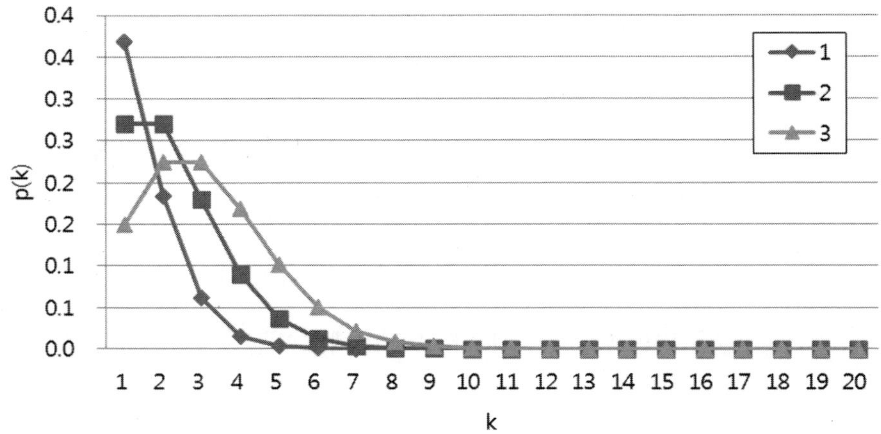

그림 3-11 푸아송 분포를 따르는 확률변수의 확률질량 함수

클수록 $p(k)$는 큰 k에 대한 확률질량함수의 값이 커지며 그래프가 오른쪽으로 쏠리게 된다.

예제 3.15

창원시에 있는 경상남도 도청 앞을 지나가는 시내버스의 수는 1분에 평균 5대인 푸아송 분포를 따른다. 어느 날 도청 앞에 서서 1분 동안 지나가는 버스의 수를 관찰하였을 때 지나간 버스의 수가 5대 이상일 확률은 얼마인가?

[풀이] 버스의 평균 도착률이 1분당 5대이므로 $\lambda=5$이다. 1분 동안 지나가는 버스의 수를 관찰하였을 때 지나간 버스의 수가 5대 이상일 확률은 전체 확률에서 버스가 지나갈 확률이 4대 이하일 확률을 빼면 되므로 그 결과는 다음과 같다.

$$P\{1\text{분 동안 지나간 버스의 수가 5대 이상}\}=1-\sum_{k=0}^{4}\frac{5^k}{k!}e^{-5}$$

문제 3.23

어떤 사람의 PC에 들어오는 메일의 수는 1시간 동안 평균 60개인 푸아송분포를 따른다. 이때 다음 물음에 답하라.

(1) 5분 동안에 단 한 개의 이메일도 도착하지 않을 확률은 얼마인가?

(2) 1분 동안에 3건 이상의 이메일이 도착할 확률은 얼마인가?

문제 3.24

평균 도착률이 λ인 푸아송분포를 따르는 확률변수는 그 변수의 값이 얼마일 때 확률이 최대인가?

3) 긴 꼬리분포 확률변수

우리 주변에는 보통 사람들과는 다르게 알고 지내는 사람이 유난히 많은 소위 '마당발'이라고 하는 사람이 있다. 사람들의 친교관계를 연구한 결과에 따르면 한 사람이 사귀고 있는 친구의 수에 대한 확률분포가 **거듭제곱분포**(Power-law distribution)을 가진다고 한다.

사람이 사귀는 사람의 수가 거듭제곱분포를 따른다는 것은 한 사람이 사귀는 사람의 수에 대한 확률질량함수가 사귀는 숫자가 증가할수록 거듭제곱의 크기로 감소하되 사귀는 사람의 숫자가 아주 큰 경우에도 무시할 수 없을 만큼의 확률을 가지는 분포를 말한다. 따라서 거듭제곱분포를 따르는 확률변수는 분포의 오른쪽 꼬리부분에서도 확률값이 무시할 수 없을 만큼 큰데 그래서 이 분포를 **두터운 꼬리분포**(Fat/heavy tail distribution) 혹은 **긴 꼬리분포**(Long tail distribution)라고 한다.

거듭제곱분포를 따르는 사회현상의 예로서 한 국가에서 전체의 20%의 소수가 전체의 80%의 부를 차지하는 현상, 인터넷에서 상위 과다 사용자 10%가 전체 트래픽의 90%를 차지하는 현상, 영화 관람 건수, 음원 다운로드의 수, 조직에서 결정적인 역할을 하는 사람의 수, 단어의 사용빈도, 도시의 인구분포, 논문의 인용횟수 등 다양한 분야에서 나타난다.

한편, 정보통신 분야에 있어서도 거듭제곱분포가 나타난다. 1995년 빌게이츠의 마이크로소프트(Microsoft)가 윈도우95를 발매하기 이전에는 주된 통신수단이라고 해야 고작 **고정전화**(固定電話, Fixed network으로 연결된 전화라는 뜻으로 이를 보통 '집전화'라고 한다) 밖에 없었다. 이와 같이 고정전화망이 주류를 이루던 시절에는 음성신호를 담은 패킷의 길이는 국제전기통신연합의 표준화 기구인 ITU-T의 표준 음성 코딩방식인 G.711에 의하여 정의된 약 260바이트(1바이트는 8비트)의 고정길이의 크기였다. 왜냐하면, 대부분의 사람들의 음성신호로부터 나오는 신호의 특성이 크게 다르지 않고 그 음성을 하나의 코딩기술을 사용했기 때문이다.

그런데 2000년대에 들어서 인터넷과 무선전화의 발달로 다양한 형태의 코딩기술이 등장함에 따라 정보통신 네트워크를 흐르는 패킷의 길이는 다양한 값을 가지게 되어서 이들 서비스가 동일한 네트워크상을 따라 흐르게 되면 다양한 응용서비스로부터 발생된 각기 다른 패킷은 그 길이가 확률변수와 같은 동작을 하게 된다.

1994년 르랜드(Leland), 타쿠(Taqqu), 윌링거(Willinger) 등은 이더넷 랜(Ethernet LAN) 상을 흐르는 패킷의 길이를 측정한 결과 그들이 긴 꼬리분포를 가지고 있는 것을 세계에서 최초로 발견하였다. 즉, 패킷의 길이가 아주 작은 것에서부터 긴 것까지 다양하게 분포되어 있으며 대부분의 패킷은 길이가 짧은 것이지만 길이가 긴 패킷의 수도 무시할 수 없을 만큼 있다는 것이다.

그리고 최근에 정보통신 네트워크를 흐르는 패킷의 길이를 조사해 본 결과 패킷의 길이가 아주 짧은 것에서부터 아주 긴 것까지 다양한 크기에 걸쳐 무시할 수 없는 확률을 가지고 나타남을 발견하였다는 연구결과도 있다. 그 이유는 네트워크를 흐르는 데이터가 종래의 음성뿐만 아니라 텍스트, 이미지, 비디오, 오디오, 게임, 파일 등 응용서비스의 형태가 너무나 다양해졌기 때문이다.

한편, 일반적으로 확률의 세계에서 **짧은 꼬리**(Short-tail)를 가지는 확률분포함수는 확률변수 값이 커짐에 따라 그 변수가 나타날 확률이 **지수함수적**(Exponentially)으로 작아져서 충분히 큰 확률변수 값에 대하여 그 변수 값이 나타날 확률이 거의 0으로 근접한다고 알려져 있다. 즉, 우리가 앞에서 공부한 지수확률분포가 이와 같은 짧은 꼬리분포를 가진다.

한편, 긴 꼬리를 가지는 확률변수는 그렇지 않다. 즉, 확률변수의 값이 커져도 그 확률변수가 나타날 확률이 0으로 근접하지 않는다. 이와 같은 분포함수를 따르는 예로서는 LAN 트래픽을 비롯하여 최근의 인터넷 응용서비스가 발생시키는 대부분의 서비스인 인터넷 TV 프로그램 시청자의 수, 모바일 음원의 다운로드의 수, 소셜 네트워크에서 모이는 고객의 규모, 인터넷의 패킷 크기, 비디오 프레임의 크기 등이다.

그림 3-12는 네트워크 엔지니어가 이와 같은 현상을 설명하는데 자주 인용하고 있는 긴 꼬리를 가지는 확률변수의 대표적인 그래프이다.

그림 3-12에서도 보는 바와 같이 영화 스타워즈(Star Wars)가 등장인물의 복장도 화려하고, 움직임도 다양하여 비디오 화면을 구성하는 프레임을 나타내기 위해 필요로 하는 픽셀(Pixel) 수가 다양하다. 따라서 대부분의 프레임 길이가 작은 값을 가지는 가운데서도 한편으로는 꽤 큰 크기의 프레임도 무시할 수 없을 정도로 많다. 그래서 프레임의 크기 분포가 오른쪽으로도 꽤 긴 꼬리를 가지고 있는 것이다.

그러면 긴 꼬리분포가 가지는 물리적인 의미는 무엇인가? 이를 알아보기 위해서 영화 이야기를 계속해보자. 그림 3-12에서도 볼 수 있듯이 길이가 긴 프레임이 나타날 확률이 비록 각각은 작지만 이러한 프레임의 크기가 다양한 값에 아주 많이 분포하고 있으므로 이들을 모두 더하면 상당한 양이 된다.

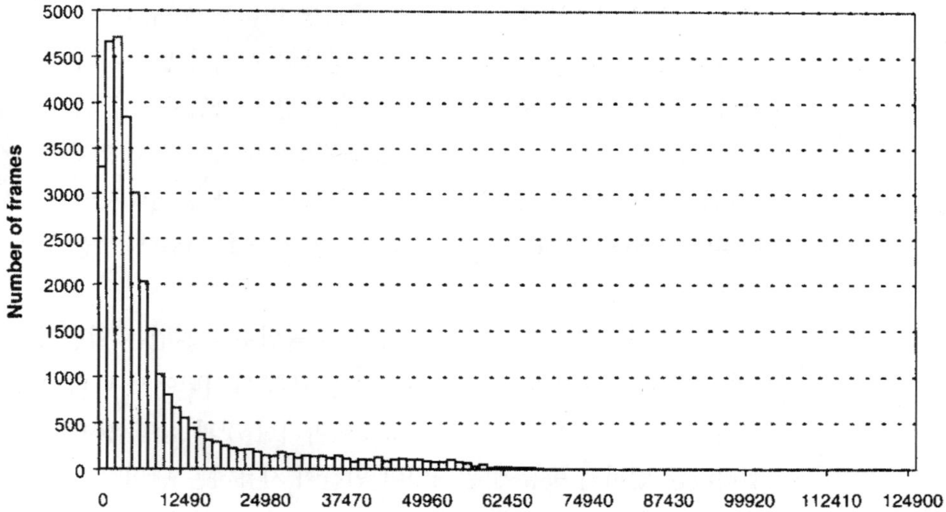

그림 3-12 스타워즈의 프레임 크기분포[단위: Kbits]

또 크기가 아주 큰 프레임은 아주 작은 프레임을 수십 개 혹은 수백 개 합친 것보다도 데이터 크기가 더 크므로 이와 같은 프레임이 가끔씩이라도 나타나면 네트워크에 가해지는 부하는 크다. 따라서 이와 같은 현상을 네트워크 설계에서는 무시할 수 없다.

그래서 보통 **긴 꼬리 위험**(Long-tail risk)이라는 것을 "발생가능성은 비록 낮지만 일단 그 사건이 발생할 경우에는 파괴적인 결과를 초래하는 위험"으로 정의하고 있다. 먼저 긴 꼬리분포를 나타내는 현상을 통칭하는 개념으로서 경제학, 사회학, 심리학 등에서 많이 쓰이는 **지프의 법칙**(Zipf's law)과 **멱분포**(冪分布, Power distribution)에 대해서 소개한다.

(1) 지프의 법칙과 멱분포

2008년 11월 17일, 우리나라에서는 IT 비즈니스 분야에 있어서 최후의 킬러 어플리케이션(Killer Application, 회사의 주된 수입원 혹은 수익을 많이 가져다 줄 사업을 의미함)으로 알려진 역사적 사건이 있었다. 즉, 우리나라에서 처음으로 인터넷 TV(Internet protocol TV, 이하 IPTV) 서비스를 통하여 기존 지상파 방송의 실시간 전송이 시작되었다. 2007년부터 일부 서비스 제공자(KT, SK텔레콤)들은 VoD (Video on demand, 주문형 비디오) 서비스를 제공해왔던 차에 KT가 우리나라에서 가장 먼저 본격적인 IPTV 서비스를 제공하게 된 것이다.

George Kingsley Zipf

한편, 그동안 서비스를 시행해 온 주문형 비디오 서비스에서도 가입자들의 비디오 시청에 대한 특성들이 서서히 밝혀지기 시작하였는데 그 중에서도 유의할 만한 특징은 가입자들이 선호하는 비디오 프로그램에 **지프의 법칙**(Zipf's law)이 성립한다는 사실이다. 지프의 법칙은 미국의 언어학자이자 문헌학자인 **조지 지프**(George Kingsley Zipf, 1902-1950)가 1935년에 발명한 것이다.

지프의 법칙은 긴 꼬리분포를 지니는 확률변수를 일컫는 일반적인 개념으로서 물리 및 사회과학 분야에서 얻어지는 많은 실험 데이터에서 나타나는 긴 꼬리분포와 관련된 현상을 잘 나타낸다. 앞에서도 이야기한 것과 같이 영어든 한글이든 혹은 스와질리어든 언어의 종류에 관계없이 인간이 사용하는 단어가 나타나는 빈도는 단어마다 고유의 특징을 가지고 있는데, 가령 가장 빈번하게 나타나는 단어의 수는 두 번째로 빈번하게 나타나는 단어의 수보다 두 배가 많고, 세 번째로 빈번하게 나타나는 단어는 두 번째로 빈번하게 나타나는 단어의 반밖에 안되며, 나머지 순위의 단어들도 이와 같은 경향이 계속해서 반복된다는 것이다. 결국은 평소에 잘 쓰지 않는 단어는 나타날 빈도가 아주 작아지는데 그렇다고 아예 0으로 가버리지는 않는다. 이와 같은 특성을 가진 함수를 **멱함수**(冪函數, Power law function)라고 한다.

그림 3-13은 2012년 8월 한 달 동안 국내의 모 ISP에 가입되어 있는 고객이 시청한 IPTV 프로그램에서 상위 1위부터 100위까지 시청한 횟수의 분포를 나타낸 그래프이다.

그림 3-13에서도 볼 수 있는 것과 같이 상위 1위의 프로그램은 한 달동안 400만(정확히는 410만 건) 건이 넘는 시청자를 기록했고, 2위인 프로그램은 247만 건을 기록했다. 그림에서는 2, 3, 4위가 고만고만하게 경쟁을 하고 이어서 5, 6, 7위도 비슷한 분포를 나타내고 뒤로 갈수록 빈도가 떨어지기는 하지만 100위까지 경사가 완만하게 빈도가 감소하고 있어서 전체적으로 긴 꼬리분포 현상이 잘 나타나고 있다.

한편, 경제학에서 가장 많이 인용되는 지프의 법칙의 예로서 시장 자본주의가 제대로 정착한 국가에서는 '상위 10%의 부자가 그 나라의 전체 부의 80%를 차지한다'는 것이다. 즉, 한 국가의 부의 많은 부분을 소수의 사람들이 가지고 있다는 것이다. 21세기 초 한때 우리나라에서도 어느 정권이 이 사실을 교묘히 이용하여 사회를 가진 자와 가지지 못한 자로 이간질시켜서 정권의 인기 관리에 '재미를 좀 봤다'고 자기네끼리 몰래 웃었다는 소문도 있으나, 그것은 인문학은 물론이고 경제학이나 통계학의 진실을 모르는 어설픈 정치꾼의 선동에 불과한 것이었음은 지식인들 사이에서

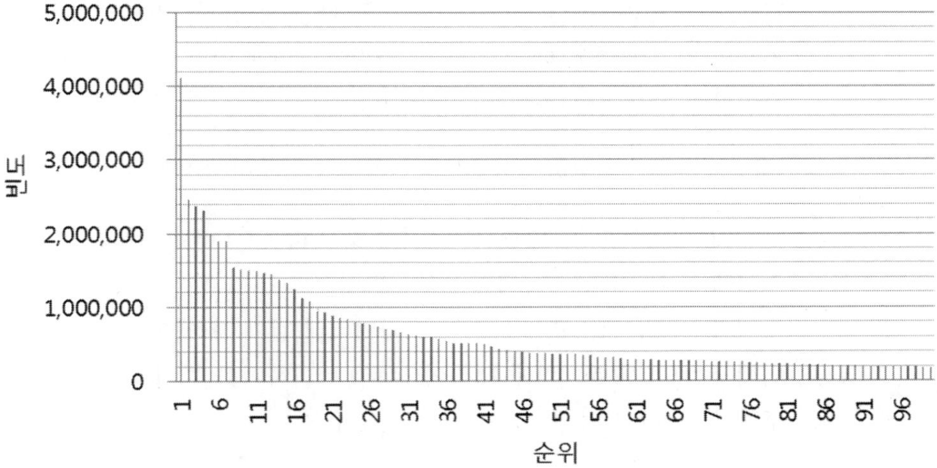

그림 3-13 IPTV 시청 상위 100 프로그램의 빈도수(2012년 8월)

는 이미 잘 알려져 있다. 미국 스탠포드대학교 교수인 프랜시스 후쿠야마(Francis Fukuyama, 철학자이자 정치경제학자)는 "소득 불평등은 전 세계에서 벌어지는 현상으로서 글로벌화와 기술이 발전하면서 발생하는 문제이지 국가의 체제와는 아무런 관계가 없다"고 잘라 말했다. 사회주의국가인 중국은 2000년 이후 지금까지 계속 불평등이 심화되고 있고 복지천국이라는 스웨덴도, 자본주의의 표상인 미국도 소득의 불평등은 계속 심화되고 있다.

심지어 동물 행동학에서도 지프의 법칙이 성립한다고 하는데 개미 왕국에서 그다지 중요한 역할을 맡지 못했던 일개미만 잡아다가 격리시켜서 키우면 그 중에서 다시 여왕개미, 병정개미, 일개미 등 각자 역할을 분담하여 또 다른 개미 사회를 만들어간다고 한다. 그런데 여기서 다시 약 10% 정도만이 개미 왕국을 이끌어나가는 엘리트 집단의 구성원이 되고 나머지 90% 정도는 그냥 소시민 개미로서 아무 생각없이 하루하루를 살아간다고 한다.

이와 같이 경제학적, 동물 행동학적 통계에서도 볼 수 있는 것과 같이 확률변수의 값을 X축에 나열하고 그 변수가 일어날 확률을 Y축에 표시할 때 확률변수에서 일부의 작은 값의 확률변수(가령, 높은 순위, 핵심역량, 중요도 등)가 차지하는 비율이 아주 높고 확률변수의 값이 커질수록(순위가 낮거나 중요도가 낮은 등) 그 확률이 현저히 작은 값을 가지되 그렇다고 무시는 할 수 없을 만큼의 값을 가지고 존재한다는 이론으로서 이를 멱함수 혹은 긴 꼬리분포 이론(Long tail theory)이라고도 한다.

다시 앞의 VoD의 이야기로 돌아가서 어떤 VoD 사업자가 총 N개의 비디오 프로

그램을 가지고 있다고 하자. 그리고 VoD를 시청하는 가입자의 비디오 시청 행태가 지프의 법칙을 따를 때 임의의 한 사람이 n번째 인기 있는 비디오를 요청할 확률(확률질량함수)은 다음과 같이 나타낸다.

$$p(n) = \alpha n^{-\alpha-1},\ \text{단 } n\text{은 1부터 } N\text{까지의 자연수}$$

위의 식에서 α는 **영향지수**(影響指數, Impact factor)라고 불리는 것으로 고객의 특성에 따라 결정된다(예제 3.16 참조).

멱함수 혹은 긴 꼬리 분포가 파라미터의 값에 대해 어떤 동작을 하는지 알아보기 위해 $\alpha=0.1$, 0.5, 0.9에 대하여 $n=[1, 20]$사이를 가질 확률질량함수 $p(n)$을 그려 보았다. 그림 3-14는 이를 나타낸 것이다.

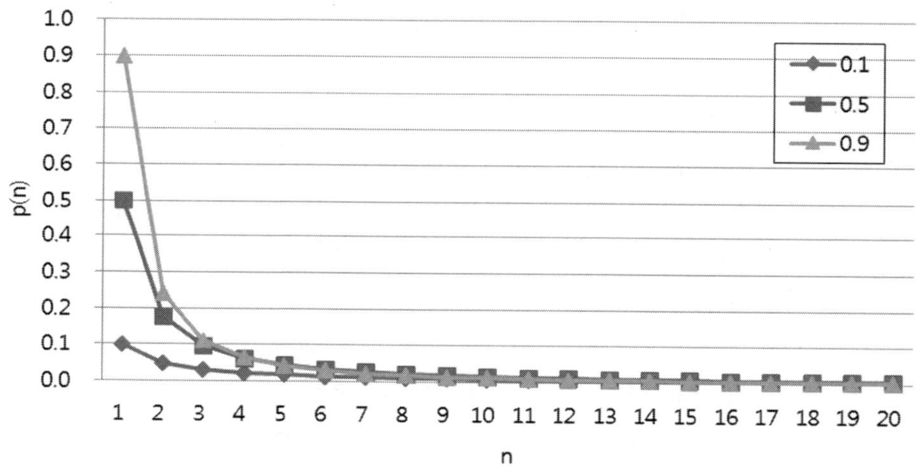

그림 3-14 멱함수 $p(n)$의 확률질량 함수

한편, 1위부터 헤아렸을 때 n번째까지 인기 있는 비디오에 대한 누적 확률분포함수는 다음과 같이 정의된다.

$$F(n) = 1 - \left(\frac{1}{n}\right)^{\alpha}$$

예제 3.16

2008년의 통계에 의하면 우리나라의 VoD 고객은 다양한 비디오 콘텐츠[12]들 중에서도 상위의 10%를 좋아할 확률이 전체 렌탈수의 48%에 이른다고 한다. 어떤 VoD 서비스 제공자가 총 100편의 비디오 프로그램을 가지고 있는데 고객이 상위 10%의 비디오를 빌려 볼 누적확률은 48%인 지프의 법칙을 따른다고 할 때 다음의 물음에 답하라.

(1) 확률질량함수를 구하라.

(2) 가장 인기 있는 비디오를 빌려볼 확률은 얼마인가?

[풀이] (1) 확률질량함수를 구하려면 먼저 매개변수의 값을 알아야 한다. 지프의 법칙을 나타내는 파워분포함수의 정의로부터 다음의 관계식을 얻는다.

$$0.48 = 1 - \left(\frac{1}{10}\right)^{\alpha}$$

위의 식을 풀면 다음과 같다.

$$\alpha = -\log 0.52 = 0.248$$

따라서 $p(n) = \alpha n^{-\alpha-1}$에서 $\alpha = 0.248$인 경우이다.

(2) 고객이 가장 인기 있는 비디오를 빌려 볼 확률은 확률질량함수에서 $n=1$일 때이므로 $\alpha=0.248$, 즉 24.8%이다.

긴 꼬리분포를 나타내는 현상 가운데서 대표적인 것으로는 **파레토**(Pareto)**분포**와 **와이블**(Weibull)**분포**가 있는데 각 분포에 대하여 알아본다.

(2) 파레토분포

파레토분포는 이탈리아의 경제학자 **빌프레도 파레토**(Vilfredo Federico Damaso Pareto, 1848-1923)가 고안한 것이다.

Vilfredo Federico Damaso Pareto

파레토분포는 두 개의 파라미터를 가지는 연속확률변수의 분포함수이다. X를 확률변수, m을 확률변수가 가질 수 있는 최소값, α는 분포함수의 **꼬리지수**(Tail index)라고 할 때 파레토 분포를 따르는 확률변수는 다음의 식을 만족한다.

$$F(x) = \Pr\{X \le x\} = 1 - \left(\frac{m}{x}\right)^{\alpha} \quad (x > m,\ \alpha > 0)$$

사실 긴 꼬리분포함수는 확률분포의 꼬리가 다차원함수를 가진다는 의미에서 생겨난 것인 만큼 위와 같이 누적분포함수로 나타내는 것보다는 원래의 의미에 충실

12 2008년 11월 KT가 IPTV 서비스를 시작할 당시 제공한 VoD 콘텐츠 수는 약 85,000개

하게 꼬리분포함수로 나타내는 것이 더 나을 것이다. 즉, 만약 꼬리분포함수를 $T(x)$ 라고 하면 $T(x) = \Pr\{X > x\} = \left(\frac{m}{x}\right)^{\alpha}$ $(x > m,\ \alpha > 0)$이다.

한편, 위의 분포함수로부터 확률밀도함수 $f(x)$는 다음과 같다.

$$f(x) = \Pr\{X = x\} = \alpha m^{\alpha} x^{-\alpha - 1}\ (x > m,\ \alpha > 0)$$

여러분은 이와 같이 수식으로만 확률의 특성을 나타내어서는 그의 물리적 의미를 관찰하기에는 감이 잘 떠오르지 않을 것이다. 그래서 격물치지(格物致知, '뭐든지 부딪쳐봐야 그 사물의 성질을 안다'는 의미로 우리나라 실학사상의 근원)라고 했지 않은가? 그럼 어떻게 해야 할까? 일단 그림을 그려보는 것이 나을 것이다. 아래에 예를 들어본다.

예제 3.17

파레토분포를 따르는 확률변수 X가 최소값 1, 꼬리지수 0.5의 값을 가질 때 [1, 100]의 범위에서 확률밀도함수와 분포함수를 각각 그려라. 단, 비록 확률변수는 연속확률변수이지만 편의를 위하여 X의 간격은 10씩 증가하는 경우에 대하여 그래프를 그려라.

[풀이] 위에서 가정한 파라미터를 고려하였을 때 X의 확률밀도함수는 $f(x) = 0.5x^{-1.5}$ $(x > 1)$이다. 한편, 분포함수는 $F(x) = 1 - 1/\sqrt{x}$ $(x > 1)$이다. 먼저 확률밀도함수를 나타낸다.

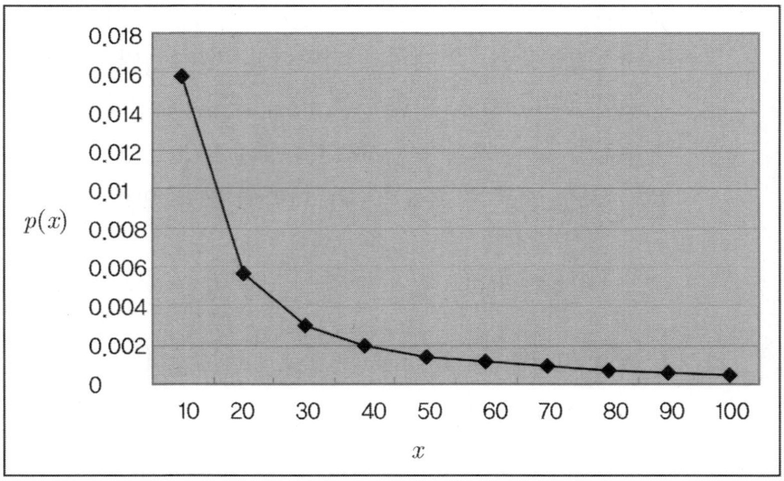

앞의 그림에서 볼 수 있는 바와 같이 파레토분포를 따르는 확률변수 X의 값이 증가하여도 확률밀도함수의 값은 무시할 수 없을 만큼의 크기를 가지고 계속 존재한다. 그리고 확률밀도함수는 X의 값이 커질수록 기울기가 완만해진다. 따라서 꼬리가 길어지는 것이다!! 사실 우리가 공간의 제약 때문에 X의 값을 100까지만 나타내었지만 X가 무한대가 될 때까지 확률밀도함수의 값은 무시할 수 없는 값을 가지고 있다.

한편, 분포함수는 아래의 그림에서 보는 바와 같이 X의 값이 작을 때 높은 확률을 가지므로 일찌감치 높은 값으로 올라간 후 X의 값이 커짐에 따라 서서히 1로 수렴함을 알 수 있다.

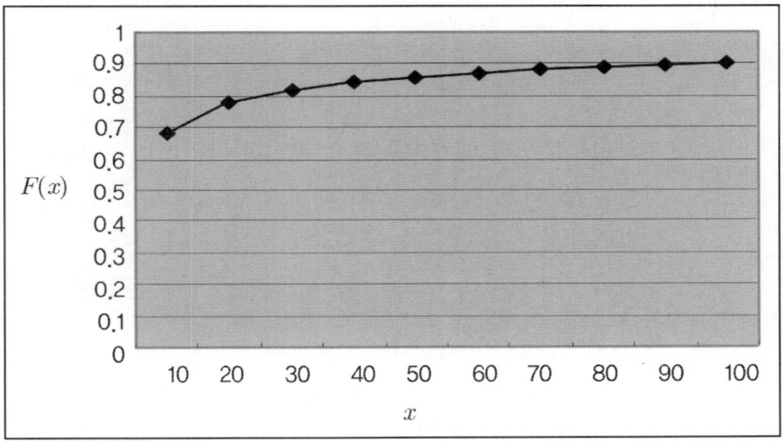

여기서 $X=100$이 되어도 분포함수의 값이 1로 수렴하지 않는(0.9에서 머물고 있음!) 것으로부터 우리는 이 확률변수가 X의 값이 증가해도 계속 존재할 확률이 높다는 것을 나타낸다고 해석할 수 있다. 이 또한 이 확률변수의 꼬리가 길다는 것을 잘 나타내고 있다.

문제 3.25

영화 D-War의 프레임을 패킷으로 만들어서 인터넷상으로 보여주는 주문형 비디오(VoD) 서비스를 분석하여 보았더니 패킷의 길이분포가 최소값 60, 꼬리지수가 0.7인 파레토분포를 따른다고 알려졌다. 이때 임의의 패킷을 끄집어내어서 관찰해 보았을 때 그 패킷의 길이가 1,500보다 클 확률은 얼마인가?

(3) 와이블분포

Waloddi Weibull

와이블분포는 스웨덴의 기술자 **왈로디 와이블**(Waloddi Weibull, 1887-1979)이라는 사람이 1937년에 재료의 파괴 강도를 분석하면서 고안한 확률분포이다.

와이블분포는 금속 및 복합재료의 강도나 전자 및 기계부품의 수명분포를 나타내는데 널리 쓰이는 확률분포로 알려져 있다. 와이블분포함수도 파라미터가 2개로 정의되는 연속확률변수를 가지는 함수인데 X를 확률변수라고 하면 임의의 양수 α와 c에 대하여 분포함수는 다음의 식을 만족한다.

$$F(x) = \Pr\{X \le x\} = 1 - e^{-\left(\frac{x-m}{c}\right)^{\alpha}} \quad (x > m,\ \alpha > 0,\ c > 0)$$

와이블분포의 **매개변수**(媒介變數, 파라미터)인 α와 c에 대하여 양수라는 조건 이외에는 별 다른 제약이 없기 때문에 이 분포함수가 공학적 문제의 모델링에 있어서 광범위하게 사용이 가능함을 알 수 있을 것이다.

위의 식으로부터 우리는 와이블분포를 따르는 확률변수의 확률밀도함수는 다음과 같이 구할 수 있다.

$$f(x) = \Pr\{X = x\} = \left(\frac{\alpha}{c}\right)\left(\frac{x-m}{c}\right)^{\alpha-1} e^{-\left(\frac{x-m}{c}\right)^{\alpha}} \quad (x > m)$$

여기서도 확률밀도함수가 x의 멱함수로 주어진 것 이외에는 물리적인 현상을 감지하기가 쉽지 않다. 그래서 예를 들어서 성질을 알아보자.

예제 3.18

와이블분포를 따르는 확률변수 X가 매개변수 $m=0,\ \alpha=0.5,\ c=2$일 때 [1, 100]의 범위에서 확률밀도함수와 분포함수를 그려라. 단, 편의를 위하여 X의 간격은 10씩 증가하는 경우에 대하여 그래프를 그려라.

[풀이] 위에서 가정한 파라미터를 고려하였을 때 위의 와이블분포를 따르는 확률변수 X의 확률밀도함수는 $f(x) = \frac{1}{2\sqrt{2x}} e^{\sqrt{\frac{2}{x}}}$ 임을 알 수 있다. 한편, 분포함수는 $F(x) = 1 - e^{-\sqrt{\frac{x}{2}}}$ 이다.

다음 그림은 이들 함수를 나타낸 것이다.

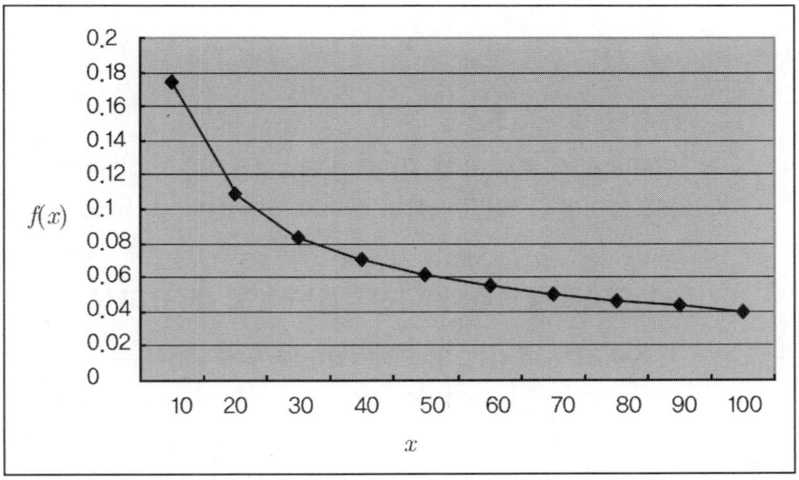

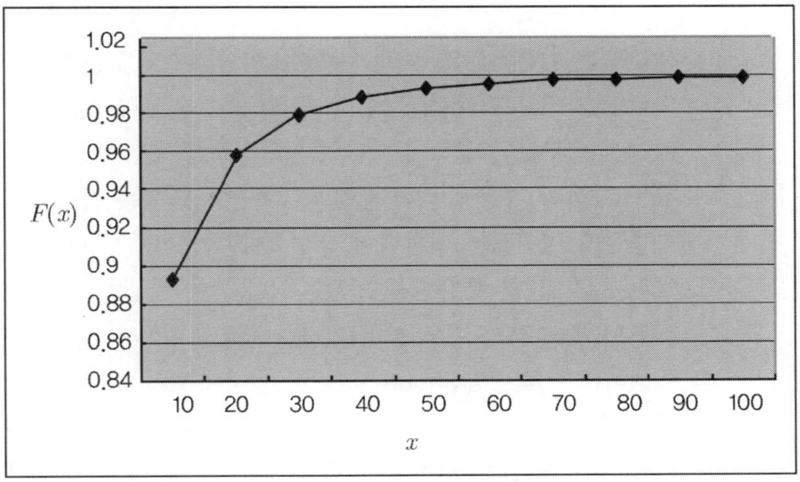

위의 예에서도 볼 수 있는 바와 같이 와이블분포를 따르는 확률변수 X의 값이 증가해도 확률밀도함수의 값은 무시할 수 없을 만큼의 크기를 계속 가지고 있다. 그리고 확률질량함수는 X의 값이 커질수록 기울기가 완만해짐을 알 수 있다. 따라서 꼬리가 길어지는 것이다!!

그런데 위의 두 예, 즉 파레토분포와 와이블분포에서 보는 바와 같이 두 함수의 파라미터가 다르기 때문에 두 그래프의 모양이 약간 다른 것을 제외하고는 사실은 두 그래프가 너무나 유사하다. 그래서 이들 두 분포를 잘 구별하지 못하는 사람들도 있다. 그러나 이 책을 공부한 여러분은 이들 두 함수의 차이에 대해서는 분명히 알

고 있을 것으로 믿는다. ^^

문제 3.26

인터넷에서 사람들이 웹 사이트에 접속하는 시간이 매개변수 $m=0$, $c=3$, $\alpha=1$인 와이블 분포를 따른다. 어떤 사람이 웹 사이트에 접속할 시간이 1시간 이하일 확률은 얼마인가?

4) 연속확률변수와 이산확률변수에 대한 고찰

지금까지 우리는 연속확률변수와 이산확률변수에 대하여 정의하고 몇 가지 대표적인 분포함수를 공부해 보았다. 위에서도 살펴본 바와 같이 몇 가지 대표적인 이산확률분포의 경우에는 확률의 정의를 바탕으로 확률변수의 분포를 이론적으로 그리고 명시적인 수식으로 도출할 수 있었다.

그러나 연속확률변수와 같은 경우에는 일부 간단한 특성을 따르는 확률변수를 제외하고는 이론적으로 구할 수 없는 확률변수도 존재하고 또 실험으로부터 얻은 데이터를 가지고 확률분포함수를 구하는 것도 그리 간단하지만은 않음을 알 수 있다. 따라서 대부분의 경우에 사건의 확률분포를 구함에 있어서 단순화된 이론적 도출보다는 자신의 경험에 의하여 분포함수를 도출하는 경우가 많다. 즉, 연속확률변수의 모델링에 있어서는 이론적인 모형으로 접근하기 보다는 실험을 통하여 분포함수를 구하는 것이 더 유용함을 알 수 있다.

한편, 대부분의 경우 실험을 통하여 확률변수의 분포를 얻기 위해서는 엄청난 양의데이터를 확보해야 한다. 다행히 얻어낸 데이터의 샘플의 수가 충분히 큰 경우에는 확률 변수의 특성을 근사적인 해석법을 이용하여 나타낼 수 있는데, 이때 등장하는 이론이 **중심극한정리**(中心極限定理)나 **대수**(大數)**의 법칙** 등이다.

실제로 공학적인 문제의 해결에 있어서는 확률변수의 특성이 무엇인지 알 수 없는 경우에 대해 근사해석법을 이용하여 정규분포로 근사하는 방법을 많이 취하고 있다. 중심극한정리나 대수의 법칙 등을 이용한 근사확률의 계산 문제에 대해서는 제6장 확률의 근사 해석법에서 자세히 다루기로 한다.

연습문제

1 안빛나양과 노원한군이 등산을 갔는데 원한이가 이런 제안을 했다. "빛나야 가방 무겁지?" 그러자 빛나는 "응!!"하고 대답하였다. 원한이는 "나도 무거워…. 빛나야~ 우리 동전 네 개로 윷놀이를 하여 도나 개가 나오면 네가 가방을 매고 걸, 윷, 모가 나오면 내가 가방을 매고 가는 거 어때? 너는 도와 개 단 두 개고 나는 걸, 윷, 모 세 개니까 네가 더 유리한 거 알지?"라고 말하면서 빛나의 눈치를 보았다. 그렇다면 과연 빛나는 이 제안을 수락해야 할까?

2 선거를 앞두고 후보별 선호도를 조사하기 위해서 설문을 하려고 한다. 이때 총 10명에게 전화하기로 하였는데, 전화를 건 사람 중에서 평균 20%의 사람만이 설문에 응하겠다고 답한다고 할 때 다음의 물음에 답하라.

(1) 네 번째 시도에서 처음으로 설문에 응하겠다고 할 확률은 얼마인가?
(2) 단 한 명도 응답을 하지 않겠다고 할 확률은 얼마인가?

3 살인사건의 용의자 A씨가 있었는데 그는 어느 술집에 가끔 들르는 것으로 알려져 있다. 그런데 그가 그 술집에 들를 확률은 날짜에 무관하게 10%라고 한다. 그를 잡기 위하여 경찰이 8일이나 잠복근무를 하고 있었으나 그는 나타나지 않았다. 그렇다면 10일째 되는 날 경찰이 그를 검거할 확률은 얼마일까?

4 이성 왈텍에서 만든 가습기는 평균수명이 10년인 지수분포함수를 따른다고 한다. 이때 이 가습기를 시판하여 몇 년이 경과하면 그 해에 팔린 것 중에서 태반이 고장이 나있을까? 단, $\ln 1=0$, $\ln 2=0.7$, $\ln 3=1.1$, $\ln 5=1.6$, $\ln 10=2.3$이다.

5 기상청에서는 무선통신을 이용하여 멀리 떨어진 곳의 기상정보를 받는데 이 장비가 멀리 떨어진 센서로부터 데이터를 수신하는데 평균 5분인 지수분포를 따른다고 한다. 그리고 전송실패가 발생하면 자동으로 재전송할 수 있다고 한다. 이때 다음 물음에 답하라.

(1) 임의의 데이터를 받는데 소요되는 시간이 3분 이상 6분 미만일 확률을 구하라.

(2) 하나의 데이터를 받으려고 대기하고 있는 수신기가 지금까지 5분을 기다렸다고 한다면 앞으로 2분 안에 데이터가 도착할 확률을 구하라.

6 명희는 겨울방학 동안 '보러와 시네마'에서 검표원으로 일을 하였다. 그런데 보통 검표를 영화 시작 1시간 전부터 하는데 검표를 시작하여 얼마 되지 않은 시각에는 보통 10분에 평균 10명 정도의 사람이 푸아송분포를 따라서 입장한다. 이때 다음 물음에 답하라.

(1) 명희는 성화와 함께 검표를 하는데 오늘 따라 성화가 출근을 하지 않아서 혼자서 검표를 하고 있는 중에 갑자기 화장실을 다녀올 일이 생겨서 딱 3분을 자리를 비웠다. 이 시간 동안에 다행히 손님이 입장하지 않을 확률은 얼마인가?

(2) 드디어 성화가 출근했다. 둘이서 내기를 하였는데 5분 동안 5명 이상이 입장하면 명희가 점심을 사고 아니면 성화가 점심을 사기로 했다. 이때 명희가 점심을 사야 할 확률은 얼마인가?

7 창원대 정보통신공학과 이훈교수는 확률론 수업에서 한 학기 동안의 성적에서 하위 10%의 학생에게 F학점을 주기로 하였다. 만약 이 학과 학생의 성적 평균이 50점이고 분산이 100인 정규분포를 따른다면 어떤 학생이 F학점을 받지 않으려면 최소한 몇 점 이상을 맞아야 하는가? 단 점수는 반올림하여 정수로 나타낸다.

8 창원대에서는 신입생의 학력 테스트를 실시하였는데 과학과목에서 물리와 생물을 선택하게 하였다. 그런데 이들 과목의 시험의 난이도는 10점 만점에 물리는 평균 5점, 표준편차 4점을, 그리고 생물은 평균 6점에 표준편차 3인 정규분포를 따르도록 하였다고 한다. 이때 어떤 학생이 물리점수를 7점 맞았다면 이 학생은 생물에서 몇 점을 맞은 학생과 같은 점수로 인정하면 될까?

9 창원대 정보통신공학과 2학년 학생 40명이 확률론 기말고사를 보았다. 성적을 매긴 결과 평균 50점에 표준편차가 10인 정규분포곡선을 얻었다. 이때 반장인 나일등 학생이 75점을 받았다고 할 때 과연 그는 몇 등일까?

10 어느 회사 직원의 하루 생산량은 근무 기간에 따라 달라진다고 한다. 근무 기간이 n개월$(1 \le n \le 100)$인 직원의 하루 생산량은 평균이 $an+100$(단, a는 상수), 표준편차가 12인 정규분포를 따른다. 이때 근무 기간이 16개월인 직원의 하루 생산량이 84 이하일 확률이 0.0228일 때 근무 기간이 36개월인 직원의 하루 생산량이 100 이상이고 142 이하일 확률은 얼마일까?

11 창원대 네트워크연구실에서는 비디오 스트림 전송실험을 하였다. 비디오 패킷은 트래픽 발생기로부터 가입자 단말까지 도착하는데 평균 10초, 표준편차 2인 정규분포를 따른다. 이때 100개의 패킷을 보낸 후 측정한 결과 전송시간이 평균으로부터 5초 이상 떨어져 있을 확률은 얼마인가?

12 인터넷 서비스를 제공하는 네트워크 라우터는 출력 인터페이스에 최대 4개의 회선을 가지고 가입자에게 두 가지 종류의 인터넷 접속 서비스를 제공하고 있다. 하나는 서비스 품질이 보장되는 가상 전용선 서비스(가상 전용선 서비스는 가입자에게 마치 자신이 회선 하나를 전용해서 사용하는 것처럼 여겨지도록 가상적인 회선을 제공하는 서비스로서 일단 한 명의 가입자가 그 회선을 사용하면 다른 가입자는 그 회선을 사용할 수 없다)이고 이 경우를 유형 1이라고 하자. 한편, 다른 하나는 서비스 품질이 보장되지 않는 최선형 서비스(모든 사용자가 언제든지 데이터를 보낼 수 있고 개인에게 회선을 전적으로 사용하게 하지 않는 서비스이며 하나의 회선에 접속할 수 있는 고객의 수에는 제한이 없다)이며 이 경우를 유형 2라고 한다. 네트워크 라우터는 두 개의 회선은 가상 전용선 서비스용으로 할당하고 두 개의 회선은 최선형 서비스용으로 할당한다. 그리고 고객은 가상 전용선 서비스와 최선형 서비스에 각각 0.3 및 0.7의 확률로 접속을 시도한다. 이 경우 어떤 고객이 이 네트워크의 가상 전용선 서비스를 사용하려고 시도하였을 때 네트워크에는 4명의 고객이 있었으며 그와 동시에 네트워크에 여유자원이 없어서 접속에 실패할 확률은 얼마인가?

CHAPTER 04

기대치

제4장에서는 확률변수의 기대치에 대하여 알아본다. 먼저 기대치에 대한 기본적인 개념으로부터 이야기를 시작하여 통계적 방법을 사용한 기대치 계산 방법을 다루고 이어서 확률을 이용하여 기대치를 구하는 방법을 이야기한다. 그리고 모멘트 생성함수를 이용하여 기대치를 구하는 방법도 소개한다. 마지막으로 확률 생성함수에 대하여 정의하고, 확률 생성함수로부터 확률을 구하는 방법도 소개한다.

1 기대치의 정의

일반적으로 확률론에서 **기대치**[13](期待値, Expected value)란 같은 조건에서 동일한 확률실험을 여러 번 반복하였을 때 그 결과 단위 실험당 얻을 수 있는 확률변수의 값을 말한다. 쉽게 말하면 통계적 실험에서의 **평균치**(平均値, Average value)이다.

주사위를 한 번 던졌을 때 얻을 수 있는 기대치는 얼마일까? 주사위를 한 번 던지면 1부터 6까지의 숫자 중에서 하나가 임의적으로 나올 것이므로 단 한 번 던져서 어느 값이 나왔다고 그것이 기대치가 될 수는 없다. 왜냐하면 던질 때마다 다른 값이 나올 수도 있기 때문이다. 기대치를 구하기 위해서는 같은 조건에서 같은 실험을 여러 번 반복해야 하므로 이번에는 주사위를 10번 던졌다고 하자. 이때 기대치는 10번 던진 주사위의 눈의 값을 모두 더하여 10으로 나눈 값이다. 그러나 주사위를 던진 횟수가 작아서 이때 얻은 값이 과연 기대치라고 할 수 있을지는 의문이다. 주사위를 1,000번 정도 던지면 기대치가 좀 더 정확해지겠지만 문제는 시간이 많이 걸린다는 것이다.

13 기대치는 영어로 Expectation 혹은 Expected value라고 하는데, 보통 확률변수 X의 기대치를 $E[X]$로 표시한다. 기대치 평균값에 해당하는 개념이다. 그래서기대치 Mean value로 부르기도 한다.

한편, 야구선수가 한 시즌 동안 치른 모든 경기에 대하여 타석에 들어선 수가 1,995번이고 안타를 친 수가 525번이라면 이 야구선수의 평균 타율은 2할 6푼 3리가 될 것이며 이것이 야구선수의 타율에 대한 기대치이다.

미국의 네바다(Nevada)주 사막의 한가운데에 주변이 황량한 산으로 둘러싸인 조그마한 도시 라스베이거스(Las Vegas)는 세계에서 가장 유명한 도박의 도시로 알려져 있는데 일년 365일 사람들로 북적인다. 그리고 지금 이 순간에도 라스베이거스에는 새로운 빌딩들이 경쟁을 하듯 치솟고 있다.

그런데 여기서 의문이 하나 있다. 도대체 어디서 그 돈이 나올까? 답은 전 세계의 사람들이 비행기를 타고 혹은 차를 몰고 직접 그곳까지 찾아가서 쓴 돈이다. 라스베이거스는 도박의 도시이기도 하지만 컨퍼런스나 이벤트의 도시이기도 하다. IT 분야의 유명한 한 학회는 매년 거기서 학회를 가지며, 또 세계권투평의회의 빅 매치도 거기서 자주 열린다. 하여간 그 도시가 그렇게 번창한다는 것은 그 도시가 이벤트도 잘 개최하지만 무엇보다도 도박에서 돈을 잘 번다는 증거이다.

한편, 도박장이 돈을 많이 번다는 말은 개인들이 도박장에 가져오는 돈에 비해서 그들이 되가져 가는 돈이 적다는 것이다. 이때 사람들이 도박장에서 게임을 하여 평균적으로 버는 돈이 바로 기대치인데 그것이 실제로는 아주 적다. 사실 라스베이거스를 찾는 많은 사람들이 관광이나 업무를 위해서이고 대부분의 사람들은 그저 재미 삼아 약간의 돈으로 시간을 보내는 경우가 대부분이겠지만, 진짜로 도박을 하기 위해 그곳을 방문하는 사람들은 돈을 딸 기대를 하고 도박장에 오지만 그들의 기대는 여지없이 깨지고 결국은 대부분이 돈을 잃는다.

왜 그럴까? 이유는 단순하다. 개인이 도박장에서 돈을 딸 확률이 매우 작기 때문이다!! 돈을 딸 확률이 커지면 개인은 돈을 벌 수 있겠지만 그렇다면 과연 도박장이 그렇게 활기를 띠겠는가? 전부 도산하고 말 것이다.

한편, 프랑스의 수학자 루이 바슐리에(Louis Bachelier)는 1900년에 주식가격의 움직임을 브라운 운동(Brownian motion)을 이용하여 모형화하는 연구를 하여 세계 최초로 주식시장의 시세변동을 수학적으로 분석한 적이 있었는데 그의 박사학위논문 "투기의 이론"에서 "주식투기의 수학적 기대치는 0"이라고 결론을 내렸다. 즉, 개인이 주식시장에서 투기를 목적으로 투자해서 이익을 얻기란 거의 불가능하다는 것을 말하며 이 이론은 100년이 지난 21세기 현재 지금도 정설로 되어 있다.

필자가 이 책의 초판을 열심히 쓰고 있던 2007년의 일이다. 연초부터 가파르게 오르기를 반복하여 2,000까지 치솟았던 한국의 코스피 지수는 미국의 서브프라임 모기지[14](Subprime mortgage)의 부실을 계기로 그 해 말에는 한 때 코스피 지수가

900까지 곤두박질을 치면서 당시 증시에 대한 막연한 기대를 가지고 집을 팔아서까지 투자를 서슴치 않았던 국내의 많은 개미 투자자들의 푼돈을 빼앗았다. 이와 같이 주식에서 돈을 잃을 확률이 높은 상황에서 막연한 기대를 가지고 '묻지마 투자'를 하면 자신의 기대에 못 미치는 일을 당할 확률이 크다. 하여간 바슐리에가 하고자 하는 말은 시장에 대한 분석이나 주식투자의 정석을 모르는 가운데 아무런 정보도 없이 랜덤하게 사고파는 묻지마 투자를 하면 나중에 얻을 수 있는 수익의 기대치가 거의 없다는 것을 말한 것이다.

기대치를 구하는 방법으로는 통계적 방법과 확률적 방법이 있는데 먼저 통계적 방법에 대하여 이야기를 한 후 확률적 방법을 알아본다.

2 통계적 기대치

통계적인 방법을 이용한 기대치는 반복된 확률실험의 결과 얻어진 값들에 대하여 평균을 구한 것이다. 여기서 실험의 결과는 시간 혹은 시도 횟수에 의한 결과치 등으로 표시가 가능하다.

평균치를 구하기 전에 먼저 알아두어야 할 것으로는 시간의 단위가 이산적인 경우와 연속적인 경우가 있다는 것이다. 즉, 시간이 이산적으로 변한다는 것은 관측 시점이 1, 2, 3, ... 등 정수의 값을 가지는 횟수로 표시되는 것이고 연속적인 경우에는 시간이 무수히 많은 연속 구간으로 표시되는 실수의 값을 가진다는 것을 의미한다.

먼저 시간이 연속적인 경우에 대해서 기대치를 구하는 방법을 알아보자. 시간에 따라 임의적으로 변화하는 어떤 신호에 대하여 평균치란 시간적으로 변화하는 값들을 관측구간에 대하여 적분한 후 그 값을 경과한 시간으로 나눈 값이다. 만약 우리가 관측하는 신호가 시각 t에서 $S(t)$의 값을 가진다고 하고 관측시간의 길이가 T라고 한다면 시간평균치는 다음과 같다.

$$\text{시간평균치 } E[S(t)] = \frac{1}{T}\int_0^T S(t)dt$$

위의 식에서도 볼 수 있는 바와 같이 신호의 시간에 대한 기대치는 시간축 상에서 변화하는 신호를 긴 시간 동안 관찰하였을 때 그 신호의 **시간평균치**(時間平均値,

14 신용이 좋지 않은 사람에게 돈을 빌려주어서 집을 사게 하는 금융을 말함

Time average)이다.

한편, 시간평균치를 구할 때 주의해야 할 점이 있는데 충분히 긴 시간을 가지고 데이터를 측정해야 한다는 것이다. 충분히 긴 시간이란 표본공간 내에서 확률실험으로부터 나올 수 있는 값이 충분한 횟수로 나타나서 확률밀도함수로부터 얻은 기대치와 측정에 의해서 얻은 평균치가 같은 값을 가진다는 가정이 성립할 수 있는 시간을 말한다. 가령, 출근시간에 1분당 창원대학교 안으로 들어오는 자동차의 대수를 측정하는 실험을 한다고 생각해보자. 보통 학교의 출근시간은 9시까지이므로 대부분의 사람들은 8시에서 9시 사이에 출근할 것이다. 그런데 어떤 측정자가 9시 바로 직전 1분간(가령 8시 59분부터 9시까지)에 교문 앞에 서서 지나간 차의 대수를 측정하여서 그것을 바탕으로 평균을 구해 출근시간의 자동차의 대수라고 주장한다고 할 때 그 값을 대표값으로 삼을 수 있겠는가?

한편, 이번에는 어느 도시의 상공을 지나는 구름의 양을 측정하는 실험을 한다고 가정하자. 보통 지질 데이터는 정보의 양이 많은 것으로 알려져 있는데 관측시간 T가 무한히 길다면 그 많은 데이터를 과연 어디에 저장할 것이며 엄청난 계산량은 어떻게 감당할 것인가?

기대치를 구할 때 실험으로부터 얻은 모든 값을 대상으로 평균을 구한 것을 **모평균**(母平均, Population mean)이라 하고 전체의 실험 결과로부터 일부의 값만 선별하여 구한 평균을 **표본평균**(標本平均, Sample mean)이라고 한다.

위에서 언급한 데이터의 과다문제를 해결하기 위해 보통 표본평균을 구한다.

임의의 시간구간 L동안의 확률변수 $X(t)$의 표본평균을 다음과 같이 나타내자.

$$\hat{X} = \frac{1}{L}\int_0^L X(t)dt$$

이와 같이 측정구간이 L인 표본을 여러 개 추출하여 각각의 평균을 구하였을 때 그 값이 모두 다르다. 따라서 표본평균 자체도 확률변수이다. 그래서 이번에는 표본평균을 확률변수로 하는 경우에 대해서 기대치를 다음과 같이 정의한다.

$$E[\hat{X}] = E\left[\frac{1}{L}\int_0^L X(t)dt\right]$$

한편, 기대치 조작자(操作子, Operator)의 성질로부터 다음과 같이 쓸 수 있다.

$$E\left[\frac{1}{L}\int_0^L X(t)dt\right] = \frac{1}{L}\int_0^L E[X(t)]dt$$

앞의 우항에서 $E[X(t)]$가 $X(t)$의 기대치로서 상수인데 그 값을 0부터 L까지 적분한 후 L로 나누어도 역시 $X(t)$의 기대치가 되므로 결국은 앞의 식의 우항은 바로 $X(t)$의 기대치이다. 따라서 다음의 결과를 얻는다.

$$E[\hat{X}] = E[X], \text{ 단, } E[X]\text{는 확률변수 } X(t)\text{의 모평균}$$

위의 사실로부터 우리는 중요한 물리적 의미를 발견한다. 즉, 확률변수의 평균치는 원칙적으로는 모평균을 통해서 얻어야 하나, 그것이 여의치 않을 때는 일정한 시간구간에 대해서 표본평균을 여러 개 구한 다음 이들의 평균을 구해도 결국은 원래의 확률변수의 평균치(모평균)를 얻을 수 있다.

한편, 반복해서 시행하는 실험에 의해 얻어진 결과에 대한 기대치에서는 시간의 개념이 횟수를 나타내는 것이므로 단순하게 생각하여(이런 경우는 거의 없겠지만 …) 주사위를 여섯 번 던졌는데 그 값이 1, 2, 3, 4, 5, 6이 나왔다고 하자. 그러면 평균은 $\frac{1+2+3+4+5+6}{6} = \frac{21}{6} = 3.5$이므로 이 실험에서 얻을 수 있는 기대치는 3.5이다. 따라서 시간이 이산적으로 표시되는 실험에서의 기대치는 단순한 산술평균으로 구한다.

일반적으로 같은 조건에서 실험을 N번 반복하였는데 각 실험에서 얻어진 확률변수의 값이 X_i라고 하자. 그러면 기대치($E[X]$라고 표기)는 다음과 같다.

$$E[X] = \frac{1}{N}\sum_{i=1}^{N} X_i$$

통계적 접근법을 이용한 기대치의 이야기에서 빼놓을 수 없는 것은 **분산**(分散, Variance)이라는 개념이다. 분산이란 통계적 실험에서 얻은 자료에 대해 그 자료 속의 각 값들이 기대치와 떨어진 정도를 나타내는데 사용된다. 즉, 통계적 실험에서 얻은 자료의 값은 평균보다 큰 값도 있고 작은 값도 있으며, 어떤 경우에는 평균치와 같은 값도 있을 것이다. 위에서 정의한 확률변수를 사용하여 실험을 N번 반복하여 N개의 자료를 얻었는데 각 실험에서 얻은 값을 X_i, $i = 1, 2, \cdots, N$이라 하고 이 실험치의 평균을 μ[15]라고 하자. 이때 $X_i - \mu$는 i번째 실험의 결과치와 평균의 차를 나타내는데 이 값은 양의 값, 0 혹은 음의 값을 가진다.

한편, 우리가 관심을 가지는 것은 실험의 결과로 얻은 각 값이 기대치와 떨어진

---

15 μ는 mean의 첫글자인 m에 해당하는 그리스 문자이다. 그리고 mean이라는 말도 지렛대의 균형점, balance point, 또는 역학에서 중점, center of gravity or mass의 의미를 지니고 있다.

정도(이를 편차, Deviation라고 부름)이므로 $X_i - \mu$의 절대치에 대한 기대치를 구하는 것이다. 그런데 절대치의 기대치를 구하는 것이 수학적으로 표기하기가 매끄럽지 못하므로 그 대안으로서 일단 $X_i - \mu$를 제곱하면 부호에 대하여 신경을 쓸 필요가 없어지기 때문에 $X_i - \mu$의 제곱에 대한 기대치를 구해서 다시 제곱근 가공을 하는 것이 나음을 알 수 있다. 이를 **평균제곱편차**(平均自乘偏差, Average squared deviation) 또는 그냥 편하게 **분산**(分散, Variance)이라고 부르는데 통계적 데이터에 대한 분산($Var[X]$ 혹은 σ^2라고 표기)은 다음과 같이 정의할 수 있다.

$$Var[X] = E[(X-\mu)^2]$$

사실, 분산의 개념은 통계학자 칼 피어슨(Karl Pearson)이 1893년 그레셤(Gresham) 강연에서 소개한 개념인데 데이터의 평균에 대한 벌어짐의 척도(尺度, Measure)로서 처음에는 Standard divergence로 불렸다가 나중에 Standard deviation으로 바뀌었다고 한다.

위의 식을 다음과 같이 정리할 수 있다.

$$Var[X] = E[(X-\mu)^2] = \frac{1}{N}\sum_{i=1}^{N}(X_i-\mu)^2 = \frac{1}{N}\sum_{i=1}^{N}X_i^2 - \mu^2$$

결국 실험 결과 얻어진 N개 실험치의 분산은 각 실험에서 얻어진 실험치를 제곱한 값의 평균(이것을 2차적률이라고 부르고 $E[X^2]$로 나타냄)에서 실험치 전체의 평균의 제곱을 뺀 값이다. 위의 식으로부터 확률변수의 2차적률은 다음과 같음을 알 수 있다.

$$E[X^2] = \sigma^2 + \mu^2$$

그런데 우리가 관심을 가지는 것은 각 실험에서 얻어진 결과가 평균으로부터 얼마나 떨어져 있는지이므로 위의 값에 다시 제곱근을 취해야 한다. 그리고 이것을 **표준편차**(標準偏差, Standard deviation)라고 하며 σ로 나타낸다. 즉, $\sigma = \sqrt{Var[X]}$이다.

표준편차라는 개념은 정규분포를 고안한 드 므와브르가 고안한 것으로 알려져 있는데 그는 측정한 여러 개의 데이터에서 어떤 하나의 데이터가 평균으로부터 떨어진 정도를 수치화하기 위해서 표준편차를 고안하였다고 한다.

한편, 실험의 횟수가 너무 많거나 조사해야 할 자료의 수가 너무 많을 경우에 **전수조사**(全數調査, 모든 실험결과를 사용하는 조사, Total investigation)가 효과적이지 못할 경우가 있다. 가령 세관을 통하여 미국산 오렌지 1,000만개가 수입되었다고 할 경우 오렌지의 잔류 농약이 기준치 이하인지 아닌지를 검사하기 위해 1,000만개 전부에 대해서 껍질을 깎아서 검사할 수는 없다. 이런 경우 보통 표본으로 몇 개만 선택해서 검사하는 것이 효율적이다.

그렇다면 도대체 몇 개나 선택을 하여 검사해야 믿을 수 있는 결과를 얻을 것인가? 그러나 지금 당장 그 이야기를 할 상황이 아니므로 적절한 표본의 수는 뒤에 이야기하기로 한다.

일단은 전체 자료의 수가 아주 큰 값 N일 때 그 중에서 자료를 n개씩 묶자. 그러면 전체 자료는 $m = \left\lceil \frac{N}{n} \right\rceil$ (단, $\lceil x \rceil$ 는 x보다 작지 않는 최소정수)개의 그룹으로 나누어진다. 이를 각각 표본 1, 표본 2, ⋯, 표본 m이라고 하자. 그림 4-1은 N개의 자료에 대한 표본화(Sampling)의 예를 보인 것이다.

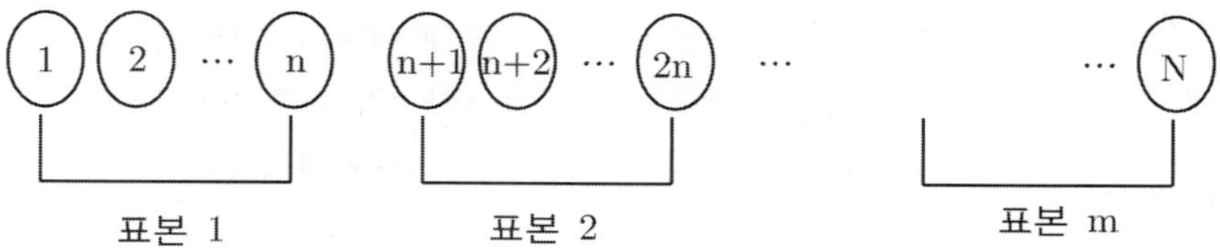

그림 4-1 N개의 자료로부터 n개씩 자료를 표본화하는 모습

한편, 하나의 표본 내에 있는 n개 자료의 각 값을 X_i, $i = 1, 2, \cdots, n$이라고 하자. 그리고 이때 임의의 하나의 표본으로부터 얻은 기대치를 μ_s(첨자 s는 Sample을 의미함)라고 하자. 이를 **표본평균**(標本平均, Sample mean)이라고 하며 다음과 같이 표시한다.

$$\mu_s = \frac{1}{n}\sum_{i=1}^{n} X_i$$

전체 자료 N개 가운데 자료그룹이 m개 있으므로 표본평균 μ_s의 데이터가 m개 있다. 그리고 이들 표본평균은 각기 다른 값을 가지는 또 다른 확률변수이다.

이번에는 표본평균에 대한 평균치(이를 $E[\mu_s]$라고 하자)를 다음과 같이 나타내자.

$$E[\mu_s] = E\left[\frac{1}{n}\sum_{i=1}^{n} X_i\right]$$

기대치 조작자는 변수에 대해서만 작동하고 n과는 무관하므로 앞의 식을 다음과 같이 나타낼 수 있다.

$$E[\mu_s] = \frac{1}{n}\sum_{i=1}^{n} E[X_i]$$

위 식의 우항에서 n이 충분히 크면 $E[X_i]$가 모평균과 같으므로 위 식은 다음과 같이 나타낼 수 있다.

$$E[\mu_s] = \frac{1}{n}\sum_{i=1}^{n}\mu = \mu$$

따라서 표본평균의 기대치에 대하여 다음과 같은 중요한 결과를 얻는다.

$$E[\mu_s] = \mu$$

따라서 우리는 엄청난 규모의 자료에 대하여 기대치를 구하고자 할 때 전수계산을 하여 기대치를 구할 필요가 없이 어느 정도 충분한 크기의 표본을 뽑아서 기대치를 구해도 실제의 전수조사에서 얻은 기대치와 같은 결과를 얻을 수 있음을 알 수 있다.

한편, 표본평균에 대한 분산을 **표본분산**(標本分散, Sample variance)이라고 하는데 그 값은 어떻게 될까? 먼저 분산의 정의에 의하여 다음의 식을 얻는다.

$$Var[\mu_s] = E[(\mu_s - \mu)^2] = E[{\mu_s}^2] - \mu^2$$

위 식에서 $E[{\mu_s}^2] = E\left[\frac{1}{n^2}\sum_{i=1}^{n}\sum_{j=1}^{n} X_i X_j\right]$이므로 이 식을 위에 대입하여 몇 단계의 계산을 거치면 다음의 결과를 얻을 수 있다.

$$\begin{aligned}
Var[\mu_s] &= E[(\mu_s - \mu)^2] = E[{\mu_s}^2] - \mu^2 \\
&= E\left[\frac{1}{n^2}\sum_{i=1}^{n}\sum_{j=1}^{n} X_i X_j\right] - \mu^2 \\
&= \frac{1}{n^2}\sum_{i=1}^{n}\sum_{j=1}^{n} E[X_i X_j] - \mu^2 \\
&= \frac{1}{n^2}(nE[X^2] + n(n-1)\mu^2) - \mu^2
\end{aligned}$$

$$= \frac{E[X^2] - \mu^2}{n}$$

$$= \frac{\sigma^2}{n}$$

우리는 다음의 결과를 얻었다.

$$Var[\mu_s] = \frac{\sigma^2}{n}$$

위 식이 의미하는 것은 모집단의 분산(이를 **모분산**, 母分散, Population variance 이라고 함)이 σ^2인 자료의 집단에서 표본의 수가 n인 자료를 뽑아서 구한 표본평균의 분산은 원래의 모분산을 표본의 개수인 n으로 나눈 값이다. 즉, 원래의 데이터에서 표본을 취하여 얻은 여러 개의 표본평균은 평균값을 취하는 과정에서 스무징효과(Smoothing effect)가 일어나는 바람에 각 표본평균이 서로 유사한 값을 가지게 되어서 이들 표본평균을 가지고 분산을 구하면(표본분산) 그 값이 원래의 분산에 비해서 그리 크지 않는 값을 가지게 됨을 의미한다.

이상의 이야기를 요약하면 다음과 같다. 모수가 $N(\mu, \sigma^2)$인 정규분포를 따르는 모집단을 구성하는 확률변수 중에서 n개 씩 자료를 표본추출하여 각 값을 X_i, $i =$ 1, 2, ⋯, n라고 할 때 표본평균인 μ_s는 $N(\mu, \sigma^2/n)$을 따르는 정규분포 확률변수이다. 이와 같은 성질을 정규분포의 **재생성**(再生性, Reproductive property)이라고 한다.

예제 4.1

셀 수 없이 많은 실험값을 가지는 어떤 아날로그 신호의 기대치가 100이고 분산이 89이다. 이때 표본을 몇 개 취해서 분산을 구했더니 1이었다. 그렇다면 이 실험자는 이 아날로그 신호의 평균을 제대로 예측하기 위하여 표본을 적어도 몇 개 취해야 할까?

[풀이] 모분산이 89이고 표본분산이 1이므로 $Var[\mu_s] = \frac{\sigma^2}{n}$의 식으로부터 $n = \frac{\sigma^2}{Var[\mu_s]}$ $= \frac{89}{1} = 89$, 즉 신뢰할 만한 결과를 얻기 위하여 필요한 표본의 수는 최소한 89개는 되어야 한다.

위에서 모분산과 표본분산 간의 관계에 대하여 알아보았다. 그런데 앞에서는 n개의 자료로 구성된 여러 개의 표본평균에 대하여 분산을 구하는 것을 보였는데, 지금부터는 다른 관점에서 표본분산을 구해보기로 하자. 즉, 이번에는 실험의 결과 얻은 자료의 수가 아주 큰 값 N일 때 그 중에서 n개의 표본을 뽑아서 그 값을 X_i, $i=1,\ 2,\ \cdots,\ n$이라고 하였을 때 이 n개의 자료로부터 바로 분산을 구하는 방법을 생각하자. 이때의 분산을 모분산과 차별화하기 위해 s^2으로 나타내자. 이때 표본평균은 μ_s이다.

먼저 분산에 대한 일반적인 식으로부터 출발한다.

$$s^2 = \frac{1}{n}\sum_{i=1}^{n}(X_i - \mu_s)^2 = \frac{1}{n}\sum_{i=1}^{n}\left(X_i - \frac{1}{n}\sum_{j=1}^{n}X_j\right)^2$$

N개의 자료 중에서 n개씩 묶은 샘플그룹을 여러 개 만들 수 있고, 또 각각의 샘플로부터 각각 분산을 구할 수 있다. 그런데 이들 값이 모두 같지는 않을 것이므로 표본분산도 변수와 같은 성격을 지닌다. 따라서 샘플분산에 대해서 기대치 조작자를 가하면 다음과 같다.

$$E[s^2] = \frac{1}{n}\sum_{i=1}^{n}E\left[\left(X_i - \frac{1}{n}\sum_{j=1}^{n}X_j\right)^2\right] = \frac{n-1}{n}\sigma^2$$

위의 결과를 정리하면 다음과 같다.

$$E[s^2] = \frac{n-1}{n}\sigma^2$$

위 식으로부터 n개의 표본에 대한 표본분산의 기대치는 원래의 모분산이 아닌 $\frac{n-1}{n}\sigma^2$임을 알 수 있다.

그런데 이 값은 모분산과는 편향된 값을 가지므로 이를 **편향분산**(偏向分散, Biased variance)이라고 한다. 즉, 몇 개의 표본을 선택하여 구한 분산은 모집단에서 구한 분산과는 다른 편향된 값을 가진다는 뜻이다.

그럼 표본을 취하여 편향되지 않은 표본분산을 구하려면 어떻게 해야 할까? 답은 의외로 간단하다. 편향된 값만큼 바로 잡아주면 된다. 다음 식은 이를 나타낸 것이다.

$$s_{ub}^2 = \frac{n}{n-1}s^2 = \frac{1}{n-1}\sum_{i=1}^{n}(X_i - \mu_s)^2$$

위의 식에서 s_{ub}^2의 아래첨자 ub는 편향되지 않은(Unbiased)이라는 뜻 나타낸 것이며, 이때의 s_{ub}^2를 **비편향표본분산**(非偏向標本分散, Unbiased sample variance)이라고 한다.

이번에는 s_{ub}^2의 기대치에 대해서 알아보자. 먼저 비편향표본분산에 대한 정의식에 대하여 좌우변에 기대치 조작자를 가하면 다음과 같다.

$$E[s_{ub}^2] = E\left[\frac{1}{n-1}\sum_{i=1}^{n}(X_i - \mu_s)^2\right] = \frac{1}{n-1}E\left[\sum_{i=1}^{n}(X_i - \mu_s)^2\right]$$

위 식에서 $\sum_{i=1}^{n}(X_i - \mu_s)^2$에 대하여 다음과 같이 바꾸어보자.

$$\begin{aligned}\sum_{i=1}^{n}(X_i - \mu_s)^2 &= \sum_{i=1}^{n}((X_i - \mu) - (\mu_s - \mu))^2 \\ &= \sum_{i=1}^{n}(X_i - \mu)^2 - 2(\mu_s - \mu)\sum_{i=1}^{n}(X_i - \mu) + n(\mu_s - \mu)^2 \\ &= \sum_{i=1}^{n}(X_i - \mu)^2 - n(\mu_s - \mu)^2\end{aligned}$$

위 식의 마지막 관계식을 원래의 식에 대입하면

$$\begin{aligned}E[s_{ub}^2] &= \frac{1}{n-1}E\left[\sum_{i=1}^{n}(X_i - \mu_s)^2\right] = \frac{1}{n-1}E\left[\sum_{i=1}^{n}(X_i - \mu)^2 - n(\mu_s - \mu)^2\right] \\ &= \frac{1}{n-1}\left(\sum_{i=1}^{n}E\left[(X_i - \mu)^2\right] - nE\left[(\mu_s - \mu)^2\right]\right) \\ &= \frac{1}{n-1}\left(\sum_{i=1}^{n}\sigma^2 - n\sigma_s^2\right) = \frac{1}{n-1}\left(n\sigma^2 - n\frac{\sigma^2}{n}\right) = \sigma^2\end{aligned}$$

위의 결과를 요약하면 다음과 같다.

$$E[s_{ub}^2] = \frac{1}{n-1}E\left[\sum_{i=1}^{n}(X_i - \mu_s)^2\right] = \sigma^2$$

즉, 위에서 정의한 비편향표본분산의 기대치는 모분산 σ^2과 같은 값을 가지므로 이 값은 진정 σ^2에 대한 **비편향 예측자**(非偏向 豫測子, Unbiased estimator)이다.

마지막으로 한 가지 기억해야 할 것이 있다. 지금까지 이야기해 온 비편향표본분산과 앞에서 구한 모분산에 대한 식을 비교해 보면 서로 다른 점을 발견할 수 있다. 즉, 모분산 σ^2을 구할 때는 N개의 자료에 대하여 관측치와 모평균을 뺀 값의 제곱을 모두 더하여 N으로 나누어서 계산하였는데 반하여 모집단으로부터 n개의 자료를 선택하여 비편향표본분산 s_{ub}^2를 구할 때는 n개의 자료에 대하여 관측치와 표본평균을 뺀 값의 제곱을 모두 더하여 $n-1$로 나누어서 계산하였다는 것이다. 여러분은 이 사실을 명심하여야 한다.

이야기가 좀 길어져서 집중력이 떨어졌을 수가 있을지 모르겠는데 다음의 문제를 통하여 지금까지 공부한 내용을 정리해 보자.

문제 4.1

아래에 나열한 수는 창원대 정보통신공학과가 위치한 공과대학 51호관 건물 앞에 어느 한 달의 근무일(Business day) 25일 동안 세워둔 바이크의 수를 나타낸다. 이때 물음에 답하라.

2, 5, 6, 8, 3, 5, 8, 1, 9, 4, 6, 3, 6, 8, 3, 5, 7, 1, 7, 3, 8, 2, 5, 3, 8

(1) 전수조사에 의한 기대치를 구하라.
(2) 모분산을 구하라.
(3) 5일치의 자료를 하나의 표본으로 하여 구한 표본평균에 대하여 기대치를구하라.
(4) (3)에서 얻은 표본평균의 분산을 구하라.
(5) 위의 데이터 가운데 3의 배수의 관측일의 값을 표본으로 하여 기대치와 분산을 구하고 전수조사에 의한 결과((1)~(2))와 표본화에 의한 결과((3)~(4))를 비교 분석하라.

3 확률변수의 기대치

확률변수에 대하여 기대치를 구하는 방법은 크게 두 가지로 나눌 수 있다. 한 가지 방법은 확률(정확하게는 확률밀도/질량함수)로부터 바로 구하는 것이고, 다른 하나는 적률생성함수(積率生成函數, Moment generating function)를 정의하여 구하는 방법이다. 다음에서는 먼저 확률질량함수로부터 기대치를 구하는 방법을 이야기하고 이어서 적률생성함수를 통해서 기대치를 구하는 방법에 대하여 알아본다.

표 4-1 뽑기 게임의 상금

등수(등)	카드의 수(매)	상금(원)
1	1	100,000
2	10	10,000
3	100	1,000
4	1,000	100
5	10,000	10

확률실험의 기대치는 확률변수가 가지는 값과 그 값이 나올 확률에 따라 기대치가 달라진다. 예를 들어 참가비 100원을 걸고 뽑기를 한다고 하자. 이때 뽑힐 수 있는 등수와 카드의 수, 그리고 당첨되었을 때의 상금액이 표 4-1과 같다.

많은 사람들은 고작 100원을 내고 운이 좋으면 1등 상금인 100,000원을 받을 수 있다고 생각하기 때문에 당장 달려들어서 뽑기를 하려고 할지도 모른다. 그렇다면 이 게임에서 어떤 사람이 카드 한 장을 뽑았을 때 얻을 수 있는 상금의 기대치는 얼마일까?

모든 카드를 뽑을 확률이 같다고 가정하고 참가한 모든 사람이 카드(카드의 총 매수는 11,111장이므로 게임에 참가하는 사람의 수는 11,111명)를 한 번씩 뽑았을 때 상금은 500,000원이다. 따라서 500,000만원을 11,111로 나누면 45원이다. 즉, 이 게임을 완전히 끝내면 한 사람당 평균 45원을 가져간다(사실 얼마 되지 않음).

한편, 이 게임을 주재한 사람은 얼마를 벌까? 참가자 한 사람당 100원을 받았으니 1,111,100원을 벌었다. 그런데, 상금으로는 500,000원을 지불하였으니 이 사람은 611,100원을 번 셈이다. 만약 이 가게의 카드가 매일 매진된다면 이 사람은 한 달에 18,333,000원을 버는 셈이 된다.

그런데 사행성 게임에 100원을 받는 사람이 있겠는가? 이번에는 게임당 1,000원을 받았다고 가정해보자. 물론 상금은 그대로 인 채 말이다. 이번에는 이 게임 주인은 얼마를 벌었을까? 11,111,000원을 받고 500,000원 내주었으니 10,611,000원을 벌었다. 이 게임 가게 완전 대박 났다!!^^

이제 위의 식을 일반화해 보자. 즉, 위의 게임에 대하여 확률변수와 그 확률변수에 대한 확률이 주어질 때 기대치를 구하는 방법을 표현해 보자. 먼저, 위의 표에서 각 등수에 대한 상금액이 확률변수이고 확률변수의 확률값은 해당등수가 나올 확률이므로 표 4-2와 같이 구할 수 있다.

표 4-2 뽑기 게임의 확률 및 상금

등수(등)	카드의 수(매)	해당등수가 나올 확률	상금(원)
1	1	1/11,111	100,000
2	10	10/11,111	10,000
3	100	100/11,111	1,000
4	1,000	1,000/11,111	100
5	10,000	10,000/11,111	10
합계	11,111	1	500,000

앞에서 우리는 카드 뽑기에서 나온 총 상금이 500,000원이라고 하였는데 그것은 1×100,000+10×10,000+100×1,000+1,000×100+10,000×10으로부터 나온 것이다. 그리고 한 사람당 평균상금은 이 값을 11,111로 나눈 것이다. 이를 하나의 식으로 쓰면 다음과 같다.

$$1\text{인당 평균상금} = \frac{1\times 100,000+10\times 10,000+100\times 1,000+1,000\times 100+10,000\times 10}{11,111} = 45$$

위의 식을 다시 쓰면 다음과 같다.

$$1\text{인당 평균상금}$$

$$100,000\times\frac{1}{11,111}+10,000\times\frac{10}{11,111}+1,000\times\frac{100}{11,111}+100\times\frac{1,000}{11,111}+10\times\frac{10,000}{11,111}=45$$

위의 식을 기호로 나타내면 식의 각 항에서 앞의 정수에 해당하는 상금은 확률변수이고 뒤의 해당등수가 나올 확률은 그 확률변수가 가지는 확률질량함수이다. 따라서 확률변수를 X_i(단, $i=1,\ 2,\ \cdots,\ 5$)로 나타내고 그 확률변수 X_i가 x_i의 값을 가지는 확률질량함수를 $p(x_i)$라고 나타내면 표 4-3과 같이 표현할 수 있다.

표 4-3 뽑기 게임의 확률변수와 질량함수

등수	확률변수	확률변수의 질량함수
1	$x_1=100,000$	$p(x_1)=1/11,111$
2	$x_2=10,000$	$p(x_2)=10/11,111$
3	$x_3=1,000$	$p(x_3)=100/11,111$
4	$x_4=100$	$p(x_4)=1,000/11,111$
5	$x_5=10$	$p(x_5)=10,000/11,111$
합계		1

따라서 카드 뽑기 확률실험의 기대치를 $E[X]$라고 하면 위의 마지막 식은 다음과 같이 표기할 수 있다.

$$E[X]=\sum_{i=1}^{5}x_i\,p(x_i)$$

우리는 확률실험에서 확률변수와 그 확률변수의 확률질량함수를 알면 기대치를 구할 수 있음을 알았다. 그리고 그 기대치가 통계적 평균으로 구한 값과 일치함을 알 수 있었다.

위의 실험에서는 확률변수가 정수의 값(즉, 이산확률변수)을 가지므로 확률변수의 기대치가 수열의 합으로 표기되었다. 한편, 실제 우리 주변의 문제에서는 확률변수가 가지는 값은 정수일 수도 있고 실수일 수도 있다. 따라서 확률변수가 가지는 값의 특성에 따라 기대치를 구하는 방법도 달라져야 한다. 다음에서는 이와 같은 상황을 고려하여 확률변수의 기대치를 구할 때 연속확률변수와 이산확률변수로 나누어서 생각해 본다.

한편, 저자는 앞에서 도박을 하면 반드시 돈을 잃는다고 말했는데 한 가지 예를 들어서 그 말이 진짜인지 알아보자. 필자는 미국에 약 3년간 살기도 하였고 또 학회 일로 출장도 여러 번 다녀왔지만 도박을 해본 적은 한 번도 없다. 그래서 사실 도박의 룰을 모른다. 그러나 여러분에게 도박을 해서 돈을 딸 확률이 왜 없는지를 설명하기 위해 공부를 좀 하였다.

미국 **룰렛**(Roulette)게임은 다음과 같이 둥근 원판에 0과 00, 그리고 1에서 36까지의 숫자 38개가 배치되어 있고 각 숫자에는 흰색 또는 검은색으로(물론 보기에 화려하도록 빨강과 검정으로 된 경우도 있다) 칠해져 있다. 그림 4-2는 미국에서 사용하는 룰렛판(American Roulette wheel)을 나타낸 것이다. 한편, 유럽의 판에는 0밖에 없어서 37개의 숫자가 있다.

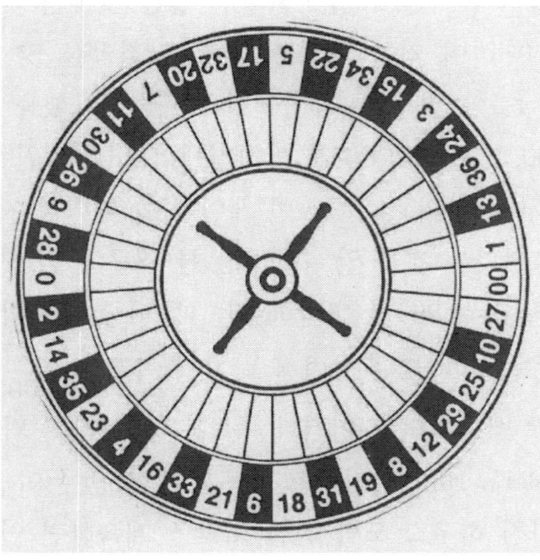

그림 4-2 미국의 룰렛 게임판(American Roulette wheel)

그림 4-3은 돈을 거는 판(이것을 Layout이라고 부름)을 나타낸 것이다. 그림을 보면 맨 위에 0과 00이 놓여있고 그 아래에 가로로 3개, 세로로 12개, 총 36개의 숫자가 적혀 있고 흰 바탕과 검은 바탕이 랜덤하게 칠해져 있다.

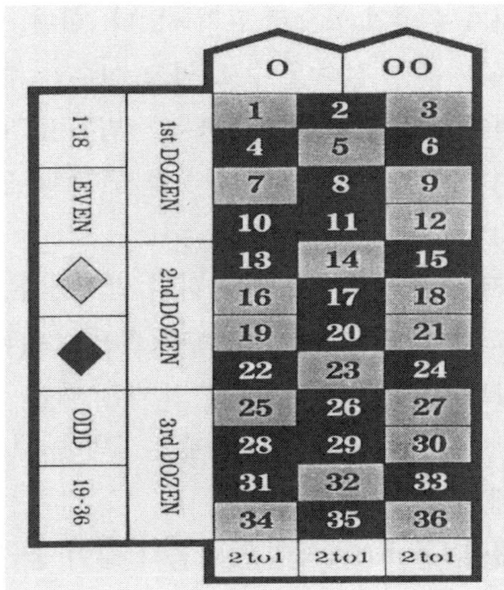

그림 4-3 미국의 룰렛 게임의 돈 거는 판(American Roulette Layout)

미국 룰렛에는 거는 방식이 총 11가지 있으며 각 방식에 대해서 당첨되었을 때 지급하는 금액(이를 배율이라고 부름)도 다르다. 당연히 성공확률이 낮은 것에는 높은 배율이 걸려 있고 성공확률이 높은 것에는 낮은 배율이 걸려 있다. 표 4-4는 각 경우에 대하여 거는 방식과 배율, 당첨확률 및 기대치를 나타낸 것이다.

표 4-4를 보면 모든 게임에서 1원을 투자했을 때 0.947원 이상은 돌려받을 수 없고 0, 00, 1, 2, 3의 5숫자 맞히기에서는 0.921원 밖에 돌려 받지 못함을 알 수 있다. 그래서 대부분의 경우 한 번 게임을 할 때마다 자신이 도박에 건 돈 중에서 5.3%는 손해를 본다는 것을 알 수 있다. 한 연구에 의하면 900달러를 가지고 간 손님이 한 번에 1달러씩 900번 도박하였을 때 나중에 도박장을 나설 때 1,000달러를 가지고 (100달러를 따서) 웃으면서 나갈 확률은 $\frac{27}{1,000,000}$이라고 한다! 이 값이 도대체 얼마지? 백만분의 27이니까 즉, 거의 0이라고 봐야 한다. 이 현상은 도박자의 파멸(Gambler's ruin)원리라고 부르는데 가진 돈이 유한한 도박자와 상대적으로 많은 돈을 가진 하우스(도박장)가 도박을 계속하면 언젠가는 도박자가 빈털터리가 되는 순간이 온다는 뜻이다.

표 4-4 룰렛의 거는 방식별 기대치

거는 방법	배율	당첨확률	기대치(단위화폐당)
빨강, 검정색 둘 중 하나 맞히기	2	18/38=47.4%	(18/38)×2=0.947
수의 전후반 중에서(1~36의 숫자 중 앞의 18개 혹은 뒤의 18개 중) 하나 맞히기	2	18/38=47.4%	(18/38)×2=0.947
짝수, 홀수 중 하나 맞히기(단, 0과 00은 어느 쪽에도 속하지 않음)	2	18/38=47.4%	(18/38)×2=0.947
0과 00을 제외하고 세로줄의 12숫자 맞히기(가로의 세칸 중 하나 맞히기)	3	12/38=31.6%	(12/38)×3=0.947
소, 중, 대의 12숫자 맞히기(1~12, 13~24, 25~36 중 하나)	3	12/38=31.6%	(12/38)×3=0.947
레이아웃의 가로줄의 상하 2단에 있는 6숫자 맞히기	6	6/38=15.8%	(6/38)×6=0.947
0, 00, 1, 2, 3의 5숫자 맞히기	7	5/38=13.1%	(5/38)×7=0.921
레이아웃에서 붙어있는 4개의 숫자 맞히기	9	4/38=10.5%	(4/38)×9=0.947
레이아웃의 하나의 가로줄에 있는 3개의 숫자 맞히기	12	3/38=7.9%	(3/38)×12=0.947
레이아웃의 이웃한 2숫자 맞히기	18	2/38=5.3%	(2/38)×18=0.947
0과 00을 포함하는 38개의 숫자 중에서 1개의 숫자 맞히기	36	1/38=2.6%	(1/38)×36=0.947

한편, 단 한 번의 게임에서 도박자의 당첨확률이 50%를 넘지 못하므로(위의 표를 보라. 가장 큰 확률이 47.4%이고 가장 작은 확률은 2.6%이다!!) 도박장의 게이머(게임을 주재하는 사람)는 손님들이 도박장을 떠나지 않고 게임을 많이 하면 할수록 따는 돈은 점점 많아지게 된다. 즉, 티끌 모아 태산이 되는 것이다. 이 사실은 나중에 우리가 공부하게 될 **대수의 법칙**(大數法則, Law of large number)의 이론적 근거가 된다. 따라서 이 사실로부터 여러분은 왜 라스베이거스의 고급 호텔들이 아주 싼 값에 고객을 머물게 하는지 그 이유를 알 수 있을 것이다.

그렇다면 왜 도박자는 자신이 계속 돈을 잃음에도 불구하고 계속 도박을 하려는 것일까? 예를 들어서 동전 던지기를 생각해 보자. 대부분의 사람들은 동전을 던져서 앞면이 계속해서 나오면 다음에는 뒷면이 나올 확률이 높아졌다고 생각(아니 착각)한다. 왜냐하면 동전 던지기의 확률은 반반인데 지금까지 앞면이 많이 나왔으니까 상대도수의 원칙에서 볼 때 다음에는 뒷면이 나올 가능성이 크다고 생각하기 때문이다. 실제로 도박장의 룰렛 게임자를 상대로 조사해 본 결과 앞선 베팅에서 빨간 공이 나오자 도박자의 75%가 다음 베팅에서 검은 공에 걸었다는 실험결과가 있다. 이 현상은 **도박자의 오류**(Gambler's fallacy)라고 부르는데 도박자가 이 오류에 빠지게 되면 자신의 패배가 연속될수록 '이제는 내가 이길 차례가 되었다'라고 착각을 한다고 한다. 그래서 도박자는 지면 질수록 베팅을 계속한다.

특히 도박중독은 **니어미스 효과**(Near-miss effect)에서 그 절정을 이루는데 7이라는 숫자 3개가 나란히 나오면 잭팟, 즉 대박이 터지는데 그림 4-4와 같이 두 개의 7이 나란히 선 뒤에 나머지 하나의 7이 4분의 1쯤 걸쳐서 나온 경우이다. 이 경우 도박자는 '돈을 거의 딸 뻔했다!'고 착각을 하게 되고(사실은 그냥 단순히 잃은 것인데…) 다음에는 7이라는 숫자 세 개가 나란히 설 것이라고 확신하게 된다. 2006년에 우리나라를 떠들썩하게 했던 '바다 이야기'도 이와 같은 도박자의 니어미스 심리를 이용했다(그들은 그렇게 나오도록 조작을 했다)고 한다.

그림 4-4 니어미스

도박자의 오류는 도박자 자신이 베팅을 결정하는 경우에 더욱 강하게 일어나는데 이를 **통제의 환상**(Illusion of the control)이라고 부른다. 예를 들면, 복권을 살 때 자신이 직접 번호를 기입하는 경우가 기계에 번호의 기입을 맡기는 경우에 비해서 그 복권에 대해서 더 애착(당첨될 확률이 높다고 생각)을 가지고 있으며 나중에 그 복권을 팔라고 하면 평균적으로 4배 이상 더 비싼 돈을 요구한다. 심지어 어떤 사람은 당첨확률이 더 높은 복권과 바꾸자고 해도 거절한다고 한다. 이는 인간의 심리에서 기인하는 것인데 일반적으로 사람들은 자신이 내린 결정에 대해서 그 결정이 옳다고 믿고 싶어하고 또 자신의 결정이 잘못된 것임을 인정하고 싶지 않아 하기 때문이다.

이제 도박에 대해서는 기대를 접고 하던 공부나 계속하자. 앞에서 우리는 뽑기게임과 미국 룰렛게임의 예를 통해서 확률변수와 그의 질량함수를 알면 확률실험의 기대치를 구할 수 있음을 보였다. 이때 확률변수는 모두 이산확률변수였는데 또 다른 경우에는 확률변수가 연속적인 값을 가질 수도 있다. 다음에서 이산확률변수와 연속확률변수로 나누어서 이야기를 계속한다.

1) 이산확률변수의 기대치

이산확률변수의 기대치는 확률변수가 가지는 값이 정수이므로 확률변수와 질량함수의 곱에 대한 수열의 합으로 표시한다. 즉, 확률질량함수(pmf)가 $p(x)$인 확률변수 X에 대하여 기대치 $E[X]$는 다음과 같이 정의된다.

$$E[X]=\sum_x xp(x),\ \text{단, } x\text{는 표본공간 내의 모든 원소}$$

이산확률변수의 기대치에 대한 예를 하나 들어보자. 여러분은 **죄수의 딜레마**(Prisoner's dilemma)라는 이야기를 들어본 적이 있을 것이다. 두 사람이 함께 죄를 지어서 경찰서에 잡혀 갔다고 하자. 경찰은 바보가 아니라면 두 사람을 서로 다른 방으로 데리고 가서 죄를 추궁한다. 왜냐하면 두 사람을 같은 방에 앉혀 놓고 추궁하면 서로 상대방이 하는 말을 들어가면서 두 사람이 상황에 따라 유리한 방향으로 대답을 해가면서 무죄임을 주장할 것이기 때문에 두 사람을 서로 다른 방으로 데리고 가서 두 사람이 서로 무슨 대답을 할지 모르도록 하여 불안감을 조성할 수도 있고, 또 두 사람에게 같은 질문을 해가면서 누군가가 거짓말을 하는지 알 수도 있고, 어떤 경우에는 두 사람에게 각각 반대편 사람이 이미 죄를 시인했다고 거짓말을 해가면서 순순히 죄를 인정하도록 유도할 수도 있기 때문이다.

하여간, 이와 같이 두 사람에 대해서 각기 다른 방에서 죄를 추궁할 때 죄수들은 어떻게 행동하는 것이 유리할까? 그리고 여러분이라면 어떻게 할 것인가? 죄를 자백할 것인가? 아니면 모르쇠로 일관할 것인가?

일반적으로 공범이 있는 경우에 두 죄수의 행동에 대해서 표 4-5와 같이 구형한다고 한다.

표 4-5 죄수의 행동에 따른 구형량

X/Y=죄수A의구형량/죄수B의구형량		죄수 B	
		묵비권행사(silent)	자백함(confess)
죄수 A	묵비권행사(silent)	2/2	4/1
	자백함(confess)	1/4	3/3

위의 표에서 표의 숫자 X/Y는 죄수 A/B에게 구형되는 형량이다. 예를 들면, 죄수A와 B가 모두 묵비권을 행사하면 두 사람에게 똑같이 2년을 구형한다. 둘 다 자백하면 두 사람에게 3년씩 구형한다. 그리고 죄수A는 자백하고 죄수B는 묵비권을

행사하면 죄수A에게는 자백한 것에 대한 보답으로 1년을 구형하고 죄수B에게는 괘씸죄를 적용해서 4년을 구형한다. 그 반대의 경우에는 죄수A와 B에게 반대로 구형한다.

이때 $b(i,j)$(단, i는 행을 나타내고 j는 열을 나타내며 $i,j=1,2$)를 죄수A와 죄수B의 **행동확률**(Behavior probability)로서 묵비권 행사 혹은 자백할 확률이라고 정의하자. 예를 들면, $b(1,1)$은 두 명의 죄수 모두가 묵비권을 행사할 확률이고 $b(2,1)$은 죄수A는 자백하고 죄수B는 묵비권을 행사할 확률이다. 한편, $p(i,j)$(단, i는 행을 나타내고 j는 열을 나타내며 $i,j=1,2$)를 죄수A와 죄수B에게 구형하는 형량이라고 정의하자. 이때 죄수B가 범행을 자백할 경우 죄수A에게 구형될 형량의 기대치를 두 가지 경우로 나누어서 구해보자.

① 먼저 죄수B가 자백할 확률이 80%이고 죄수A는 묵비권을 행사할지 자백할지 아직 정하지 못한 채 반반이라고 가정하자. 이때 죄수A가 받을 구형량의 기대치(이를 ψ라고 둠)는 다음과 같다.

$$\psi = \sum_{(i,j)=1}^{2} b(i,j)p(i,j) = 3.1$$

위의 값은 두 명의 죄수가 모두 순순히 자백할 경우에 받을 형량인 3년에 근접한 값이다.

② 이번에는 죄수B가 범행을 순순히 자백할 확률이 20%이고 죄수A는 묵비권을 행사할지 자백할지 아직 정하지 못한 채 반반이라고 가정하자. 그러면 죄수A가 받을 구형량의 기대치 $\psi=1.9$년이다. 이 값은 두 명의 죄수가 모두 묵비권을 행사할 경우에 받을 형량에 근접한 값이다.

위의 두 가지 결과를 보면 다음과 같은 결론에 도달할 수 있다.

먼저 여러분이 죄를 짓게 되어서 경찰에 잡혀 갔다. 이때 함께 죄를 지은 사람의 평소 행동으로 볼 때 그 사람이 믿을 만한 사람이라면 여러분도 끝까지 자백을 하지 않고 묵비권을 행사하는 것이 바람직하며, 반대로 믿을 만한 사람이 아니라면 여러분도 동료를 배신하고 순순히 자백을 하는 것이 유리하다.

위의 예에서 사실 죄수A에게 가장 유리한 경우는 죄수B가 묵비권을 행사하고 죄수A가 자백을 해서 1년의 구형을 받는 경우인데 여기에는 두 가지 치명적 위험이 존재한다. 첫 번째 문제는 과연 동료(죄수B)가 진짜로 묵비권을 확실히 행사하느냐 하는 문제이고 두 번째 문제는 만약 이렇게 되었다고 할 때 나중에 죄수A가 죄수B

에게 어떻게 그 죄(배신한 죄) 값을 받아야 하느냐 하는 것이다.

결론적으로 말하면 '잘 모르는 사람과는 절대로 함께 죄를 짓지 말아야 한다'는 것이다. 사실 그것보다 더 중요한 것은 '처음부터 죄를 지을 생각을 하지 말아야 한다'는 것이 아니겠는가?

예제 4.2

하나의 주사위 던지기 실험에서의 기대치를 확률변수의 기대치의 정의에 의해서 구하라.

[풀이] 주사위 던지기 실험에서 각 눈이 나올 확률은 모두 1/6이다. 따라서 하나의 주사위 던지기 실험에서의 기대치는 다음과 같다.

$$E[X] = \sum_{x=1}^{6} xp(x) = \frac{1}{6}(1+2+\cdots+6) = 3.5$$

예제 4.3

확률질량함수가 $p(n) = (1-p)^{n-1}p$인 기하확률변수 X에 대하여 다음의 물음에 답하라.

(1) 확률변수의 기대치를 구하여라.

(2) 결과에 대하여 물리적인 의미를 논하라.

[풀이] (1) 기대치의 정의에 의하여

$$E[X] = \sum_{n=1}^{\infty} np(n) = \sum_{n=1}^{\infty} n(1-p)^{n-1}p = p\sum_{n=1}^{\infty} n(1-p)^{n-1}$$

여기서 $1-p=q$로 치환하면, 다음의 결과를 얻을 수 있다.

$$E[X] = p\sum_{n=1}^{\infty} nq^{n-1}$$

그런데 위의 식에서 이 부분($\Rightarrow \sum_{n=1}^{\infty} nq^{n-1}$)에서 $\sum_{n=1}^{\infty} nq^{n-1} = \frac{d}{dq}\left(\sum_{n=1}^{\infty} q^n\right)$이며 $\sum_{n=1}^{\infty} q^n = \frac{q}{1-q}$이다.

이 사실을 위에 적용을 하면 다음의 결과를 얻는다.

$$E[X] = p\frac{d}{dq}\left(\sum_{n=1}^{\infty} q^n\right) = p\frac{d}{dq}\frac{q}{1-q} = \frac{p}{(1-q)^2} = \frac{1}{p}$$

(2) 위의 결과로부터 파라미터가 p인 기하확률변수 X의 기대치는 $1/p$임을 알 수 있다. 예를 들면 버누이 시행에서 성공확률이 20%($p=0.2$)인 실험에 대하여

이 실험으로부터 얻을 수 있는 기대치는 $1/p=5$이다. 이 사실은 매 번의 실험이 독립적이고 실험의 결과가 성공 혹은 실패일 확률실험 중 한 번의 실험에서 성공할 확률이 20%인 어떤 사람이 성공을 할 때까지 시행해야 할 실험의 횟수는 평균 5회임을 말한다.

예제 4.4

확률질량함수가 $p(n)=\dfrac{\lambda^n e^{-\lambda}}{n!}$로 정의되는 푸아송 확률변수 X에 대하여 기대치가 λ임을 증명하라.

[풀이] 기대치의 정의에 의하여 다음의 결과를 얻는다.

$$E[X]=\sum_{n=0}^{\infty} np(n)=\sum_{n=0}^{\infty} n\frac{\lambda^n e^{-\lambda}}{n!}=\sum_{n=1}^{\infty}\frac{e^{-\lambda}\lambda^n}{(n-1)!}$$

위의 식에서 수열에 관계되는 변수 부분을 제외한 상수 부분을 앞으로 빼내면 다음과 같다.

$$E[X]=\lambda e^{-\lambda}\sum_{n=1}^{\infty}\frac{\lambda^{n-1}}{(n-1)!}$$

여기서 오른쪽의 수열부분을 보면 어쩐지 조금 더 작업을 해야 할 것 같다. 분모와 분자에 모두 $n-1$이라는 것이 있는데 $n-1=k$로 두자!

$$\lambda e^{-\lambda}\sum_{n=1}^{\infty}\frac{\lambda^{n-1}}{(n-1)!}=\lambda e^{-\lambda}\sum_{k=0}^{\infty}\frac{\lambda^k}{k!}$$

이제 훨씬 보기가 간편해졌다. 그런데 여기서 이 부분($\Rightarrow \sum_{k=0}^{\infty}\frac{\lambda^k}{k!}$)에 주목하자. 이것은 바로 지수함수의 맥로린 급수(Maclaurin series)[16]이다. 즉, $\sum_{k=0}^{\infty}\frac{\lambda^k}{k!}=e^{\lambda}$이다. 따라서 다음과 같은 결과를 얻는다.

$$E[X]=\lambda e^{-\lambda}\sum_{k=0}^{\infty}\frac{\lambda^k}{k!}=\lambda e^{-\lambda}e^{\lambda}=\lambda$$

[꼬리분포함수를 이용한 기대치의 계산] 이번에는 이산확률변수의 기대치를 확률의 꼬리분포함수로부터 구하는 방법을 알아본다. 먼저 꼬리분포함수의 합에 대한 다음의 식으로부터 시작한다.

---

16 임의의 함수 $f(x)$의 Maclaurin 급수는 $f(x)=f(0)+xf'(0)+\frac{1}{2}x^2f''(0)+\cdots+\frac{1}{n!}x^nf^{(n)}(0)$로 정의된다

$$\sum_{n=0}^{\infty} P(X>n) = \sum_{n=0}^{\infty} \sum_{k=n+1}^{\infty} P(X=k)$$

위의 식에서 우항에 대하여 변수의 치환으로부터 다음의 식을 얻는다.

$$\sum_{n=0}^{\infty} \sum_{k=n+1}^{\infty} P(X=k) = \sum_{k=1}^{\infty} \sum_{n=0}^{k-1} P(X=k)$$

그런데 위의 식에서 이 부분($\Rightarrow \sum_{n=0}^{k-1} P(X=k)$)에서 $P(X=k)$는 n에 대해서 무관하므로 그냥 $P(X=k)$를 k개 더한 것과 같다. 따라서 위 식의 우항을 다음과 같이 쓸 수 있다.

$$\sum_{k=1}^{\infty} \sum_{n=0}^{k-1} P(X=k) = \sum_{k=1}^{\infty} kP(X=k)$$

여기서 위의 맨 마지막 식의 우항을 보면 이것 역시 우리가 앞에서 정의한 바로 그 기대치의 공식이다. 따라서 다음의 결과를 얻는다.

$$E[X] = \sum_{n=0}^{\infty} P(X>n)$$

결론적으로 이산확률변수의 기대치를 구할 때 확률의 질량함수 혹은 꼬리분포함수 중에서 어느 것으로부터도 구할 수 있다.

예제 4.5

하나의 주사위 던지기 실험에서 나온 눈의 수를 확률변수로 정의할 때 이 확률실험에서 얻을 수 있는 기대치를 확률변수의 꼬리분포를 이용한 기대치의 정의에 의해서 구하고 그 결과가 확률질량함수를 이용한 것과 같음을 보여라.

[풀이] 확률변수의 꼬리분포를 이용한 기대치의 정의로부터

$$E[X] = \sum_{n=0}^{6} P(X>n) = \frac{6}{6} + \frac{5}{6} + \cdots + \frac{1}{6} = 3.5$$

따라서 우리는 앞에서 확률질량함수를 이용하여 얻은 결과와 같은 값을 얻을 수 있음을 알았다.

[확률함수의 기대치] 이산확률변수 X가 정수의 전 범위의 값을 가지고 pmf $p(x)$

를 가진다고 할 때 X를 변수로 하는 함수 $U(X)$의 기대치는 다음과 같이 정의된다.

$$E[U(X)] = \sum_{-\infty}^{\infty} U(x)p(x)$$

위 식이 의미하는 것은 이산확률변수 X가 pmf $p(x)$를 가질 때 X의 함수 $U(X)$가 일어날 사건도 역시 pmf $p(x)$를 따른다는 사실로부터 자명한 결과이다.

위에서 $U(X)$의 모양은 여러 가지가 있지만, 실제로 우리가 관심을 가지는 함수는 몇 가지로 한정되어 있다. 만약 $U(X) = X^n$이면 $U(X)$의 기대치는 확률변수 X의 ***n*차적률**(n次積率, n-th moment)이라고 하며 다음과 같이 정의된다.

$$E[X^n] = \sum_{-\infty}^{\infty} x^n p(x)$$

위에서 $n = 1$이면 기대치이고, $n = 2$이면 2차적률이다.

여기서 **적률**(Moment, 모멘트)이라는 말이 처음으로 나오는데 간단히 설명을 해 둔다. 모멘트는 실험적 분포의 모양을 묘사하는 것인데 기원은 1892년 통계학자인 칼 피어슨(Karl Pearson)이 개발한 개념이다. 원래 모멘트는 **역학**(力學, Mechanics)에서 유래한 것으로 지렛대의 받침(Fulcrum)과 같은 회전점에 대한 힘을 측정하는 단위였다. 일반적으로 지렛대의 양쪽에 위치한 사물의 무게가 같다면 지렛대의 회전점은 두 사물의 중간 부분에 위치한다. 통계학에서는 사물의 측정값이 다양한 범위에 퍼져서 분포하는데 일반적으로 통계값의 중간점 부분에 위치한 측정값이 가장 많이 나올 가능성이 크며 이와 같은 모멘트를 통계치의 평균치를 의미하는 개념으로 사용했다.

예제 4.6

하나의 주사위를 던져서 나온 눈에 대하여 그 눈의 제곱에 해당하는 액수만큼의 돈을 받는 실험에서 얻을 수 있는 기대치를 확률변수의 기대치의 정의에 의해서 구하라.

[풀이] 하나의 주사위 던지기 실험에서 나올 수 있는 눈의 값을 X라고 하면 받을 수 있는 돈의 액수는 X^2이다. 그리고 이때 각 눈이 나올 확률은 모두 1/6이다. 따라서 다음과 같은 결과를 얻는다.

$$E[X^2] = \sum_{x=1}^{6} x^2 p(x) = \frac{1}{6}(1 + 2^2 + \cdots + 6^2) = \frac{91}{6} = 15.17$$

앞의 예제에서 다음과 같은 사실을 알 수 있다. 하나의 주사위 던지기로부터 얻을 수 있는 눈의 수를 확률변수 X라고 할 때 X의 기대치는 3.5이고, X^2의 기대치는 15.17이다. 이 사실로부터 다음의 관계식을 얻는다.

$$E[X^2] \neq (E[X]^2)$$

즉, 확률변수의 2차적률은 그 확률변수의 1차적률의 제곱과 같지 않다.

2) 연속확률변수의 기대치

연속확률변수의 기대치는 확률변수가 가지는 값이 실수이고 그 변수에 대한 확률밀도함수도 연속함수이므로 앞에서 이산확률변수에서 구한 방법과 같이 급수의 합으로는 구할 수 없다. 연속확률변수가 표본공간에서 정의한 범위 내에서 모든 값을 가질 수 있고 확률밀도함수가 주어지면 확률변수에 그 값이 나올 확률밀도함수를 곱하여 정의된 범위에 대하여 적분하면 그 값이 바로 기대치가 된다. 따라서 pdf가 $f(x)$인 연속확률변수 X에 대하여 기대치 $E[X]$는 다음과 같이 정의된다.

$$E[X] = \int_{-\infty}^{\infty} xf(x)dx$$

이와 같이 정의한 확률변수의 기대치를 **앙상블평균**(Ensemble average)이라고 부른다. 앙상블평균은 모든 확률변수에 대하여 그 확률변수가 나올 확률밀도함수를 곱해서 결과적으로 평균값이 된다는 의미에서 **집합평균**(集合平均)이라고 하기도 한다.

예제 4.7

pdf가 다음과 같이 정의되는 지수분포 확률변수 X에 대하여 다음 물음에 답하라.

$$f(x) = \begin{cases} \lambda e^{-\lambda x}, & x \geq 0 \\ 0, & x < 0 \end{cases}$$

(1) 확률변수 X의 기대치를 구하라.

(2) (1)에서 구한 결과에 대하여 예를 들어서 기대치가 가지는 물리적인 의미를 논하라.

[풀이] (1) 기대치의 정의 및 부분적분법[17]에 의하여 다음의 결과를 얻는다.

17 $\int u'v dx = uv - \int uv' dx$

$$E[X]=\int_{-\infty}^{\infty}xf(x)dx=\int_{0}^{\infty}x\lambda e^{-\lambda x}dx=-xe^{-\lambda x}\Big|_{0}^{\infty}+\int_{0}^{\infty}e^{-\lambda x}dx$$

$$=-\frac{1}{\lambda}e^{-\lambda x}\Big|_{0}^{\infty}=\frac{1}{\lambda}$$

(2) 위의 결과를 보면 모수가 λ인 지수분포를 따르는 확률변수 X의 기대치는 모수의 역수인 $1/\lambda$이다. 여기서 모수 λ가 의미하는 것이 확률적 사건의 평균 발생률을 의미하므로 기대치는 사건의 평균 발생 간격을 나타낸다. 예를 들면 단위 시간당 고객 도착률이 평균 3명인 병원에서 고객과 고객 사이의 평균 도착간격은 1/3시간, 즉 20분이라는 것과 같은 의미이다.

예제 4.8

pdf가 $N(\mu,\sigma^2)$로 정의되는 정규분포 확률변수 X에 대하여 다음 물음에 답하라.

(1) 확률변수의 기대치와 분산을 구하라.
(2) (1)의 결과에 대하여 물리적 의미를 논하라.

[풀이] (1) 우선 pdf가 $N(\mu,\sigma^2)$로 정의되는 정규분포 확률변수 X의 pdf는 다음과 같다.

$$f(x)=\frac{1}{\sqrt{2\pi}\,\sigma}e^{-\frac{(x-\mu)^2}{2\sigma^2}},\ -\infty<x<\infty$$

따라서 위의 확률밀도함수에 대하여 확률변수 X의 기대치는 다음과 같다.

$$E[X]=\int_{-\infty}^{\infty}xf(x)dx=\int_{-\infty}^{\infty}x\frac{1}{\sqrt{2\pi}\,\sigma}e^{-\frac{(x-\mu)^2}{2\sigma^2}}dx$$

위 식에서 가장 오른쪽의 식을 보면 지수함수 위에는 $x-\mu$가 있는데 반하여 그 앞에는 그냥 x만 있어서 식을 다음과 같이 바꾸어서 나타내고 계산하면 다음의 결과를 얻는다.

$$E[X]=\int_{-\infty}^{\infty}xf(x)dx=\int_{-\infty}^{\infty}x\frac{1}{\sqrt{2\pi}\,\sigma}e^{-\frac{(x-\mu)^2}{2\sigma^2}}dx$$

$$=\frac{1}{\sqrt{2\pi}\,\sigma}\int_{-\infty}^{\infty}(x-\mu)e^{-\frac{(x-\mu)^2}{2\sigma^2}}dx+\mu\frac{1}{\sqrt{2\pi}\,\sigma}\int_{-\infty}^{\infty}e^{-\frac{(x-\mu)^2}{2\sigma^2}}dx$$

$$=\frac{1}{\sqrt{2\pi}\,\sigma}\int_{-\infty}^{\infty}ye^{-\frac{y^2}{2\sigma^2}}dy+\mu\frac{1}{\sqrt{2\pi}\,\sigma}\int_{-\infty}^{\infty}e^{-\frac{(x-\mu)^2}{2\sigma^2}}dx=\mu$$

한편, 확률변수 X의 분산은 다음과 같이 정의된다.

$$Var[X] = E[(x-\mu)^2] = \int_{-\infty}^{\infty}(x-\mu)^2 f(x)dx$$

$$= \frac{1}{\sqrt{2\pi}\,\sigma}\int_{-\infty}^{\infty}(x-\mu)^2 e^{-\frac{(x-\mu)^2}{2\sigma^2}}dx$$

이때 $y = \frac{x-\mu}{\sigma}$ 라고 두면,

$$Var[X] = \frac{\sigma^2}{\sqrt{2\pi}}\int_{-\infty}^{\infty} y^2 e^{-\frac{y^2}{2}}dy = \frac{\sigma^2}{\sqrt{2\pi}} \times \sqrt{2\pi} = \sigma^2$$

(2) 위에서 구한 결과로부터 pdf가 $N(\mu,\sigma^2)$로 정의되는 정규분포 확률변수 X의 평균과 분산은 (μ,σ^2)임을 알았다. 따라서 당초의 정의가 맞음을 알 수 있다.

문제 4.2

확률변수가 [0,20] 사이에서 균일한 확률값을 가지는 연속확률변수일 때 이 확률변수의 기대치는 얼마인가?

[꼬리분포함수를 이용한 기대치의 계산] 지금까지 우리는 연속확률변수의 기대치를 확률밀도함수를 이용하여 구하였다. 그런데 연속확률변수의 기대치는 이산확률변수에서와 마찬가지로 확률의 꼬리분포함수로부터도 구할 수 있다. 먼저 꼬리분포함수의 정의로부터 다음의 관계식을 얻는다.

$$\int_{-\infty}^{\infty} P(X > x)dx = \int_{-\infty}^{\infty}\int_{x}^{\infty} f(t)dtdx$$

위 식에서 우항에 대하여 적분의 순서를 바꾸면 다음과 같다.

$$\int_{-\infty}^{\infty}\int_{x}^{\infty} f(t)dtdx = \int_{t=-\infty}^{\infty}\int_{x=0}^{t} dxf(t)dt$$

위 식에서 우항에서 x에 대하여 적분한 결과는 다음과 같다.

$$\int_{t=-\infty}^{\infty}\int_{x=0}^{t} dxf(t)dt = \int_{-\infty}^{\infty} tf(t)dt$$

위의 식에서 우항을 보면 그것은 바로 확률밀도함수를 이용한 확률변수에 대한 기대치의 정의와 같다!! 즉, 다음의 식과 같다.

$$E[X] = \int_{-\infty}^{\infty} tf(t)dt$$

따라서 다음의 결과를 얻는다.

$$E[X] = \int_{-\infty}^{\infty} P(X > x)dx = \int_{-\infty}^{\infty} (1 - F(x))dx$$

위의 결과로부터 우리는 연속확률변수의 기대치를 그 확률변수의 꼬리분포함수 혹은 분포함수 $F(x)$로부터도 구할 수 있음을 알 수 있다.

예제 4.9

모수가 $\lambda > 0$인 지수분포 확률변수 X(단, $X \geq 0$)에 대하여 그 확률변수의 꼬리분포함수를 이용하여 기대치를 구하라.

[풀이] 먼저 지수분포 확률변수에 대하여 꼬리분포함수를 구하면 다음과 같다.

$$P(X > x) = \int_{x}^{\infty} \lambda e^{-\lambda x} dx = e^{-\lambda x}$$

기대치의 정의에 의하여 다음의 결과를 얻는다.

$$E[X] = \int_{0}^{\infty} P(X > x)dx = \int_{0}^{\infty} e^{-\lambda x} dx = \frac{1}{\lambda}$$

[注] 위의 결과는 우리가 앞에서 확률밀도함수를 이용하여 구한 결과와 같음을 알 수 있다!!

문제 4.3

확률변수 X는 $U(0,20)$인 균등분포를 따른다. 이때 이 확률변수의 기대치를 꼬리분포함수를 이용하여 구하고 문제 4.2의 결과와 비교하라.

문제 4.4

파레토(Pareto)분포에 대하여 X를 확률변수, m을 확률변수가 가질 수 있는 최저값, α는 분포함수의 꼬리지수라 하고 분포함수가 다음의 식을 만족할 때 아래의 물음에 답하라.

$$F(x) = \Pr\{X \leq x\} = 1 - \left(\frac{m}{x}\right)^{\alpha} \quad (x \geq m,\ \alpha > 0)$$

(1) 위의 확률변수에 대하여 꼬리분포함수를 이용하여 기대치를 구하라.
(2) 위의 확률변수에 대하여 확률밀도함수를 이용하여 기대치를 구하여 (1)의 결과와 비교하라.

[참고] 와이블분포를 따르는 확률변수의 기대치에 대하여 간단히 소개한다. 와이블분포를 따르는 확률변수의 분포함수는 다음의 식을 만족한다.

$$F(x) = \Pr\{X \leq x\} = 1 - e^{-\left(\frac{x}{c}\right)^{\alpha}}, \; x \geq 0$$

이때 이 확률변수의 평균과 분산은 각각 다음과 같다.

$$E[X] = c\Gamma\left(1 + \frac{1}{\alpha}\right)$$

$$Var[X] = c^2\left[\Gamma\left(1 + \frac{2}{\alpha}\right) - \Gamma^2\left(1 + \frac{1}{\alpha}\right)\right]$$

단, $\Gamma(x)$는 감마함수이다.

[확률함수의 기대치] 앞에서 우리는 확률변수에 대하여 기대치를 구하였다. 한편, 확률변수를 변수로 가지는 함수의 기대치도 구할 수가 있는데 확률변수 X가 pdf $f(x)$를 가진다고 할 때 X의 함수 $U(X)$의 기대치는 다음과 같이 정의된다.

$$E[U(X)] = \int_{-\infty}^{\infty} U(x)f(x)dx$$

위에서 만약 $U(X) = X^n$이면 이때의 기대치는 확률변수 X의 **n차적률**이라고 부르며 다음과 같이 정의된다.

$$E[X^n] = \int_{-\infty}^{\infty} x^n f(x)dx$$

위에서 $n = 1$이면 기대치이고 $n = 2$이면 2차적률이다.

예제 4.10

확률변수 X의 기대치가 μ일 때 이 확률변수의 선형함수 $Y = aX + b$의 기대치는 얼마일까?

[풀이] $E[Y] = \int_{-\infty}^{\infty}(ax+b)f(x)dx = a\int_{-\infty}^{\infty}xf(x)dx + b\int_{-\infty}^{\infty}f(x)dx = a\mu + b$

예제 4.11

확률변수 X의 기대치가 μ이고 분산이 σ^2일 때 이 확률변수의 선형함수 $Y=aX+b$의 분산을 구하라.

[풀이] 분산의 정의로부터 다음 식을 얻는다.

$$Var[Y]=E[\{(ax+b)-(a\mu+b)\}^2]=\int_{-\infty}^{\infty}a^2(x-\mu)^2f(x)dx$$

위의 식을 풀어서 간단히 하면 다음의 식을 얻는다.

$$Var[Y]=a^2\left(\int_{-\infty}^{\infty}x^2f(x)dx-2\mu\int_{-\infty}^{\infty}xf(x)dx+\mu^2\int_{-\infty}^{\infty}f(x)dx\right)$$

위의 식에는 우리가 이미 알고 있는 결과가 많이 들어 있는데 하나씩 나열해 보면 다음과 같다.

우선 2차 모멘트의 정의로부터 $\int_{-\infty}^{\infty}x^2f(x)dx=E[X^2]=\sigma^2+\mu^2$이고,

이어서 기대치의 정의로부터 $\int_{-\infty}^{\infty}xf(x)dx=E[X]=\mu$이며,

마지막으로 확률의 정의로부터 $\int_{-\infty}^{\infty}f(x)dx=1$이다.

따라서 이 결과들을 앞의 식에 각각 대입하면 다음의 결과를 얻는다.

$$Var[Y]=a^2\{(\sigma^2+\mu^2)-2\mu^2+\mu^2\}$$

위의 우항을 정리하면 다음의 결과를 얻는다.

$$Var[Y]=a^2\sigma^2$$

위의 결과로부터 확률변수 X의 분산이 $Var[X]=\sigma^2$일 때 이 확률변수의 선형함수 $Y=aX+b$의 분산은 $Var[Y]=a^2\sigma^2$임을 알았다. 그리고 이 결과는 이미 앞에서도 한 번 다룬 적이 있다. 따라서 임의의 확률변수에 대하여 그 확률변수의 선형함수의 분산은 원래의 확률변수의 분산보다 더욱 더 커짐을 알 수 있다.

문제 4.5

확률변수 X의 기대치가 μ이고 분산이 σ^2일 때 정규화된 확률변수 $Z=\dfrac{X-\mu}{\sigma}$의 평균과 분산은 각각 0과 1임을 증명하라.

4 적률생성함수를 이용한 기대치

우리는 앞에서 연속 및 이산확률변수에 대하여 각각 확률밀도/확률질량 함수를 이용하여 기대치를 구하는 방법을 알아보았다. 지금부터는 연속확률변수 및 이산확률변수에 대하여 **적률생성함수**(積率生成函數, Moment generating function, 이하 MGF)를 이용한 기대치를 계산하는 방법에 대하여 알아보자.

앞에서 우리는 확률변수의 기대치(1차적률)를 구하기 위해 변수의 종류에 따라 적분이나 수열의 합을 구하는 과정을 거쳤다. 그러나 때로는 이와 같은 작업이 그리 간단하지 않을 경우도 있는데 이 경우 또 다른 방법으로 적률을 구할 수 있다.

기대치를 구하기 전에 먼저 MGF를 정의하기로 한다. 확률변수 X의 적률생성함수는 확률변수의 기대치나 2차적률 등과 같은 **적률**(積率, Moment)을 구하기 위한 함수이다.

확률변수 X의 MGF $\phi(t)$를 다음과 같이 정의한다.

$$\phi(t)=E[e^{tX}]=\begin{cases}\displaystyle\int_{-\infty}^{\infty}e^{tx}f(x)dx, & X\text{가 연속확률변수일 때}\\ \displaystyle\sum_x e^{tx}p(x), & X\text{가 이산확률변수일 때}\end{cases}$$

단, $f(x)$와 $p(x)$는 각각 연속 및 이산확률변수 X의 pdf 및 pmf이다.

예제 4.12

정규분포를 따르는 확률변수 $X \sim N(\mu, \sigma^2)$의 MGF를 구하라.

[풀이] 평균이 μ이고 표준편차가 σ인 정규분포를 따르는 확률변수 X의 MGF를 구하려면 MGF의 정의식에서 확률밀도함수에 이들 정보가 들어가서 함수가 복잡해질 것이다. 그래서 적분의 편의를 위하여 위의 확률변수를 정규화하여 평균이 0이고 분산이 1인 표준정규 확률변수 Z(단, $Z=(X-\mu)/\sigma$)로 만든다. 그리고 이 확률변수에 대하여 MGF를 구한 후 다시 정규화 조건을 해제하는 방법을 취한다. 이렇게 함으로써 적분이 훨씬 수월해짐을 보일 예정이다.

먼저 표준정규분포 확률변수 Z의 pdf를 $f(z)$라 하고 MGF를 $\varphi(t)$라고 두면 $\varphi(t)$는 다음과 같다.

$$\varphi(t)=E[e^{tZ}]=\int_{-\infty}^{\infty}e^{tz}f(z)dz=\frac{1}{\sqrt{2\pi}}\int_{-\infty}^{\infty}e^{tz}e^{-\frac{z^2}{2}}dz$$

위 식에서 맨 우측의 함수에 대하여 약간의 가공을 하면 다음과 같다.

$$\varphi(t) = \frac{1}{\sqrt{2\pi}} \int_{-\infty}^{\infty} e^{-\frac{(z-t)^2}{2}} e^{\frac{t^2}{2}} dz = e^{\frac{t^2}{2}} \frac{1}{\sqrt{2\pi}} \int_{-\infty}^{\infty} e^{-\frac{(z-t)^2}{2}} dz$$

한편, $\frac{1}{\sqrt{2\pi}} \int_{-\infty}^{\infty} e^{-\frac{(z-t)^2}{2}} dz = 1$이므로 위의 식은 다음과 같다.

$$\varphi(t) = e^{\frac{t^2}{2}}$$

따라서 우리는 평균이 0이고 분산이 1인 표준정규 확률변수 Z의 MGF가 위와 같이 얻어짐을 알았다.

이번에는 평균이 μ이고 표준편차가 σ인 정규분포를 따르는 확률변수 X의 MGF를 $\psi(t)$라고 두면 위의 결과로부터 다음과 같은 관계식을 얻을 수 있다.

$$\psi(t) = E[e^{tX}] = E[e^{t(\mu+\sigma Z)}] = e^{\mu t} E[e^{t\sigma Z}] = e^{\mu t} e^{\frac{(\sigma t)^2}{2}} = e^{\mu t + \frac{\sigma^2 t^2}{2}}$$

결국 평균이 μ이고 표준편차가 σ인 정규분포를 따르는 확률변수 X의 MGF $\psi(t)$는 위의 식과 같이 평균 μ와 표준편차 σ로 표시되는 지수함수이다.

1) 연속확률변수의 기대치

이번에는 MGF를 이용하여 연속확률변수의 1차 및 2차 적률을 구하는 방법을 알아본다. 먼저 기대치(1차적률)를 구하는 방법을 소개한다.

일단 확률변수 X의 MGF를 $\phi(t)$라고 두고 그것을 한 번 미분하자.

$$\phi'(t) = \frac{d}{dt} E[e^{tX}]$$

위 식에서 우측의 항에서 미분은 t에 대해서만 동작하므로 미분기호가 기대치기호 안으로 들어갈 수 있다. 따라서 다음의 결과를 얻는다.

$$\phi'(t) = E\left[\frac{d}{dt} e^{tX}\right]$$

한편, 위 식의 우측에서 e^{tX}를 t에 대하여 미분하면 다음과 같은 결과를 얻는다.

$$\phi'(t) = E[Xe^{tX}]$$

위의 식에서 만약 $t=0$면 위 식의 우항은 $E[X]$가 된다는 것을 알 수 있다. 그런데 이것이 바로 우리가 얻으려고 하는 기대치가 아닌가? 따라서 확률변수 X의 기대치는 다음과 같다.

$$E[X]=\phi'(0)$$

Wow! 위의 식으로부터 우리는 확률변수의 MGF가 주어질 때 그 함수를 한 번 미분하여 매개변수 $t=0$으로 두면 기대치를 구할 수 있음을 알았다.

이번에는 MGF를 미분한 함수를 다시 한 번 더 미분하여 보자. 그러면 다음의 결과를 얻는다.

$$\phi''(t)=\frac{d}{dt}\phi'(t)=E[X^2e^{tX}]$$

위 식에서 $t=0$으로 두면 우항이 확률변수 X의 2차적률이다. 즉, 다음의 식이 성립한다.

$$\phi''(0)=E[X^2]$$

확률변수의 분산을 $Var[X]$라고 하면 다음의 결과를 얻는다.

$$Var[X]=E[X^2]-(E[X])^2=\phi''(0)-(\phi'(0))^2$$

우리는 확률변수의 MGF로부터 1, 2차모멘트를 구했고 그로부터 분산도 구했다. 그럼 확률변수의 n차 모멘트는 어떻게 될까? 답은 간단하다. MGF를 n번 미분하여 $t=0$으로 두면 된다. 즉, 다음과 같다.

$$\phi^n(0)=E[X^n]$$

위의 사실로부터 우리는 MGF를 $n(n=1,\ 2,\ \cdots)$번 미분하여 확률변수의 n차 모멘트를 구할 수 있음을 알았다.

예제 4.13

확률변수 X의 MGF가 다음과 같이 주어질 때 X의 평균과 분산을 구하라.

$$\phi(t)=e^{\lambda(e^t-1)}$$

[풀이] 확률변수 X의 평균과 분산을 구하려면 최소한 2차 적률까지는 구해야 하므로 먼저 $\phi(t)$를 두 번 미분한다.

$$\phi'(t)=\lambda e^te^{\lambda(e^t-1)}$$
$$\phi''(t)=\lambda^2e^{2t}e^{\lambda(e^t-1)}+\lambda e^te^{\lambda(e^t-1)}=e^{\lambda(e^t-1)}(\lambda e^t+\lambda^2e^{2t})$$

따라서 평균과 분산은 각각 다음과 같다.

$$E[X] = \phi'(0) = \lambda$$
$$Var[X] = E[X^2] - (E[X])^2 = \phi''(0) - \lambda^2 = \lambda$$

[정규분포의 합의 법칙] 정규분포의 합의 법칙이란 평균과 분산이 각각 (μ_1, σ_1^2), (μ_2, σ_2^2)로 정의되는 서로 독립적인 정규분포 확률변수 X와 Y의 합의 평균과 분산이 $(\mu_1 + \mu_2, \sigma_1^2 + \sigma_2^2)$로 표현되는 것을 말한다. 이에 대해서는 앞에서 이미 다룬 바 있는데 여러분도 기억을 하고 있을 것인데 확률변수의 MGF를 이용하여 정규분포의 합의 법칙을 증명하자.

우선 아래와 같이 정규분포 확률변수 X의 MGF를 정의한다.

$$\phi(t) = E[e^{tX}] = \frac{1}{\sqrt{2\pi}\,\sigma}\int_{-\infty}^{\infty} e^{tx} e^{-\frac{(x-\mu)^2}{2\sigma^2}} dx$$

위의 우측항에 대하여 적분기호 안의 지수함수에 대하여 다음과 같이 정리하자.

$$\int_{-\infty}^{\infty} e^{tx} e^{-\frac{(x-\mu)^2}{2\sigma^2}} dx = \int_{-\infty}^{\infty} \exp\left\{\frac{-(x^2 - 2\mu x + \mu^2 - 2\sigma^2 tx)}{2\sigma^2}\right\} dx$$

위 식의 우측항에 대해서 지수함수의 특성으로부터 다음의 결과를 얻는다.

$$\exp\left\{\frac{-(x^2 - 2\mu x + \mu^2 - 2\sigma^2 tx)}{2\sigma^2}\right\} = \exp\left\{\mu t + \frac{\sigma^2 t^2}{2}\right\} \exp\left\{\frac{-(x - (\mu + \sigma^2 t))^2}{2\sigma^2}\right\}$$

이 결과를 원래의 식에 대입하면 다음의 결과를 얻는다.

$$\phi(t) = \exp\left\{\mu t + \frac{\sigma^2 t^2}{2}\right\} \frac{1}{\sqrt{2\pi}\,\sigma}\int_{-\infty}^{\infty} \exp\left\{\frac{-(x - (\mu + \sigma^2 t))^2}{2\sigma^2}\right\} dx$$

위 식에서 $\exp\left\{\mu t + \frac{\sigma^2 t^2}{2}\right\}$ 이후의 부분이 정규분포 확률밀도함수의 적분이므로 결국 그 값이 1인 점을 고려하면 다음과 같은 결과를 얻는다.

$$\phi(t) = \exp\left\{\mu t + \frac{\sigma^2 t^2}{2}\right\}$$

오잉? 위 식은 앞의 [예제 4.12]에서 우리가 어렵게 구한 식이 아닌가?

한편, 상호 독립인 정규분포 확률변수 X와 Y에 대하여 변수의 독립성[18]으로부터 다음의 관계가 성립한다.

$$\phi_{X+Y}(t) = \phi_X(t)\phi_Y(t) = \exp\left\{\mu_1 t + \frac{\sigma_1^2 t^2}{2}\right\}\exp\left\{\mu_2 t + \frac{\sigma_2^2 t^2}{2}\right\}$$

$$= \exp\left\{(\mu_1 + \mu_2)t + \frac{(\sigma_1^2 + \sigma_2^2)t^2}{2}\right\}$$

위 식에서 $\mu = \mu_1 + \mu_2$ 및 $\sigma^2 = \sigma_1^2 + \sigma_2^2$으로 두면 $\phi_{X+Y}(t) = \exp\left\{\mu t + \frac{\sigma^2 t^2}{2}\right\}$가 되고 $\phi_{X+Y}(t)$는 정규분포 확률변수의 MGF이다. 따라서 독립인 두 정규분포 확률변수의 합도 역시 정규분포 확률변수이다!!

위의 결과를 확장하면 정규분포를 따르는 독립적인 확률변수를 여러 개 더한 결과도 역시 정규분포를 따른다. 즉, 평균과 분산이 각각 (μ_1, σ_1^2), (μ_2, σ_2^2), ⋯, (μ_n, σ_n^2)로 정의되는 서로 독립적인 n개의 정규분포 확률변수의 합의 평균과 분산은 $(\sum_{i=1}^{n}\mu_i, \sum_{i=1}^{n}\sigma_i^2)$이다. 이와 같은 성질을 정규분포의 **재생성**(再生性, Regenerability)이라고 한다.

문제 4.6

어떤 학교에서 국어, 영어, 수학, 과학, 사회의 5개 교과목에 대하여 시험을 친 결과 각 과목의 점수가 아래의 표와 같은 평균과 분산을 가진 정규분포로 나왔다고 할 때 이들 과목을 합한 총점의 평균과 분산은 얼마인가?

과목	국어	영어	수학	과학	사회
평균	60	55	45	35	70
분산	15	12	10	8	20

2) 이산확률변수의 기대치

X가 음이 아닌 정수의 값을 가지는 이산확률변수라 하고 이 확률변수의 확률질량함수(pmf)를 $p(k)$라고 두자. 이때 X의 적률생성함수 $G(z)$는 다음과 같다.

$$G(z) = E[z^X] = \sum_{k=0}^{\infty} p(k)z^k, \text{ 단 } z = e^t$$

18 변수의 독립성과 특성함수에 대해서는 제5장에서 다룰 예정이다.

아래에서는 몇 가지 대표적인 확률분포에 대하여 MGF를 소개한다. 먼저, $P\{X=c\}=1$인 상수확률변수의 MGF는 다음과 같다.

$$G(z)=z^c$$

예제 4.14

$P\{X=c\}=1$인 상수확률변수의 MGF가 $G(z)=z^c$임을 증명하고 물리적 의미를 논하라.

[풀이] 상수확률변수 X의 MGF는 정의에 의하여 다음과 같다.

$$G(z)=E[z^X]=\sum_{k=0}^{\infty}p(k)z^k=z^c$$

위의 결과는 $X=c$인 경우를 제외하고는 확률변수의 값이 없으므로 자명하다.

한편, 매개변수가 λ인 푸아송 확률변수에 대한 MGF는 다음과 같다.

$$G(z)=e^{\lambda(z-1)}$$

예제 4.15

매개변수가 λ인 푸아송 확률변수에 대한 MGF가 $G(z)=e^{\lambda(z-1)}$임을 증명하라.

[풀이] pmf가 $P(k)=\frac{\lambda^k}{k!}e^{-\lambda}$인 푸아송 확률변수의 MGF는 정의에 의하여 다음과 같다.

$$G(z)=E[z^X]=\sum_{k=0}^{\infty}\frac{\lambda^k}{k!}e^{-\lambda}z^k=e^{-\lambda}\sum_{k=0}^{\infty}\frac{(\lambda z)^k}{k!}=e^{\lambda(z-1)}$$

문제 4.7

매개변수가 p인 기하확률변수의 MGF를 구하라.

지금까지 우리는 몇 가지 대표적인 이산확률변수에 대하여 MGF를 구해 보았다. 이제 MGF를 이용하여 이산확률변수 X의 기대치를 구하기로 한다. 먼저 적률생성함수 $G(z)=\sum_{k=0}^{\infty}p(k)z^k$를 한 번 미분하면 다음의 식을 얻는다.

$$G'(z) = \sum_{k=0}^{\infty} kp(k)z^{k-1}$$

여기서 $z=1$을 대입하면 다음과 같다.

$$G'(1) = \sum_{k=0}^{\infty} kp(k)$$

위 식은 바로 이산확률변수의 기대치이다. 따라서 이산확률변수 X의 기대치는 다음과 같다.

$$E[X] = G'(1)$$

대부분의 경우 통계적 데이터로부터 얻을 수 있는 정보로서 1차적률인 기대치 이외에도 분산 등 보다 고차적인 통계치를 알 필요가 있기 때문에 실제적으로 2차 이상의 적률도 정의할 필요가 있다.

앞에서 연속확률변수에 대해서 MGF를 n번 미분한 것과 마찬가지 방법으로 이산확률변수에 대해서도 MGF인 $G(z)$를 n번 미분한 결과에 $z=1$을 대입해보자. 그러면 다음의 결과를 얻는다.

$$G^{(n)}(z) = \sum_{k=n}^{\infty} k(k-1)\cdots(k-n+1)z^{k-n}p(k)$$

여기에 $z=1$을 대입하면 다음의 결과를 얻는다.

$$G^{(n)}(1) = \sum_{k=n}^{\infty} k(k-1)\cdots(k-n+1)p(k)$$

그런데 이 식을 잘 들여다보면 그것은 바로 $E[k(k-1)\cdots(k-n+1)]$인데 이것을 이산확률변수 X의 **n차적률모멘트**(n-th factorial moment)라고 한다. 왜냐하면 위의 식에서 $X=k$라고 두고 $n=j$로 치환하면 $X(X-1)\cdots(X-j+1) = \frac{X!}{(X-j)!}$로서 결국 X의 j차 적률로 나타낼 수 있기 때문이다. 결국, 확률변수 X의 j차 적률모멘트는 다음과 같이 정의된다.

$$E[X(X-1)\cdots(X-j+1)] = E\left[\frac{X!}{(X-j)!}\right] = G^{(j)}(z)\Big|_{z=1}$$

위의 식에서 만약 $j=1$이면 다음의 결과를 얻는다.

$$E[X] = G'(z)|_{z=1} \equiv G'(1)$$

한편, $j=2$이면 다음의 결과를 얻는다.

$$E[X(X-1)] = G''(z)|_{z=1} \equiv G''(1)$$

위 식의 좌변을 정리하여 다음과 같이 나타내자.

$$E[X(X-1)] = E[X^2 - X] = E[X^2] - E[X] = G''(1)$$

위의 식에 기대치의 정의, 즉 $E[X] = G'(1)$의 결과를 도입하면 확률변수의 2차 적률은 다음과 같다.

$$E[X^2] = G'(1) + G''(1)$$

확률변수의 2차적률은 그 자체로는 많이 사용하지는 않는 대신 분산을 구할 때 주로 이용되는데 다음과 같다.

$$\begin{aligned} Var[X] &= E[(X-E(X))^2] \\ &= E[X^2 - 2XE(X) + (E(X))^2] = E[X^2] - (E(X))^2 \\ &= G''(1) + G'(1) - [G'(1)]^2 \end{aligned}$$

한편, 이산확률변수 X의 표준편차는 다음과 같다.

$$\sigma = \sqrt{Var[X]} = \sqrt{G''(1) + G'(1) - [G'(1)]^2}$$

위의 식은 보기에는 복잡해 보이지만 결국 MGF의 1차 및 2차 미분만 구하면 쉽게 계산된다.

예제 4.16

적률생성함수 $G(z)$가 아래와 같이 주어진 확률변수 X에 대해서 다음 물음에 답하라.

$$G(z) = e^{z-1}$$

(1) 위의 적률생성함수는 무슨 확률변수에 해당하는가?
(2) 이 확률변수의 기대치는 얼마인가?
(3) 이 확률변수의 분산은 얼마인가?

[풀이] (1) 위의 적률생성함수는 $\lambda=1$인 푸아송 확률변수의 적률생성함수이다.
(2) 확률변수의 기대치는 정의에 의해서 다음과 같다.

$$E[X] = G'(z)|_{z=1} = e^{z-1}\Big|_{z=1} = 1$$

(3) 확률변수의 분산은 정의에 의해서 다음과 같다.

$$Var[X] = G''(1) + G'(1) - [G'(1)]^2$$
$$= 1+1-1 = 1$$

문제 4.8

MGF가 아래와 같이 주어진 확률변수 X에 대하여 평균과 분산을 구하라.

$G(z) = \dfrac{p}{1-qz}$, 단 $q = 1-p$

5 확률생성함수로서의 적률생성함수

지금까지 우리는 연속 및 이산확률변수에 대하여 적률생성함수로부터 기대치 및 n 차적률($n > 1$)을 구하는 방법을 공부했다. 그런데 이 적률생성함수로부터 확률밀도함수(연속확률변수의 경우) 및 질량함수(이산확률변수의 경우)를 계산할 수도 있다. 먼저 적률생성함수 $G(z)$가 주어질 때 확률질량함수 $p(k)$를 구하는 방법을 알아본다.

이산확률변수에 대하여 적률생성함수 $G(z)$의 n차 미분으로부터 얻은 결과식 $G^{(n)}(z) = \sum_{k=n}^{\infty} k(k-1)\cdots(k-n+1)z^{k-n}p(k)$을 풀어서 표현하면 다음과 같은 식을 얻는다.

$$G^{(n)}(z) = n!z^0 p(n) + (n+1)!zp(n+1) + \frac{(n+2)!}{2!}z^2 p(n+2) + \cdots$$

위 식에 대하여 양변에 $z = 0$을 대입하면 첫 번째 항을 제외하고는 모든 항이 0이 되므로 다음과 같은 결과를 얻는다.

$$p(n) = P\{X = n\} = \frac{G^{(n)}(0)}{n!}$$

위의 결과로부터 확률변수 $X = n$일 확률(pmf)은 X의 MGF $G(z)$를 n번 미분하여 $z = 0$을 대입함으로써 구할 수 있음을 의미한다. 여기서 알 수 있는 것은 확률변수의 적률생성함수로부터 확률질량함수를 구할 때 변수의 값에 따라 적률생성함수의 미분횟수가 다르다는 사실이다. 가령, $p(1)$을 구하려면 $p(1) = P\{X = 1\} =$

$G'(0)$과 같이 적률생성함수 $G(z)$를 한 번 미분하여 $z=0$을 대입함으로써 구할 수 있다. 한편, $p(3)$을 구하려면 $p(3)=P\{X=3\}=\frac{G^{(3)}(0)}{3!}$으로부터 $G(z)$를 세 번 미분하여 구한다.

이상으로부터 우리는 확률변수의 질량함수는 적률생성함수로부터 구할 수 있음을 보았다. 그런데, 보통 특정한 n의 값에 대하여 확률값을 알아보고자 하는 사람은 잘 없을 것이다. 그래서 수학적으로는 모든 n에 대해서 성립하는 일반식을 구하는 것이다.

이와 같이 적률생성함수로부터 확률을 구할 수 있다는 점 때문에 확률변수의 MGF를 **확률생성함수**(確率生成函數, Probability generating function: 이하 PGF)라고 한다.

예제 4.17

확률변수 X의 확률생성함수 $G(z)$가 아래와 같이 주어질 때 아래의 물음에 답하라.

(1) 이 확률변수의 확률질량함수를 구하라.

(2) X가 무엇을 나타내는지 의미를 논하라.

$$G(z)=e^{z-1}$$

[풀이] (1) $G(z)$에서 $e^z=\sum_{n=0}^{\infty}\frac{z^n}{n!}$인 사실을 이용하여 다음과 같이 바꾸어 나타낸다.

$$G(z)=e^{z-1}=e^{-1}\sum_{n=0}^{\infty}\frac{z^n}{n!}=\sum_{n=0}^{\infty}z^n\frac{e^{-1}}{n!}$$

위 식에서 마지막 등식을 다음과 같이 표현해보자.

$$G(z)=\sum_{n=0}^{\infty}z^n\frac{e^{-1}}{n!}=\sum_{n=0}^{\infty}z^n p(n)$$

위 식으로부터 $p(n)$은 다음의 식과 같다.

$$p(n)=\frac{e^{-1}}{n!}$$

pmf로부터 X는 파라미터가 1인 푸아송 확률변수이다.

문제 4.9

확률변수 X의 확률생성함수 $G(z)$가 $G(z)=\frac{p}{1-qz}$일 때 이 확률변수의 확률질량함수를 구하고 얻은 확률질량함수는 무엇을 나타내는지 의미를 논하라.

6 고차원 모멘트

앞에서 우리는 확률분포함수나 적률생성함수를 이용하여 확률변수의 n(주로 1, 2차)차적률을 구하는 방법을 알아보았다. 그런데 여러분은 확률변수의 보다 더 고차원적인(3차 이상) 적률은 과연 어디에 쓰이는지 궁금하지 않은가? 지금부터는 이에 대한 이야기를 한다. 사실 일반적으로 학부 수준의 확률론에서는 이 문제를 잘 다루지 않는 경향이 있는데 계산을 하기가 그리 어려운 것도 아니고 실제로 알아두면 유용할 것 같아서 소개한다.

1) 비대칭계수

비대칭계수(非對稱係數, Coefficient of skewness)는 확률변수의 밀도함수가 평균값을 중심으로 얼마나 비대칭인지를 나타내는 척도로서 다음과 같이 정의된다.

$$C_s[X] = \frac{E[(X-\mu)^3]}{\sigma^3}, \text{ 단 } \mu\text{는 확률변수 } X\text{의 기대치, } \sigma\text{는 표준편차}$$

비대칭계수는 공학에서는 **왜곡도**(歪曲度, Degree of distortion)라고도 하는데 함수의 그래프가 좌우로 대칭되지 않고 왜곡된 정도를 나타낸다. 왜곡도는 통계학에서는 **평균 세제곱 편차**(Average cubed deviation)라고 정의하는데 측정값이 평균값에서 멀어진 거리의 세제곱평균을 나타내기 때문이다.

비대칭계수는 세 가지로 구분될 수 있다.

① 확률변수의 밀도함수가 평균을 중심으로 대칭이면 비대칭계수가 0이다. 이때 확률변수의 분포는 정규분포와 같이 좌우대칭이 된다. 그런데 현실적인 문제에서 확률분포가 평균을 중심으로 정확히 대칭되는 경우는 거의 없을 것이다! 따라서 거의 0에 근접하면 대칭이라고 판단할 것이다.

② 확률변수의 분포가 평균을 중심으로 좌측으로 긴 꼬리를 가지고 있으면(즉, 좌측의 면적이 넓으면) 비대칭계수는 음의 값을 가진다. 즉, 확률변수가 평균보다 작은 값 쪽으로 더 치우쳐져 있음을 나타낸다. 이 경우에는 평균치가 확률변수가 가질 수 있는 범위에서 중심으로부터 볼 때 우측에 위치한다. 이 경우를 **음의 비대칭**(Negatively skewed)이라고 하며, 확률변수의 분포를 그려보면 **중앙값**(Median)이 가장 왼쪽에 위치하고 **최대값**(mode)은 맨 오른쪽에 위치하며 **평균값**(Mean)은 이들 두 값의 중간에 위치한다.

③ 확률변수의 분포가 평균값을 중심으로 우측으로 더 치우쳐져서 긴 꼬리를 가지면(즉, 우측의 면적이 넓으면) 비대칭계수는 양의 값을 가진다. 이때는 확률변수의 기대치가 비교적 작은 값을 가지는 경우로서 이 확률변수는 **양의 비대칭**(Positively skewed)이라고 하며, 확률변수의 분포를 그려보면 평균값(Mean)이 가장 왼쪽에 위치하고 중앙값(Median)은 중앙에 위치하며 최대값(Mode)은 맨 오른쪽에 위치한다.

그림 4-5는 비대칭계수와 확률분포와의 관계를 알아보기 쉽게 하기 위해 임의로 나타낸 것이다.

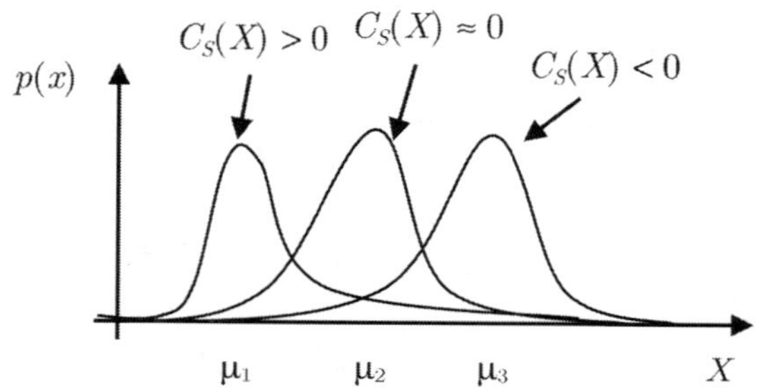

그림 4-5 비대칭계수와 확률밀도함수

그림 4-5에서 맨 왼쪽의 곡선은 비대칭계수가 양인 경우로서 평균값인 μ_1을 중심으로 오른쪽이 더 긴 꼬리를 나타낸 것을 볼 수 있고 맨 오른쪽은 그와는 반대이다. 그리고 가운데 곡선은 임의로 그린 탓에 완전 대칭은 아니게 그려졌지만 저자의 의도는 평균값인 μ_2를 중심으로 좌우대칭이다.

비대칭계수와 확률분포와의 관계를 관찰하는 예를 하나 들어본다.

예제 4.18

창원대학교 정보통신공학과 이훈교수는 100명의 학생을 대상으로 확률론 중간고사를 실시하였는데 점수가 다음과 같이 나왔다. 이때 물음에 답하라.

점수대	0~10	11~20	21~30	31~40	41~50	51~60	61~70	71~80	81~90	91~100
학생수	3	10	17	30	25	10	3	2	0	0

(1) 평균점수는 몇 점대인가?

(2) 비대칭계수는 얼마인가?
(3) 위의 점수에 대하여 확률분포를 그래프로 그려서 위에서 구한 결과와 일치하는지 관찰하라.

[풀이] (1) 위의 표에서 각 점수대의 중앙값을 대표값으로 하여 평균점수를 다음과 같이 구한다.

$$평균점수 = 5\times0.03+15\times0.1+25\times0.17+35\times0.3+45\times0.25+55\times0.1$$
$$+65\times0.03+75\times0.02 = 36.6$$

학생의 평균점수는 36.6점이며 평균점수대는 31~40사이이다.

(2) 비대칭계수를 구하기 위해서 먼저 표준편차를 구하여야 한다. 표준편차는 표준편차= $\sqrt{Var[X]} = \sqrt{E[X-\mu)^2]} = 14.33$.
따라서 비대칭계수는 다음과 같다.

$$C_s[X] = \frac{E[(X-\mu)^3]}{\sigma^3} = \frac{369.8}{2942.6} = 0.126$$

비대칭계수가 양이므로 이 학과의 학생의 성적은 평균을 중심으로 오른쪽에 많이 그리고 더 길게 위치함을 알 수 있다. 즉, 학생들의 평균 성적은 낮은 대신 성적이 높은 점수대에도 학생이 많이 분포하고 있다. 따라서 만약 평균점수를 올리고 싶다면 이훈 교수는 다음 시험에서는 중간 난이도의 문제를 좀 더 늘릴 필요가 있다.

(3) 확률질량함수는 다음과 같다.

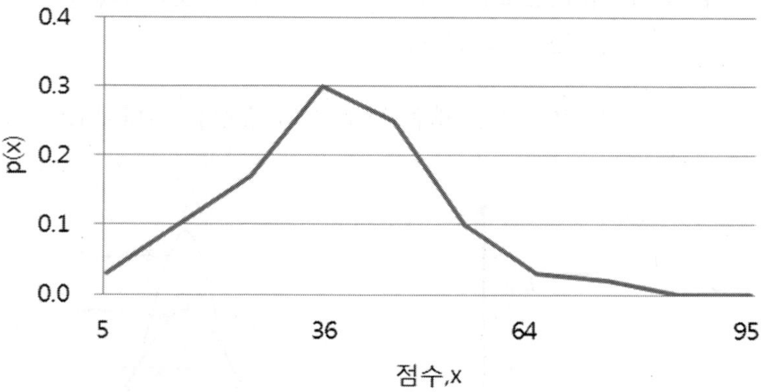

그림에서 평균값인 36.6점을 기준으로 볼 때 오른쪽으로 꼬리가 더 길게 분포하고 있고 면적도 좀 더 넓어 보이므로 위의 결과와 일치한다.

2) 첨예도계수

첨예도계수(尖銳度係數, Peakedness coefficient)는 **상대도수**(相對度數, Relative frequency) 곡선에서 **최빈치**(最頻値, 정규분포의 경우 평균치)를 중심으로 양쪽에 위치하는 도수의 평평함(Flatness) 또는 뾰족함(Peakedness)의 정도를 나타내는 지표이다. 첨예도계수는 **쿠르토시스**(Kurtosis)계수라고 하는데 어원은 '뾰족함(Peakedness)' 혹은 '튀어나옴(Bulginess)'을 의미하는 그리스어인 Kurtos라는 말에서 유래하였다.

첨예도계수는 다음과 같이 정의된다.

$$C_k[X] = \frac{E[(X-\mu)^4]}{\sigma^4}, \text{ 단 } \mu\text{는 확률변수 } X\text{의 기대치, } \sigma\text{는 표준편차}$$

첨예도계수는 확률변수가 평균치의 주변에 얼마나 몰려있는지를 나타내는 척도이다. 즉, 첨예도계수가 클수록 확률변수가 평균치 주변에 머물 가능성이 크다.

첨예도의 정도를 나타내는 용어로 다음의 세 가지가 있다.

① **렙토쿠르틱**(Leptokurtic): 데이터가 평균치 주위에 많이 모여서 정규분포보다 더 뾰족하다.

② **메소쿠르틱**(Mesokurtic): 데이터가 평균치의 주위에 적당히 모여서 정규분포를 닮았다.

③ **프래티쿠르틱**(Platykurtic): 데이터가 평균치의 주위에 많이 모여 있지 않아서 정규분포보다 더 납작하다.

그림 4-6은 첨예도계수의 세 가지 유형을 나타내고 있다.

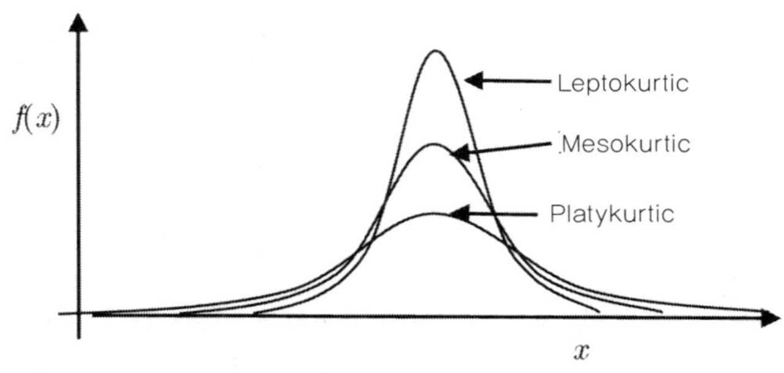

그림 4-6 첨예도계수의 종류

앞의 정의로부터 알 수 있는 바와 같이 첨예도계수는 항상 양이며 평균치 주변의 확률변수에 대한 확률밀도함수가 클수록 그래프는 뾰족하고 첨예도계수가 크다. 첨예도계수와 확률분포와의 관계를 나타내는 예를 하나 들어보자.

예제 4.19

창원대학교 정보통신공학과에서 100명의 학생을 대상으로 확률론 기말고사를 실시하였는데 중간고사의 저조한 성적을 고려하여 조금 쉽게 출제하였더니 다음과 같은 결과가 나왔다. 이때 물음에 답하라.

점수대	0~10	11~20	21~30	31~40	41~50	51~60	61~70	71~80	81~90	91~100
학생수	0	5	10	15	25	20	15	5	5	0

(1) 점수에 대한 확률분포를 그려라.
(2) 평균점수대는 몇 점인가?
(3) 첨예도계수는 얼마인가?

[풀이] (1) 점수에 대한 확률분포는 아래와 같다.

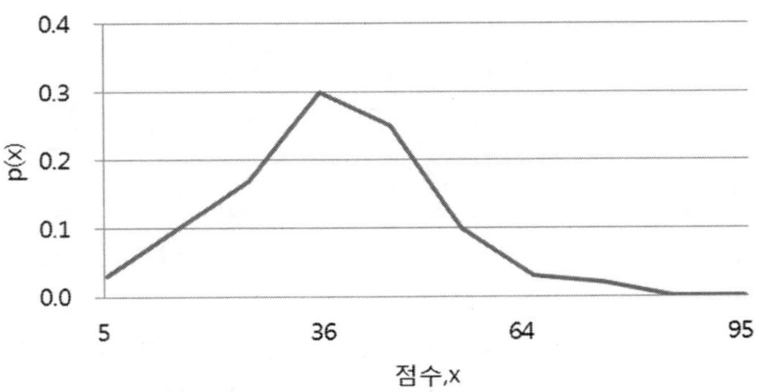

(2) 위의 표에서 각 점수대의 중심값을 그 점수대의 대표값으로 하여 평균점수를 다음과 같이 구하였다.

$$\text{평균값} = 15\times0.05+25\times0.1+35\times0.15+45\times0.25+55\times0.2$$
$$+65\times0.15+75\times0.05+85\times0.05 = 48.5$$

학생의 평균점수는 48.5점이며 평균 점수대는 41~50이다. 이교수의 의도대로 기말고사에서는 중간고사보다는 평균점수가 올랐다! ^^

(3) 먼저 표준편차는 17.11이다. 따라서 첨예도계수는 다음과 같다.

$$C_k[X] = \frac{E[(X-\mu)^3]}{\sigma^4} = \frac{223367.3}{85703.8} = 2.61$$

그런데 위의 첨예도계수의 값이 큰 값인지 작은 값인지 알 수가 없다. 그래서 이번에는 다음과 같은 예를 통해서 첨예도계수와 확률분포와의 관계를 알아보자.

예제 4.20

창원대학교 정보통신공학과에서 100명의 학생을 대상으로 확률론 기말고사를 실시하였는데 점수가 다음과 같은 결과가 나왔다. 이때 물음에 답하라.

점수대	0~10	11~20	21~30	31~40	41~50	51~60	61~70	71~80	81~90	91~100
학생수	0	2	3	25	35	30	4	1	0	0

(1) 점수에 대한 확률분포를 그려라.
(2) 평균 점수대는 몇 점인가?
(3) 첨예도계수는 얼마인가?
(4) 위의 결과를 예제 4.18과 비교하여라.

[풀이] (1) 확률분포는 아래와 같다.

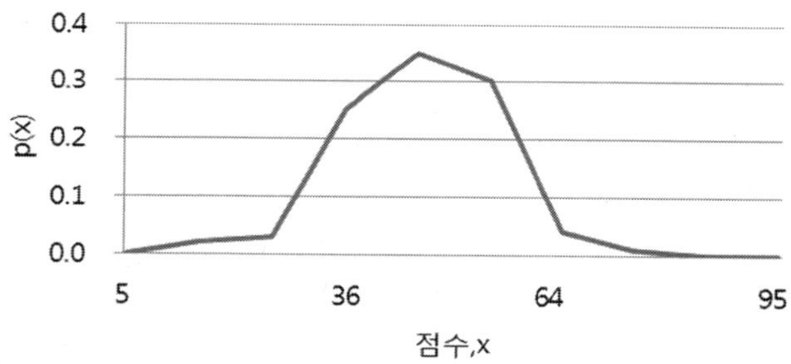

(2) 평균값 $= 15\times0.02+25\times0.03+35\times0.25+45\times0.35+55\times0.3$
$+65\times0.04+75\times0.01 = 45.41$

(3) 표준편차는10.44이고 첨예도계수는 다음과 같다.

$$C_k[X] = \frac{E[(X-\mu)^4]}{\sigma^4} = \frac{41340.46}{11879.6} = 3.48$$

(4) 이번에는 [예제 4.18]에서 보다는 학생의 점수대가 평균점수 주변에 더 많이 몰려 있음이 그래프로부터 쉽게 알 수 있다. 따라서 이 경우에는 [예제 4.18] 보다 첨예도계수가 더 크다.

표 4-1에서 평균치, 분산, 비대칭계수, 첨예도계수의 네 가지 개념에 대해서 간단히 정리를 하고 n차 적률의 이야기를 마치고자 한다.

표 4-1 n차 적률의 비교(n=1~4)

용어	용어의 정의	물리적 의미
평균	1차적률(Average)	데이터가 어디에 가장 많이 모여있나?
분산	2차적률(Average squared deviation)	데이터가 얼마나 흩어져 있나?
비대칭계수	3차적률(Average cubed deviation)	데이터의 분포가 얼마나 대칭성을 잃었나?
첨예도계수	4차적률(4th power deviation)	데이터의 분포가 얼마나 뾰족한가?

7 기대치와 신뢰도

기대치와 관련된 응용례로서 여론조사의 결과 얻어지는 기대치와 신뢰도에 대한 문제를 소개한다. TV 뉴스를 보면 가끔 정치 및 경제 현안에 대한 여론조사 결과를 다루는 경우를 볼 수 있다. 즉, 사회의 중요한 이슈에 대한 국민의 여론을 소개할 때가 있는데 가령 대통령에 대한 지지율을 예로 들면 '전국 20세 이상의 남녀 1,000명에 대하여 여론조사를 실시한 결과 대통령을 지지하는 비율이 55%였으며 이때 95% 신뢰도에 오차의 한계는 3.1%'라는 말을 사용하는 것을 보았을 것이다.

여기서 국민이 대통령을 지지하는 비율이 55%라는 것은 여론조사에 응한 1,000명 중에서 550명이 대통령에 대하여 지지한다는 의미이다. 즉, 대통령의 지지도에 대한 기대치는 0.55이다. 대통령으로서는 전 국민이 자신을 지지해주면(이때의 기대치는 1이다!) 좋겠지만 국민으로부터의 반응은 간신히 반을 넘었다.

한편, '95% 신뢰도에 오차의 한계는 3.1%'라는 말은 대통령을 지지하는 사람이 55%일 확률이 100%는 아니고 91.9%에서 98.1% 정도라는 것이다. 이때 오차의 한계가 3.1%라는 것이 의미하는 바가 무엇인지에 대하여 명확하게 알고 있는 사람은 많지 않은 것 같다. 지금부터 이에 대한 이야기를 하려고 한다.

위에서 이야기한 바와 같이 국민의 수가 5,000만 명인 동방의 아름다운 나라에서 대통령에 대한 지지도를 알아보기로 했다. 그런데 국민 전체를 대상으로 지지도를 조사하기 위해서는 전국 방방곡곡에 투표소를 만들고 투표관리위원을 선발하고 날을 정해서 전국 동시 투표를 해야 하는데 이를 위한 비용과 노력이 이만저만 많이 들지 않음은 누구나 쉽게 알 수 있을 것이다.

이와 같은 수고를 줄이는 방법은 몇 명의 사람을 뽑아서 여론조사를 벌이는 것이다. 국가에서는 믿을 만한 여론조사 기관에 의뢰해서 1,000명의 성인에게 '현재의 대통령에 대하여 지지를 합니까?'라는 질문을 하였다. 그런데 단 1,000명의 사람에게 물은 의견이 과연 믿을만한 결과인지 의문이 들 것이다.

이를 해결하는 방법은 여론조사를 몇 번 반복하여 얻은 지지율을 바탕으로 평균을 구하면 될 것이다. 그러나 여론조사를 여러 번 반복하는 것도 쉬운 일이 아니다. 여러분도 여론조사를 받아본 경험이 있다면 알겠지만 어느 날 갑자기 전화가 걸려와서 여론조사를 한다고 하면 응하고 싶지 않은 경우가 많다. 따라서 대개는 단 한 번의 여론조사를 하여서 지지율을 도출하되 그 여론조사의 결과에 대하여 신뢰도와 오차율을 제시함으로써 여론조사의 결과에 대하여 약간의 오차가 존재함을 알리는 방법을 취하고 있다.

앞의 예로 돌아가서 여론조사의 결과 얻어지는 지지율을 확률변수 X라고 정의하자. 그리고 단 한 번의 여론조사에 참가한 사람의 수를 n이라 하고 여론조사 결과 얻은 지지율을 p라고 하자. 한편 (실제로는 하지 않았지만) 여론조사를 충분히 많은 사람(n을 충분히 크게 함)을 대상으로 반복하였을 때의 지지율(즉 모평균)을 q라고 하고 분산을 ν^2라고 하자. 그러면 중심극한의 정리[19]에 의해서 p는 평균이 q이고 분산이 ν^2인 정규분포를 따른다. 단, 이때 $\nu^2 = q(1-q)/n$이다. 여기서 p에 대하여 정규화하면 표준 정규분포 확률변수 Z(단, $Z=(p-q)/\nu$)를 얻는다.

한편, 여론조사의 신뢰도가 95%라는 것은 표준정규분포 확률변수가 취하는 값의 범위가 기대치 0으로부터 좌우로 1.96 이하에 있을 확률이 95%라는 뜻이므로 다음의 관계식이 성립한다.

$$0.95 = \Pr\{-1.96 \le Z \le 1.96\} = \Pr\left\{-1.96 \le \frac{p-q}{\nu} \le 1.96\right\}$$

위의 식에 대하여 부등호의 좌우를 정렬하면 다음의 결과식을 얻는다.

$$0.95 = \Pr\{p - 1.96\nu \le q \le p + 1.96\nu\}$$

19 이 정리는 6장에서 자세히 다루겠는데 간단히 말하면 상호 독립인 확률실험을 무한히 반복해서 얻은 결과는 정규분포를 따른다는 것이다.

그런데 사실은 여러 번 반복한 여론조사의 결과인 ν^2의 값은 우리가 모르는 값이다. 왜냐하면 우리는 여론조사를 여러 번 실시하지 않았기 때문이다. 반면에 단 한 번의 여론조사의 결과에 대해서도 분산은 알 수 없다. 그런데 우리는 여기서 약간의 직관을 도입해야 한다. 즉, 우리가 여론조사를 여러 번 반복하면 각 조사 때마다 대통령에 대한 지지율의 값을 얻을 수 있고 그 값을 기본으로 하여 기대치와 분산을 구할 수 있는데 이때의 분산을 σ^2라고 하자.

한편, 앞에서 공부한 바와 같이 이항분포의 정규분포 근사와 표본평균의 분산에 관한 정리로부터 σ^2은 다음의 값을 가진다.

$$\sigma^2 = p(1-p)/n$$

여기서 ν^2 대신에 근사적인 값인 σ^2을 사용한다. 그러면 식 $0.95 = \Pr\{p - 1.96\nu \le q \le p + 1.96\nu\}$은 다음과 같이 나타낼 수 있다.

$$0.95 = \Pr\{p - 1.96\sigma \le q \le p + 1.96\sigma\}$$

여기서 앞에서 가정한 값을 대입해 보자. 즉, $n = 1{,}000$, $p = 0.55$을 이용하면 $\sigma^2 = 0.55 \times 0.45/1000 = 0.000225$이고 결국 $\sigma = 0.157$이다. 그리고 이 값을 위의 마지막 식 $0.95 = \Pr\{p - 1.96\sigma \le q \le p + 1.96\sigma\}$에 대입하면 다음의 결과를 얻는다.

$$0.95 = \Pr\{0.55 - 0.031 \le q \le 0.55 + 0.031\}$$

위의 식이 의미하는 것은 여론조사를 여러 번 반복한 경우에 얻는 지지율 q가 단 한 번의 여론조사에서 얻은 지지율 $p(=0.55)$보다 0.031 이상 차이가 나지 않을 확률이 95%라는 의미이다. 그리고 이때 0.031(3.1%)을 오차의 한계라고 한다.

위의 논의에서부터 오차의 한계는 결국 σ^2의 값에 따라 결정됨을 알 수 있고 σ^2이 n(여론조사를 한 표본의 수)의 함수이므로 표본의 수를 무한으로 하면 오차는 0이 된다. 즉, 5,000만 명 전원을 대상으로 여론조사를 하면 오차는 0이다. 그러나 그렇게 하기에는 너무 많은 비용이 든다!!

위의 사실로부터 알 수 있는 두 가지 사실은 다음과 같다.

① 여론조사에서 표본의 수가 그리 크지 않아도 결과는 상당히 정확하다.
② 표본의 수를 늘리면 그에 따라서 오차의 한계는 작아진다.

한편, 여론조사와 관련하여 주의해야 할 점에 대해서 이야기를 하고 지금까지의 이야기를 마무리하고자 한다. 2011년 2월 15일 조선일보에는 재미있는 기사가 하나 실렸다. 기사의 제목은 "여론조사 왜 툭하면 틀리나 했더니… 비밀은 '전화번호부'에 있었다"이다. 2011년 2월 8일 모 리서치사가 전화번호부에 등재된 가구를 대상으로 실시한 여론조사에서 이명박 대통령의 지지도가 50.9%였다. 그런데 한 연구단체에서는 '전화번호부에 집 전화번호를 등재한 집단과 그렇지 않은 집단 간에 정치적 성향의 차이가 있으므로 전화번호부에 등재된 가구만을 대상으로 여론조사를 한 것은 오류가 있을 수 있다'고 지적했다.

사실 미국, 일본 등지에서는 여론조사의 신뢰도를 높이기 위해 지역번호와 국번 이외의 마지막 4자리수를 컴퓨터에서 무작위로 생성한 뒤 전화를 거는 RDD(Random digit dialing, 임의번호 걸기)방식을 사용한다고 한다. 그래서 그 연구원은 이를 뒷받침하기 위해 모 리서치센터에 의뢰하여 RDD 방식을 이용하여 1,003명을 대상으로 앞과 같은 여론조사를 했다. 단, 이 조사의 경우 등재된 가구는 37%, 등재되지 않은 가구는 63%였다. 등재비율이 낮은 것은 사람들이 개인정보 보호 등의 이유로 전화번호부에 자신의 집 전화번호를 등재하지 않아서이다.

하여간 이명박 대통령의 국정운영에 대해 조사한 결과 전화번호부에 등재한 가구에서는 48%가 지지를 했고 등재되지 않은 가구에서는 42%가 지지를 보였다. 한편, '국정운영에 대하여 부정적'으로 대답한 비율은 등재한 가구에서는 41%였고 등재되지 않은 가구에서는 50%였다. 즉, 긍정적 답변은 등재가구에서 많이 나왔으나 부정적 답변은 등재되지 않은 가구에서 많이 나왔다. 이로부터 알 수 있는 것은 '전화번호부에 등재되지 않은 쪽에 진보적인 성향의 사람들이 많다'는 사실이다.

위와 비슷한 경향은 정당 지지도에서도 잘 나타나는데 전화번호 등재가구와 비등재가구에 대해서 당시 여당의 지지도가 36%와 27%로 나타났고 야당에 대해서는 둘 다 18%가 나왔다. 결국 정부나 여당은 전화번호부에 등재된 사람들을 대상으로 한 여론조사만 보고 국민들이 자신을 지지하는 비율이 높다고 마냥 기뻐할 일만은 아니라는 것이다.

한편, 정당 지지도나 전화번호 등재율은 연령에 따라 차이가 난다는 사실도 알려졌는데 등재가구의 연령별 구성 비율은 30대 이하 32%, 40대 19%, 그리고 50대 이상이 49%였다. 이는 아주 중요한 의미를 내포하고 있는데 정당의 지지도나 대통령의 지지도를 알아볼 때 특정 집단을 배제하거나 특정 집단에 대해서만 조사를 실시할 때 나타날 수 있는 여론의 편향을 무시할 수 없다는 것이다.

8 확률분포, 적률생성함수, 그리고 기대치

지금까지 우리는 확률변수에 대하여 확률밀도(혹은 질량)함수, 확률분포함수, 적률생성함수, 그리고 기대치에 대하여 공부를 하였다. 제4장은 지금까지 우리가 공부한 많은 내용이 종합적으로 나오고 게다가 여러 가지 개념이 서로 물리고 물린 관계를 보이고 또 이야기가 조금은 길어서 이해가 잘 되지 않는 사람도 있을 것이고 여러분의 머리가 조금은 복잡할 것 같다. 그러나 이들 개념은 우리가 일을 하면서 유용하게 사용하는 기념이어서 저자도 나름대로 많은 지면을 할애하여 이야기를 풀어보았다.

한편, 이 장을 공부하면서 여러분은 확률이라는 세계의 오묘한 진리에 대하여 감탄하는 사람도 있을 것이다. 이 장을 마감하면서 나는 위의 관계를 하나의 그림으로 그려보면 여러분의 이해에 도움이 되겠다는 생각을 하였다. 그래서 다음과 같은 그림을 그려보았다.

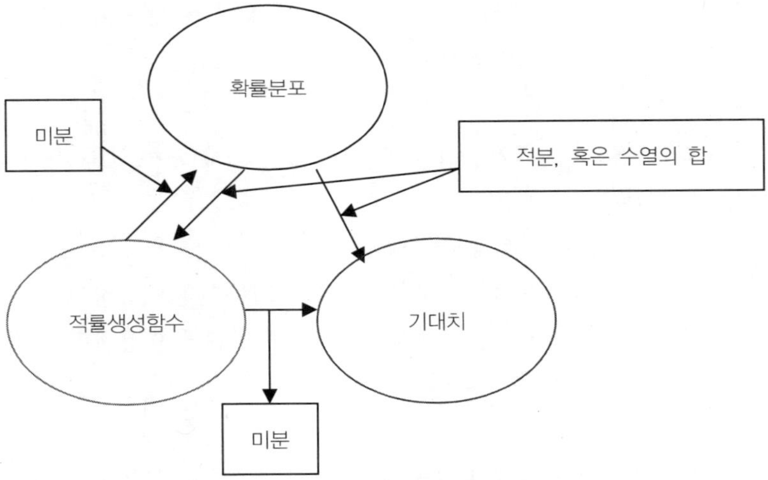

그림 4-7 확률분포, 적률생성함수, 그리고 기대치

그림 4-7에서 세 가지 개념간에는 미분이나 적분을 통하여 서로 변환이 가능함을 보이고 있다. 아마도 많은 학생들이 고교 혹은 대학 1학년 때 미분과 적분을 배우면서 "도대체 미적분은 어디다가 쓰려고 생사람을 잡아다가 이렇게 고생을 시키는 것이란 말인가?"라고 한 번쯤 의문을 가졌으리라고 생각을 한다. 아마도 여기까지 공부를 한 학생들은 이제 그런 의문이 조금은 해소되지 않을까?

연습문제

1 양궁장의 과녁은 5개의 동심원으로 되어 있다. 활을 쏘았을 때 화살이 꽂힌 곳에 따라 점수가 다르며 맨 안쪽 원부터 시작하여 5개의 원에 대하여 A, B, C, D, E라 하고 각 영역에 활이 꽂혔을 때 선수가 얻는 점수가 각각 5, 4, 3, 2, 1점이다. 이때 다음의 물음에 답하라.

(1) 갑돌이는 화살을 10발 쏘았는데 A, B, C, D, E 영역에 각각 1, 2, 2, 3, 2발이 꽂혔다. 갑돌이가 화살 한발을 쏘았을 때 얻을 수 있는 값을 확률변수로 정의할 때 기대치는 얼마인가?

(2) 을석이는 A, B, C, D, E의 각 영역에 맞힐 수 있는 확률이 5, 10, 15, 30, 40%이다. 그런데, 을석이는 화살을 셀 수 없을 만큼 많이 쏘았다. 여기서 을석이가 화살 한발을 쏘았을 때 얻을 수 있는 값을 확률변수로 정의할 때 기대치는 얼마인가?

2 확률변수 X가 pdf $f(x)=cx[u(x)-u(x-2)]$를 가질 때 다음의 물음에 답하라.

(1) 상수 c의 값을 구하라.

(2) 확률변수의 기대치를 확률밀도함수를 이용하여 구하라.

(3) 확률변수의 기대치를 확률분포함수를 이용하여 구하라.

(4) 위의 두 결과를 비교하라.

3 김해시 장유에서 창원대학교까지 운행하는 시내버스 109번과 283번은 러시 아워 시간인 오전 8시부터 9시 사이에 각각 평균 6분 및 10분 간격의 지수함수분포를 따라서 운행하며 두 회사 간의 차량 운행은 상호 독립적이다. 이들 두 버스 회사가 운행한 차량의 대수를 각각 X와 Y라고 할 때 두 회사가 운행한 차량의 대수의 차이의 기대치를 구하라.

4 옛날옛날 아주 먼 옛날에 창원대 정보통신공학과에는 소문난 닭살 커플인 안빛나 양과 장원한 군이 있었다. 어느날 원한이가 이런 제안을 했다. “빛나야 배고프지? 나도 배고파… ^^;;” “그런데, 빛나야~ 우리 윷놀이해서 도, 개, 걸, 윷, 모가 나오면 각각 10, 20, 10, 40, 40점을 받는 것으로 하는데 도와 개가 나오면 네가 해당되는 점수를 받고 걸, 윷, 모가 나오면 내가 해당되는 점수를 받는 것으로 해서 점수를 적게 모은 사람이 점심을 사는 것으로 하자.” 빛나는 이 제안을 수락해야 할까?

5 이산확률변수 X의 확률질량함수가 아래와 같이 주어질 때 확률변수 $3X+2$의 분산은 얼마인가?

$$P(X=x)=\frac{ax+2}{10},\ \text{단}\ x=-1,\ 0,\ 1,\ 2\text{이고}\ a\text{는 상수}$$

6 확률변수 X의 pdf $f(x)$ 혹은 pmf $p(x)$가 다음과 같이 주어질 때 각 경우에 대하여 MGF를 구하라.

(1) $f(x)=e^{-x}$, 단 $x \geq 0$

(2) $p(x)=\frac{1}{a^n}$, $a<\infty$

7 문제 6에서 확률변수 X의 MGF를 이용하여 기대치를 구하라.

다변수 확률변수

CHAPTER 05

지금까지 우리는 확률실험의 결과를 하나의 변수로 나타낸 단일 확률변수에 대하여 공부했다. 그런데 때에 따라서는 확률변수가 두 개 이상일 경우가 있다. 주식시장만 보더라도 대내적 변수와 대외적 변수가 존재하며 주식이 오르고 내릴 확률은 이와 같은 대내적 변수와 대외적 환경이 서로 맞물려서 결정된다. 그래서 제5장에서는 다변수 확률변수에 대해서 알아본다.

다변수 확률변수를 고려할 때 이론적으로는 차수를 얼마든지 올릴 수 있고 수식의 표현도 가능하지만 우리가 확률값을 도식적으로 그릴 수 있는 상황은 기껏해야 2차를 넘을 수 없다. 즉, X축을 하나의 변수로 Y축을 또 다른 변수로 나타내고 그들 변수가 가지는 확률을 Z축에 그리는 것이다. 그래서 아래에서는 2변수 확률변수에 대하여 알아본다. 먼저 2변수 확률변수를 정의하고 분포함수를 알아보며 마지막으로 기대치를 계산하는 순서로 공부한다.

1 2변수 확률변수와 분포함수

1) 확률변수와 분포함수

X와 Y를 각각 서로 다른 확률변수라고 하자. 이때 각 확률변수에 대하여 $X \le x$와 $Y \le y$인 조건을 동시에 만족하는 사건이 일어날 확률을 $F(x,y) = P(X \le x, Y \le y)$라고 정의하면 이 확률은 2변수 확률변수의 분포함수이다.

2변수 확률분포함수는 다음과 같은 성질을 가진다.

① $0 \le F(x,y) \le 1,\ -\infty < x,\ y < \infty$: 이 식은 분포함수의 정의에 의해서 자명하다. 즉, 분포함수는 0에서 1사이의 값을 가진다.

② $F(-\infty, y) = F(x, -\infty) = F(-\infty, -\infty) = 0$: 이 식 역시 분포함수의 정의에 의해서 자명하다. 즉, X 혹은 Y의 **좌극한**(左極限) 확률, 또는 X와 Y의 **결합 좌극한**(結合左極限) 확률은 0이다.

③ $F(\infty, \infty) = 1$: 이 식은 X와 Y의 **결합우극한**(結合右極限) 확률을 나타내므로 그값은 1이다.

④ $F(\infty, y) = F(y)$, $F(x, \infty) = F(x)$: X 혹은 Y의 우극한확률은 Y 혹은 X의 한계확률 분포함수와 같다.

위에서 알 수 있는 바와 같이 확률변수가 2개라 하더라도 기본적인 확률의 성질은 변수가 하나인 확률변수와 같다. 아래의 예를 보면서 2변수 확률변수의 특징을 관찰해보자.

예제 5.1

동전 2개를 던져서 앞이면 1, 뒤면 0로 나타내기로 하고 그 결과를 (X, Y)로 표시할 때 다음의 물음에 답하라.

(1) 확률질량함수를 구하라.
(2) 분포함수를 계산하고 그 결과를 그래프로 나타내라.

[풀이] (1) 동전 두 개를 던져서 얻을 수 있는 결과는 (0,0), (0,1), (1,0), (1,1)의 네 가지이며 각 경우의 확률은 1/4이다. 따라서 이 2변수 이산확률변수의 질량함수 $p(x,y)$는 다음과 같다.

$$p(x,y) = \frac{1}{4}, \text{ 단 } (x,y) = (i,j),\ i = 0,1,\ j = 0,1$$

(2) 분포함수는 다음과 같다.

$$F(0,0) = p(0,0) = \frac{1}{4}$$

$$F(0,1) = p(0,0) + p(0,1) = \frac{1}{2}$$

$$F(1,0) = p(0,0) + p(1,0) = \frac{1}{2}$$

$$F(1,1) = p(0,0) + p(0,1) + p(1,0) + p(1,1) = 1$$

따라서 위의 함수를 그래프로 그리면 다음과 같다.

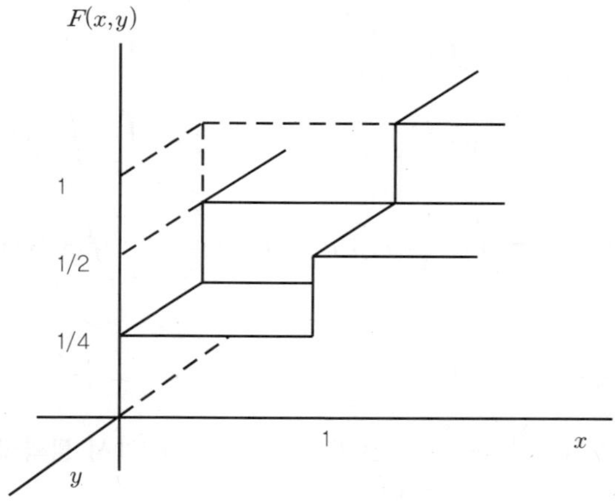

한편, 변수가 하나인 연속확률변수에서 확률분포함수를 알면 확률밀도함수도 알 수 있음은 이미 앞에서 공부한 바 있다. X와 Y로 이루어진 2변수 확률변수에 대하여 확률밀도함수를 $f(x,y)$라고 나타내자. 이때 확률밀도함수는 확률분포함수의 미소 구간에 대한 미분이므로 다음과 같이 정의한다.

$$f(x,y) = \frac{\partial^2 F(x,y)}{\partial x \partial y}$$

위 식에서 좌우변을 정리하면 다음과 같다.

$$f(x,y)\partial x \partial y = \partial^2 F(x,y)$$

위 식에서 우변은 분포함수를 x와 y에 대해서 각각 미분한 것을 나타내는데 좌우항을 다음과 같이 바꾸어 쓰기로 한다.

$$f(x,y)dxdy = P(x < X \le x+dx,\ y < Y \le y+dy)$$

위의 식으로부터 x와 y의 2변수 확률변수의 밀도함수는 x의 미소 변화와 y의 미소변화의 곱의 확률을 나타냄을 알 수 있다. 이와 같은 정의는 앞에서 1변수 확률변수의 정의를 2차원으로 확장한 것에 지나지 않는다. 따라서 2변수 확률변수에 대해서도 확률밀도함수와 분포함수에 대하여 다음의 성질이 성립한다.

① $f(x,y) \ge 0,\ -\infty < x,\ y < \infty$

② $\int_{-\infty}^{\infty}\int_{-\infty}^{\infty} f(x,y)dxdy = 1$

③ $F(x,y)=\int_{-\infty}^{x}\int_{-\infty}^{y}f(u,v)dudv$

④ $P(x_1 < X \le x_{2,}\ y_1 < Y \le y_2)=\int_{x_1}^{x_2}\int_{y_1}^{y_2}f(u,v)dudv$

⑤ $f(x)=\int_{-\infty}^{x}f(x,y)dy,\ f(y)=\int_{-\infty}^{y}f(x,y)dx$

문제 5.1

균일분포를 따르는 두 확률변수 X는 $(x_1,\ x_2]$에서 정의되고 Y는 $(y_1,\ y_2]$에서 정의된다고 할 때 다음의 물음에 답하라.

(1) 확률밀도함수 $f(x,y)$를 구하고 그래프를 그려라.
(2) $F(x,y)$를 구하고 그래프를 그려라.
(3) $X<\frac{x_1+x_2}{2},\ Y<\frac{y_1+y_2}{2}$일 확률을 구하라.

2) 조건부 확률과 분포함수

2변수 확률변수에서도 1변수 확률변수와 마찬가지로 조건부 확률이 정의된다. 단, 1변수 확률변수와는 다른 한 가지 차이점은 1변수 확률변수에서는 조건으로 주어지는 확률변수와 알고자 하는 확률변수가 같은 것에 비해 여기서는 조건으로 주어지는 확률변수와 알고자 하는 확률변수가 같을 수도 있고 다를 수도 있다는 것이다.

먼저 M이라는 조건 하에서 확률변수 X의 분포함수를 $F(x|M)$이라고 하자. 그러면 조건부 확률의 정의로부터 $F(x|M)$은 다음과 같이 나타낼 수 있다.

$$F(x|M)=P(X\le x|M)=\frac{P(X\le x,M)}{P(M)}$$

위의 식에서 2변수 확률변수에 대한 문제인 만큼 조건 M은 Y가 가지는 값에 관한 것일 수 있다. 그리고 여기서 조건 M을 나타내는 방법이 여러 가지가 있으며, 다음과 같은 세 가지 경우로 나누어서 알아보기로 한다.

① $M\equiv Y\le y$인 경우 : 이 경우에는 위의 정의식으로부터 다음의 결과를 얻을 수 있다.

$$F(x|Y\le y)=\frac{P(X\le x,Y\le y)}{P(Y\le y)}=\frac{F(x,y)}{F(y)}$$

② $M \equiv y_1 < Y \leq y_2$인 경우 : 이 경우에도 위의 정의식으로부터 다음의 결과를 얻을 수 있다.

$$F(x|y_1 < Y \leq y_2) = \frac{P(X \leq x, y_1 < Y \leq y_2)}{P(y_1 < Y \leq y_2)} = \frac{F(x,y_2) - F(x,y_1)}{F(y_2) - F(y_1)}$$

③ $M \equiv Y \equiv y$인 경우 : Y가 연속확률변수라는 특성상 점의 분포함수가 존재하지 않기 때문에 위의 방법을 사용할 수 없다. 먼저 확률의 정의에 의하여 다음의 식을 얻는다.

$$F(x|Y = y) = \frac{P(X \leq x, Y = y)}{P(Y = y)}$$

위의 식에서 점확률(点確率, Point-wise probability)을 분포함수로 나타내면 다음과 같다.

$$\frac{P(X \leq x, Y = y)}{P(Y = y)} = \lim_{\Delta y \to 0} \frac{F(x, y + \Delta y) - F(x,y)}{F(y + \Delta y) - F(y)}$$

한편, 위 식에서 우항에 대하여 미분으로 표시하면 다음과 같다.

$$\lim_{\Delta y \to 0} \frac{F(x, y + \Delta y) - F(x,y)}{F(y + \Delta y) - F(y)} = \frac{\dfrac{\partial F(x,y)}{\partial y}}{\dfrac{\partial F(y)}{\partial y}}$$

위 식에서 우항을 다음과 같이 표현할 수 있다.

$$\frac{\dfrac{\partial F(x,y)}{\partial y}}{\dfrac{\partial F(y)}{\partial y}} = \frac{\displaystyle\int_{-\infty}^{x} f(u,y)du}{f(y)}$$

결국 우리는 다음의 결과를 얻는다.

$$F(x|Y = y) = \frac{P(X \leq x, Y = y)}{P(Y = y)} = \frac{\displaystyle\int_{-\infty}^{x} f(u,y)du}{f(y)}$$

예제 5.2

확률변수 X가 $(x_1, x_2]$에서 정의되고 Y가 $(y_1, y_2]$에서 정의되는 2변수 균일분포함수에 대해서 다음 물음에 답하라.

(1) $F(x|Y \leq y)$를 구하라.

(2) $F(x|y_1 < Y \leq y_2)$를 구하라.

(3) $F(x|y = y)$를 구하라.

(4) 위의 세 가지 경우의 결과를 비교분석하라.

[풀이] (1) $F(x|Y \leq y)$는 다음과 같다.

$$F(x|Y \leq y) = \frac{F(x,y)}{F(y)}$$

먼저 위의 식에서 $F(y)$와 $F(x,y)$를 구하면 다음과 같다.

$$F(y) = \int_{y_1}^{y}\int_{x_1}^{x_2} \frac{1}{(x_2 - x_1)(y_2 - y_1)} dxdy = \frac{y - y_1}{y_2 - y_1}$$

$$F(x,y) = \int_{y_1}^{y}\int_{x_1}^{x} \frac{1}{(x_2 - x_1)(y_2 - y_1)} dxdy = \frac{x - x_1}{x_2 - x_1}\frac{y - y_1}{y_2 - y_1}$$

따라서, $F(x|Y \leq y)$는 다음과 같다.

$$F(x|Y \leq y) = \frac{x - x_1}{x_2 - x_1}$$

위의 식을 보면 $F(x|Y \leq y)$가 오직 x의 함수로 표시되므로 다음과 같이 나타낼 수도 있다.

$$F(x|Y \leq y) = \frac{x - x_1}{x_2 - x_1} = F(x, y_2)$$

(2) $F(x|y_1 < Y \leq y_2)$는 다음의 식으로 계산한다.

$$F(x|y_1 < Y \leq y_2) = \frac{F(x,y_2) - F(x,y_1)}{F(y_2) - F(y_1)}$$

위의 식을 계산하기 위해서 다음의 요소들을 구한다.

$$F(x,y_2) = \frac{x - x_1}{x_2 - x_1}$$

$$F(x,y_1) = 0$$

$$F(y_2) = 1$$

$$F(y_1) = 0$$

결국 $F(x|y_1 < Y \leq y_2)$는 다음과 같다.

$$F(x|y_1 < Y \leq y_2) = \frac{F(x,y_2) - F(x,y_1)}{F(y_2) - F(y_1)} = \frac{x - x_1}{x_2 - x_1}$$

위의 식을 다음과 같이 나타낼 수도 있다.

$$F(x|y_1 < Y \leq y_2) = \frac{x - x_1}{x_2 - x_1} = F(x,\ y_2)$$

(3) $F(x|Y=y)$는 다음과 같다.

$$F(x|Y=y) = \frac{\int_{-\infty}^{x} f(u,y)du}{f(y)} = \frac{x - x_1}{x_2 - x_1}$$

위의 식은 다음과 같이 나타낼 수 있다.

$$F(x|Y=y) = \frac{x - x_1}{x_2 - x_1} = F(x,y_2)$$

위의 세 가지 경우의 계산결과가 모두 같다. 따라서 두 확률변수 X와 Y는 독립변수이다.

문제 5.2

확률밀도함수가 다음과 같이 주어진 2변수 지수분포함수에 대해서 다음 물음에 답하라.

$$f(x,\ y) = \lambda^2 e^{-\lambda(x+y)},\ x,\ y \geq 0$$

(1) $F(x|Y \leq y)$를 구하라.

(2) $F(x|y_1 < Y \leq y_2)$를 구하라.

3) 조건부 확률밀도함수

이번에는 2변수 확률변수에 대하여 조건부 확률밀도함수를 구하는 방법을 알아보기로 한다. 필자는 학생들에게 항상 "Think Simple"을 강조하는데 매사가 그렇듯이 문제는 단순하게 생각하면 쉽게 해결된다. 여러분은 이제 확률밀도함수는 확률분포함수를 미분해서 구할 수 있다는 사실을 알고 있으므로 조건부 확률밀도함수를 다음과 같이 정의한다.

$$f(x|y) = \frac{f(x,y)}{f(y)}$$

$$f(y|x) = \frac{f(x,y)}{f(x)}$$

위 식에서 결합확률 $f(x,y)$에 대해 다음과 같이 고쳐서 써보자.

$$f(x,y)=f(x|y)f(y)=f(y|x)f(x)$$

위의 식으로부터 2변수 확률변수의 결합 확률밀도함수는 한 확률변수의 한계 확률밀도함수와 그 변수에 대한 조건부 밀도함수로 정의됨을 알 수 있다.

이번에는 2변수 확률변수의 밀도함수에서 어느 한 확률변수의 조건을 해제한 경우의 확률밀도함수인 한계 확률밀도함수(앞에서 이를 Marginal pdf[20]라고 부름)를 구해보자.

2변수 확률변수 (X,Y)에서 확률변수 X에 대한 한계 확률밀도함수는 X를 제외한 다른 확률변수인 Y에 대하여 모든 경우를 고려한 것이므로 다음과 같이 정의된다.

$$f(x)=\int_{-\infty}^{\infty}f(x,y)dy=\int_{-\infty}^{\infty}f(x|y)f(y)dy$$

$$f(y)=\int_{-\infty}^{\infty}f(x,y)dx=\int_{-\infty}^{\infty}f(y|x)f(x)dx$$

위의 결과로부터 2변수 확률변수에 대하여 하나의 확률변수에 대한 한계 확률밀도함수는 그 확률변수의 조건으로 주어지는 다른 확률변수의 밀도함수와 그 확률변수를 조건으로 하는 확률밀도함수로 표시됨을 알았다.

문제 5.3

2변수 확률밀도함수가 다음과 같이 주어질 때 물음에 답하라.

$$f(x,y)=\begin{cases}\frac{6}{5}(1-x^2y), & 0\le x,\ y\le 1\\ 0 & else\end{cases}$$

(1) $f(x)$를 구하라.
(2) $f(y)$를 구하라.
(3) $f(x|y)$를 구하라.
(4) $f(y|x)$를 구하라.

[20] Marginal pdf는 주변 확률분포함수라고도 한다.

4) 2변수 확률변수의 독립성과 조건부 확률

만약 두 개의 확률변수 X와 Y가 확률적으로 서로 독립이라면 조건부 확률에서 어떤 일이 벌어질까? 그리고 두 변수에 대한 결합확률 $f(x,y)$는 또 어떤 모양을 가질까? 지금부터 이에 대해서 이야기한다.

먼저 두 확률변수 X와 Y가 독립이면 pdf에 대해서 다음의 식이 성립한다.

$$f(x,y)=f(x)f(y)$$

이 성질을 2변수 확률변수의 조건부 확률의 식에 적용하면 다음의 결과를 얻는다.

$$f(x|y)=\frac{f(x,y)}{f(y)}=\frac{f(x)f(y)}{f(y)}=f(x)$$

$$f(y|x)=\frac{f(x,y)}{f(x)}=\frac{f(x)f(y)}{f(x)}=f(y)$$

결국 $f(x|y)=f(x)$이고 $f(y|x)=f(y)$이다. 따라서 서로 독립인 2변수 확률변수 X와 Y의 조건부 확률밀도함수는 주어진 조건과 무관하다.

그럼 서로 독립인 2변수 확률변수의 곱인 XY의 기대치는 어떻게 될까? 기대치의 조건으로부터 다음의 결과를 얻는다.

$$\begin{aligned}E[XY]&=\int_{-\infty}^{\infty}\int_{=\infty}^{\infty}xyf(x,y)dxdy=\int_{-\infty}^{\infty}xf(x)dx\int_{-\infty}^{\infty}yf(y)dy\\&=E[X]E[Y]\end{aligned}$$

따라서 서로 독립인 2변수 확률변수 XY의 기대치는 각각의 기대치의 곱과 같다.

예제 5.3

상호 독립인 두 확률변수 X와 Y가 다음의 결합 확률밀도함수를 가진다고 할 때 아래의 물음에 답하라.

$$f(x,y)=\begin{cases}e^{-(x+y-1)}, & 0\le x\le\infty,\ 1\le y\le\infty\\0 & else\end{cases}$$

(1) $f(x|y)$와 $f(y|x)$를 구하라.
(2) 두 확률변수 X, Y가 상호 독립임을 증명하라.
(3) $E[XY]$를 구하라.

[풀이] (1) 두 확률변수 X, Y가 상호 독립이므로 $f(x|y)=f(x)$이다. 따라서 $f(x)$와

$f(y)$는 다음과 같다.

$$f(x) = \int_{1}^{\infty} e^{-(x+y-1)}dy = e^{-x}$$

$$f(y) = \int_{0}^{\infty} e^{-(x+y-1)}dx = e^{-(y-1)}$$

(2) 위의 결과에서 $f(x) = e^{-x}$와 $f(y) = e^{-(y-1)}$를 얻었는데 이 두 함수를 곱하면 $f(x,y) = e^{-(x+y-1)}$이다. 따라서, 두 확률변수 X, Y가 상호 독립이다.

(3) 두 확률변수 X, Y가 상호 독립이므로 $E[XY] = E[X]E[Y]$이다. 따라서 $E[X]$와 $E[Y]$를 따로 구하여 곱하자.

$$E[X] = \int_{0}^{\infty} xf(x)dx = \int_{0}^{\infty} xe^{-x}dx = 1$$

$$E[Y] = \int_{0}^{\infty} yf(y)dy = \int_{0}^{\infty} ye^{-(y-1)}dy = 1$$

따라서 $E[XY] = 1$이다.

문제 5.4

상호 독립인 두 확률변수 X, Y가 다음의 확률밀도함수를 가질 때 다음 물음에 답하라.

$$f(x) = ae^{-x},\ 0 \le x \le \infty$$

$$f(y) = ae^{-y},\ 0 \le y \le \infty$$

(1) 파라미터 a를 구하라.
(2) $E[XY]$를 구하라.

5) 두 확률변수의 합의 분포함수

서로 다른 두 확률변수를 더하였을 때 확률분포함수는 어떻게 될까? 가령 X, Y를 각각 주사위 A, B를 던져서 나온 눈의 수라고 하자. 그러면 $X+Y$는 두 주사위를 던져서 나온 눈의 수를 합한 값을 가지는 확률변수이고 2부터 12까지의 값을 가질 것이다. 그런데 $X+Y=2$일 경우는 $X=1$ & $Y=1$이고 $P(X=1)=1/6$이고 $P(Y=1)=1/6$이지만 $P(X+Y=2)$일 확률은 1/36이므로 확률변수를 더한 경우의 확률은 단순히 두 확률의 합인 1/3이 아니다. 따라서 서로 다른 두 확률변수가 더해진 경우의 확률을 각각의 확률에 대한 단순한 산술식으로 구할 수 없다. 그럼 어떻게 해야 할까?

서로 독립인 두 확률변수 X와 Y가 확률밀도함수 $f_X(x)$와 $f_Y(y)$를 가지고 $Z = X + Y$라고 할 때 Z의 확률분포함수를 구하는 방법을 알아보자. 먼저 분포함수를 구하기 전에 그림 5-1을 보자. $Z \le z$는 사선 $Z = X + Y$의 아랫부분을 나타낸다.

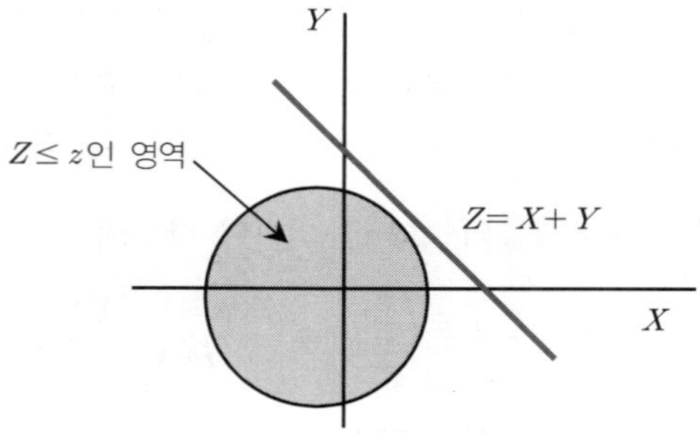

그림 5-1 두 확률변수의 합

확률분포함수의 정의에 의해서 다음의 식을 얻는다.

$$F(z) = P(Z \le z) = P(X + Y \le z) = \int_{-\infty}^{\infty}\int_{-\infty}^{z-y} f(x,y)dxdy$$

두 확률변수가 상호 독립이므로 다음의 관계식이 성립한다.

$$\int_{-\infty}^{\infty}\int_{-\infty}^{z-y} f(x,y)dxdy = \int_{-\infty}^{\infty}\int_{-\infty}^{z-y} f_X(x)f_Y(y)dxdy$$

위 식의 우항에 대하여 적분의 순서를 바꾸면 다음과 같다.

$$\int_{-\infty}^{\infty}\int_{-\infty}^{z-y} f_X(x)f_Y(y)dxdy = \int_{-\infty}^{\infty} f_Y(y)\int_{-\infty}^{z-y} f_X(x)dxdy$$

따라서 서로 독립인 두 확률변수의 합의 분포함수는 다음과 같다.

$$F(z) = \int_{-\infty}^{\infty} f_Y(y)\int_{-\infty}^{z-y} f_X(x)dxdy$$

한편, 확률밀도함수 $f(z)$는 다음과 같다.

$$f(z) = \frac{dF(z)}{dz} = \int_{-\infty}^{\infty} f_Y(y)f_X(z-y)dy = \int_{-\infty}^{\infty} f_X(x)f_Y(z-x)dx$$

따라서 서로 독립인 두 확률밀도함수의 합의 밀도함수는 각 확률변수의 밀도함수의 **포선**(包旋, Convolution)의 형태를 가진다.

예제 5.4

서로 독립인 확률변수 X와 Y는 각각 평균이 α와 β인 푸아송분포를 따른다고 할 때 $X+Y=k$라는 가정 하에 확률변수 X의 값이 m일 조건부 확률을 계산하고 그 물리적 의미를 논하라.

[풀이] 조건부 확률의 정의에 의하여 다음의 식을 얻는다.

$$P(X=m|X+Y=k)=\frac{P(X=m, X+Y=k)}{P(X+Y=k)}=\frac{P(X=m, Y=k-m)}{P(X+Y=k)}$$

위 식에서 확률변수 X와 Y는 서로 독립이므로 다음의 식이 성립한다.

$$P(X=m|X+Y=k)=\frac{P(X=m, Y=k-m)}{P(X+Y=k)}=\frac{P(X=m)P(Y=k-m)}{P(X+Y=k)}$$

위 식에서 분자와 분모에 확률 값을 대입하면 다음과 같다.

$$P(X=m|X+Y=k)=\frac{P(X=m)P(Y=k-m)}{P(X+Y=k)}=\frac{\dfrac{e^{-\alpha}\alpha^m}{m!}\dfrac{e^{-\beta}\beta^{(k-m)}}{(k-m)!}}{\dfrac{e^{-(\alpha+\beta)}(\alpha+\beta)^k}{k!}}$$

위 식을 정리하면 다음의 결과를 얻는다.

$$P(X=m|X+Y=k)=\frac{\dfrac{e^{-\alpha}\alpha^m}{m!}\dfrac{e^{-\beta}\beta^{(k-m)}}{(k-m)!}}{\dfrac{e^{-(\alpha+\beta)}(\alpha+\beta)^k}{k!}}=\frac{k!}{m!(k-m)!}\frac{\alpha^m\beta^{(k-m)}}{(\alpha+\beta)^k}$$

위의 결과를 정리하면 다음과 같다.

$$P(X=m|X+Y=k)=\binom{k}{m}\left(\frac{\alpha}{\alpha+\beta}\right)^m\left(\frac{\beta}{\alpha+\beta}\right)^{k-m}$$

여러분은 위 식이 이항분포를 따르는 확률변수의 밀도함수와 같다는 것을 알 수 있을 것이다. 따라서 서로 독립인 확률변수 X와 Y가 각각 평균이 α와 β인 푸아송분포를 따를 때 $X+Y=k$라는 가정 하에서 확률변수 $X=m$일 확률은 모수가 $\left(k, \dfrac{\alpha}{\alpha+\beta}\right)$인 이항분포를 따른다.

문제 5.5

확률변수 X와 Y가 다음의 확률밀도함수를 가질 때 다음의 물음에 답하라.

$$f(x)=\begin{cases}1, & 0\le x\le 1\\ 0, & else\end{cases}$$

$$f(y)=\begin{cases}e^{-y}, & y\ge 0\\ 0, & else\end{cases}$$

(1) 두 확률변수의 확률밀도함수를 각각 그래프로 그려라.

(2) 두 확률변수의 합 Z의 확률밀도함수를 구하고 그래프로 그려라.

2 2변수 확률변수의 응용

지금부터는 2변수 확률변수에 대하여 특성함수를 정의하고 기대치를 구한다. 그리고 2변수 확률변수의 상호 연관성에 대해서도 알아본다.

1) 2변수 확률변수의 특성함수

앞에서 우리는 2변수 확률변수의 합에 대한 확률밀도함수를 구하면서 적분을 사용하였는데 각 확률밀도함수가 복잡한 함수로 표시될 때는 적분이 쉽지 않다. 이번에는 위에서 생각한 문제를 다른 방법으로 푸는 방법을 소개한다.

먼저 다음과 같이 확률변수 X의 **특성함수**(特性函數, Characteristic function)를 정의한다.

$$\phi(u)=E[e^{juX}]=\int_{-\infty}^{\infty}f(x)e^{jux}dx$$

여러분은 위의 식이 밀도함수 $f(x)$의 **푸리에 변환**(Fourier transform)과 유사함을 알아차렸을 것이다.[21]

한편, 푸리에 변환의 성질로부터 위 특성함수의 **역함수**(逆函數, Inverse function)가 존재하며 그 역함수가 바로 원래의 확률밀도함수이다. 따라서 위와 같이 정의되는 특성함수로부터 확률밀도함수는 다음과 같다.

---

21 함수 $f(x)$의 푸리에변환은 $\varphi(u)=\int_{-\infty}^{\infty}f(x)e^{-jux}dx$이다.

$$f(x) = \frac{1}{2\pi}\int_{\infty}^{\infty} \phi(u) e^{-jux} du$$

따라서 확률변수에 대하여 확률밀도함수가 정의되면 그 함수의 특성함수를 구할 수 있고 반대로 그 특성함수로부터 확률밀도함수를 다시 구할 수 있다.

다시 원래의 이야기로 돌아가서, 확률변수 X와 Y가 다음의 특성함수를 가진다고 하자.

$$\phi_X(u) = E[e^{juX}] = \int_{\infty}^{\infty} f_X(x) e^{jux} dx$$

$$\phi_Y(u) = E[e^{juY}] = \int_{\infty}^{\infty} f_Y(y) e^{juy} dy$$

한편 $Z = X + Y$는 다음의 특성함수를 가진다.

$$\phi_Z(u) = E[e^{juZ}] = \int_{\infty}^{\infty} f_Z(z) e^{juz} dz$$

위의 맨 우측의 항에서 $f_Z(z)$ 대신에 앞에서 구한 $f_Z(z) = \int_{\infty}^{\infty} f_X(x) f_Y(z-x) dx$를 대입하고 정리하면 다음의 결과를 얻는다.

$$\phi_Z(u) = \int_{\infty}^{\infty} f_Z(z) e^{juz} dz = \int_{-\infty}^{\infty}\int_{-\infty}^{\infty} f_X(x) f_Y(z-x) e^{juz} dx dz$$

$$= \int_{-\infty}^{\infty} f_X(x) e^{juz} dx \int_{-\infty}^{\infty} f_Y(y) e^{juy} dy = \phi_X(u)\phi_Y(u)$$

위의 결과를 요약하면 다음과 같다.

$$\phi_Z(u) = \phi_X(u)\phi_Y(u)$$

위의 결과로부터 서로 독립인 확률변수 X와 Y에 대해서 $Z = X + Y$의 특성함수는 확률변수 X와 Y의 각각의 특성함수의 곱으로 구할 수 있음을 알 수 있다. 이 사실은 서로 독립인 수많은 확률변수를 더한 확률변수의 특성함수는 각각의 특성함수를 따로 구한 후 모든 특성함수를 곱해 주면 얻을 수 있음을 말한다. 예를 들어서 $Z = X_1 + X_2 + \cdots X_n$이라 하고 X_i(단, $i = 1, 2, \cdots, n$)의 특성함수를 $\phi_i(u)$라고 할 때 Z의 특성함수는 다음과 같다.

$$\phi_Z(u) = \phi_1(u)\phi_2(u) \cdots \phi_n(u) = \prod_{i=1}^{n} \phi_i(u)$$

한편, 확률변수의 특성함수를 안다는 것은 그로부터 확률밀도함수 및 기대치를 구할 수 있음을 의미한다. 그러나 특성함수를 이용하여 복잡한 시스템의 확률밀도함수를 구하는 것이 사실 쉬운 일은 아니다. 왜냐하면 특성함수의 역함수를 구하는 것이 그리 간단하지만은 않기 때문이다.

예제 5.5

상호 독립인 두 확률변수 X, Y가 아래와 같은 밀도함수를 가진다고 한다.

$$f(x) = \begin{cases} 0.5, & 0 < x < 2 \\ 0, & else \end{cases}$$

$$f(y) = \begin{cases} 0.5, & 0 < y < 2 \\ 0, & else \end{cases}$$

이때 $Z = X + Y$에 대하여 다음의 물음에 답하라.

(1) 각 확률변수의 특성함수를 구하라.

(2) 두 확률변수의 합 $Z = X + Y$의 특성함수를 구하라.

[풀이] (1) 확률변수 X와 Y가 같은 조건에서 같은 확률밀도함수를 가지고 있으므로 하나의 확률변수에 대하여 특성함수를 구하자.

$$\phi(u) = \int_{-\infty}^{\infty} f(x)e^{jux}dx = \int_0^2 0.5e^{jux}dx = \frac{1}{2ju}(e^{2ju} - 1)$$

(2) 두 확률변수의 합 Z=X+Y의 특성함수는 다음과 같다.

$$\phi_Z(u) = \phi_X(u)\phi_Y(u) = \left(\frac{1}{2ju}\right)^2 (e^{2ju} - 1)^2$$

문제 5.6

확률변수 X와 Y가 다음의 확률밀도함수를 가질 때 다음의 물음에 답하라.

$$f(x) = \begin{cases} \frac{1}{2}, & 0 \le x \le 2 \\ 0, & else \end{cases}$$

$$f(y) = \begin{cases} e^{-y}, & y \ge 0 \\ 0, & else \end{cases}$$

(1) 각 확률변수의 특성함수를 구하라.
(2) 두 확률변수의 합 $Z=X+Y$의 특성함수를 구하라.

2) 특성함수를 이용한 2변수 확률변수의 기대치

이번에는 2변수 확률변수의 특성함수를 이용하여 기대치를 구하는 방법을 알아본다. 우선 문제를 간단히 하기 위해 하나의 확률변수 X의 특성함수에 관한 다음의 식으로부터 출발한다.

$$\phi(u) = E[e^{juX}] = \int_{-\infty}^{\infty} f(x)e^{jux}dx$$

위의 특성함수를 u에 대하여 한 번 미분하면 다음의 결과를 얻는다.

$$\frac{d\phi(u)}{du} = \int_{-\infty}^{\infty} f(x)jxe^{jux}dx$$

위의 식에서 $u=0$을 대입하면 다음과 같다.

$$\left.\frac{d\phi(u)}{du}\right|_{u=0} = j\int_{-\infty}^{\infty} xf(x)dx = jE[X]$$

위의 식에서 맨 오른쪽을 보면 $E[X]$라는 표현이 있는데 이것은 우리가 앞에서 많이 보았던 확률변수 X의 기대치이다. 따라서 확률변수 X의 기대치에 대하여 다음의 결과를 얻는다.

$$E[X] = \frac{1}{j}\left.\frac{d\phi(u)}{du}\right|_{u=0}$$

특성함수 $\phi(u)$를 u에 대하여 n번 반복 미분하면 확률변수 X의 n차 모멘트를 얻을 수 있는데 그 결과는 다음과 같다.

$$E[X^n] = \frac{1}{j^n}\left.\frac{d^n\phi(u)}{du^n}\right|_{u=0}$$

위의 결과를 이용해서 확률변수의 1, 2차 모멘트를 알면 그 확률변수의 기대치와 분산을 구할 수 있다.

예제 5.6

확률밀도함수가 다음과 같이 주어진 확률변수 X에 대하여 특성함수를 이용하여 기대치를 구하라.

$$f(x) = 2e^{-2x},\ \ x \geq 0$$

[풀이] 확률변수 X에 대하여 특성함수를 구하면 다음과 같다.

$$\phi(u) = \int_{-\infty}^{\infty} f(x) e^{jux} dx = \int_{0}^{\infty} 2e^{-2x} e^{jux} dx = 2\int_{0}^{\infty} e^{-(2-ju)x} dx = \frac{2}{2-ju}$$

$\phi(u)$를 u에 대하여 미분하면 다음과 같은 결과를 얻는다.

$$\phi'(u) = \left(\frac{2}{2-ju}\right)' = \frac{2j}{(2-ju)^2}$$

따라서 확률변수 X의 기대치는 다음과 같다.

$$E[X] = \frac{1}{j}\frac{d\phi(u)}{du}\bigg|_{u=0} = \frac{1}{2}$$

한편, 2변수 확률변수 $Z = X + Y$의 기대치는 먼저 Z의 특성함수 $\phi_Z(u)$를 구하고 그로부터 위에서와 같은 방법으로 $E[X] = \frac{1}{j}\frac{d\phi_Z(u)}{du}\bigg|_{u=0}$의 식을 사용하면 구할 수 있다. 다음의 문제를 풀어보자.

문제 5.7

확률변수 X와 Y가 다음의 확률밀도함수를 가질 때 $Z = X + Y$의 기대치를 구하라.

$$f(x) = \begin{cases} 0.5, & 0 \leq x \leq 2 \\ 0, & else \end{cases}$$

$$f(y) = \begin{cases} e^{-y}, & y \geq 0 \\ 0, & else \end{cases}$$

3) 2변수 확률변수의 상호 연관성

이번에는 두 확률변수 간의 상호 연관성을 나타내는 방법에 대해서 알아본다. 어느 학교의 학생 24명의 수학과 물리 점수가 있는데 두 과목 사이에는 어떠한 연관성이 있는지 다음의 예제를 통해서 알아보자.

예제 5.7

아래의 표를 참고하여 x축과 y축에 각각 학생의 수학 및 물리 점수를 나타내고 24명의 학생들이 받은 수학과 물리 점수의 분포를 그리고 그래프에서 나타나는 현상을 관찰해보자.

학번	수학	물리	학번	수학	물리	학번	수학	물리	학번	수학	물리
1	80	65	7	40	25	13	75	70	19	55	75
2	50	30	8	80	65	14	25	50	20	60	70
3	75	80	9	85	70	15	95	90	21	85	65
4	60	75	10	30	40	16	85	75	22	90	75
5	95	85	11	25	15	17	20	35	23	10	40
6	35	55	12	65	55	18	45	65	24	5	25

[풀이] 가로축(x축)과 세로축(y축)을 각각 수학 및 물리 성적으로 하여 엑셀 프로그램을 이용하여 그래프를 그리면 아래의 그림과 같다. 그림에서 보는 바와 같이 수학 성적이 좋은 학생은 물리 성적도 역시 좋음을 알 수 있다.

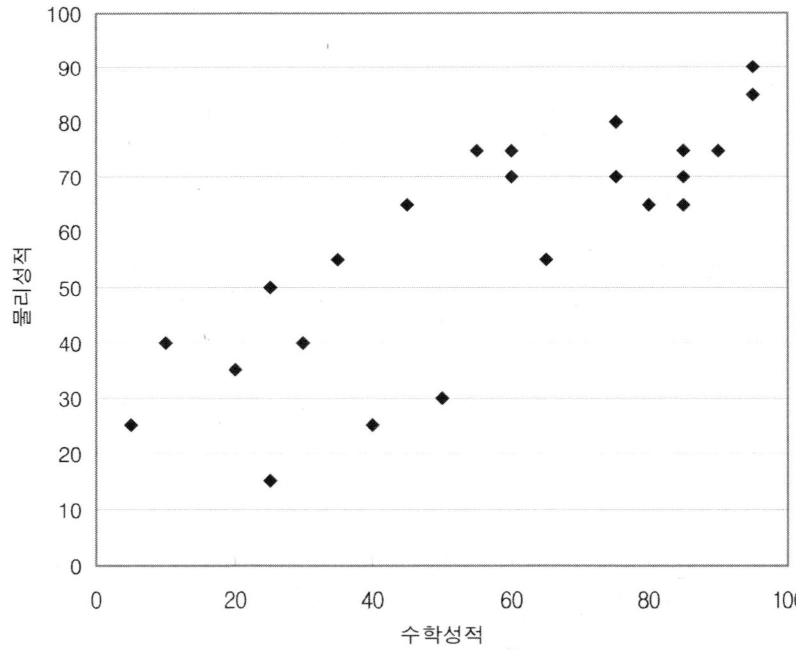

또한 수학 성적이 아주 좋은 (점수가 80점 이상인) 학생들의 물리 성적이 대체로 고르게 좋음을 알 수 있는데 반하여 수학 성적이 낮은 (점수가 50점 이하) 학생의 물리 성적은 변화가 크다는 것도 알 수 있다.

위의 예에서와 같이 두 확률변수 사이에 같은 경향(한 변수의 값이 증가할 때 다른 변수의 값도 따라서 증가하는 경향)을 취하는 경우가 있는데 이 경우 수학과 물리 성적 사이에는 **양의 상관관계**(相關關係, Positive relationship)가 있다고 한다.

한편, 이와는 반대의 경향을 가질 때 두 변수 사이에는 **음의 상관관계**(Negative relationship)가 있다고 한다.

예제 5.8

아래의 표는 어느 학교 학생 24명의 수학과 도덕 점수를 나타낸 표이다. 이때 학생의 수학 성적과 도덕 성적 사이에는 어떠한 연관성이 있는지 상관도를 그려 보고 그 의미를 논하라.

학번	수학	도덕	학번	수학	도덕	학번	수학	도덕	학번	수학	도덕
1	80	85	7	40	70	13	75	70	19	55	75
2	50	60	8	80	55	14	25	60	20	60	45
3	75	90	9	85	30	15	95	55	21	85	65
4	60	95	10	30	80	16	85	30	22	90	25
5	95	35	11	25	70	17	20	50	23	10	55
6	35	85	12	65	55	18	45	80	24	5	10

[풀이] 가로축(x축) 및 세로축(y축)을 각각 수학 및 도덕 성적으로 하여 엑셀 프로그램을 이용하여 그래프를 그리면 아래의 그림과 같다.

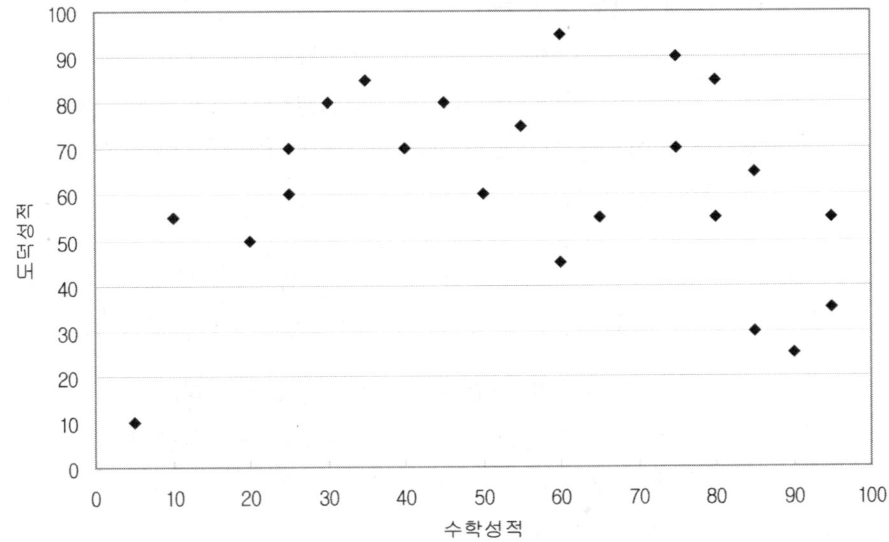

그림에서 보는 바와 같이 수학 성적과 도덕 성적 사이에는 전체적으로 볼 때는 상관관계가 뚜렷하지 않다. 왜냐하면 수학 성적이 높은 학생이라고 해서 반드시 도덕적인 것은 아니며 수학 성적이 낮다고 해서 그 학생이 꼭 비도덕적인 것도 아니기 때문이다.

그런데 위의 그래프를 좀 더 면밀히 관찰을 해보면 수학 성적이 낮은 그룹(50점 미만)에서 수학 성적과 도덕 성적의 사이에 양의 상관관계가 있고 또 수학 성적이 비교적 높은 그룹(50점 이상) 에서 수학 성적과 도적 성적 사이에는 음의 상관관계가 있음을 알 수 있다. 이와 같이 하나의 현상에 대해서도 점수의 서로 다른 경향이 뚜렷하게 나타나는 구간을 다르게 구분해서 두 점수간의 상관관계를 나타낼 수도 있다.

위의 두 예제로부터 우리는 학생 24명에 대한 수학과 물리 혹은 도덕 성적의 사이에는 상호 연관성이 존재할 수 있음을 보았다. 그런데 그래프를 통한 상관관계의 관찰에서 발생하는 한계점은 상관관계가 얼마나 강하게 나타나는지를 정확히 알 수 없다는 것이다. 그래서 2변수 확률변수에 대해서 상관관계를 조사하려면 그래프를 통한 단순한 연관성을 조사하는 것 이상으로 더 체계적인 수단을 필요로 한다. 아래에서는 이와 같은 상관관계의 문제를 해결할 수 있는 도구로서 널리 사용되는 대표적인 것 두 가지에 대하여 알아본다. 먼저, 두 변수간의 공분산에 대해서 정의하고 이어서 상관계수에 대하여 정의한다.

(1) 두 확률변수의 공분산

두 확률변수 X와 Y에 대하여 두 확률변수가 같이 변하는 정도를 나타내는 척도로서 공분산이 있다. 두 확률변수의 **공분산**(共分散, Covariance)은 두 변수의 공통분산을 의미하는 것으로서 확률변수 X와 Y의 평균이 각각 μ와 ω라고 할 때 다음과 같이 정의된다.

$$Cov(X, Y) = E[(X-\mu)(Y-\omega)]$$

즉, 두 확률변수의 공분산을 구하는 방법은 다음과 같다.

① 먼저 각 확률변수에 대해서 평균값을 구한다.
② 이어서 각 확률변수에 대해서 자신의 평균값을 뺀 값을 구한다.
③ 위에서 구한 두 값을 곱한다.
④ 위에서 구한 값의 기대치를 구한다.

한편, 위의 식에서 우항을 정리하면 다음의 결과를 얻는다.

$$E[(X-\mu)(Y-\omega)] = E[XY] - \mu\omega$$

따라서, 두 확률변수 X와 Y의 공분산은 두 확률변수의 곱의 기대치와 각각의 기대치의 곱으로부터 구할 수 있다. 즉, 두 확률변수 X, Y의 공분산은 다음과 같이 정의한다.

$$Cov(X, Y) = E[XY] - \mu\omega$$

한편, 확률변수의 기대치의 정의로부터 공분산은 다음과 같이 계산하기도 한다.

$$Cov(X, Y) = \int_{-\infty}^{\infty}\int_{-\infty}^{\infty}(x-\mu)(y-\omega)f(x,y)dxdy$$

예제 5.9

$E[(X-\mu)(Y-\omega)] = E[XY] - \mu\omega$을 증명하라.

[풀이] 식 $E[(X-\mu)(Y-\omega)]$에서 괄호 안을 풀어서 기대치를 취하여 정리하면 다음과 같다.

$$E[(X-\mu)(Y-\omega)] = E[XY - \omega X - \mu Y + \mu\omega]$$
$$= E[XY] - \omega E[X] - \mu E[Y] + \mu\omega = E[XY] - \mu\omega$$

문제 5.8

위의 식에서 만약 $X = Y$이면 어떤 결과가 얻어지는지 공분산을 구해보고 그 의미를 설명하라.

그럼 공분산은 어디에 쓰이는지 생각해보자. 공분산은 두 확률변수에 대하여 서로가 가지는 값의 경향이 같은지 그렇지 않은지를 판단하기 위해 사용한다. 가령, 성인 남자의 키와 몸무게 사이에는 어떤 경향이 있겠는가? 상식적으로 생각하면 키가 클수록 몸무게가 무거울 가능성이 있다. 그리고 앞에서 그래프로 그려본 학생의 수학과 물리 성적의 사이의 상관성에 대해서도 공분산을 이용할 수 있다.

문제 5.9

예제 5.7의 표를 참고하여 학생의 수학과 물리 성적 간의 공분산을 구하라.

두 확률변수의 공분산에 대한 이야기를 끝내며 한 가지 지적할 것은 공분산의 정의에 의해서 $Cov(X, Y) = E[(X-\mu)(Y-\omega)]$의 값이 두 확률변수가 가질 수 있는 값의 크기에 의존한다는 것이다. 가령, X를 우리나라의 성인이 가지고 있는 재산의 액수라 하고 Y를 그가 가지고 있는 자동차의 값이라고 하자. 이때 재산의 단위는 수백만 원에서 수백억까지의 값을 가질 수 있고 자동차의 값도 수백만 원에서 수억까지의 값을 가질 수 있으므로 공분산은 아주 큰 값을 가질 수 있다.

이와 같이 공분산의 값이 실험대상에 따라서 너무 큰 차이를 가지는 문제를 해결하고자 도입한 것이 아래에서 소개할 상관계수이다.

(2) 두 확률변수의 상관계수

두 확률변수 X와 Y의 **상관계수**(相關係數, Correlation coefficient)는 다음과 같이 정의된다.

$$\rho(X, Y) = E\left[\left(\frac{X-\mu}{\sigma_X}\right)\left(\frac{X-\omega}{\sigma_Y}\right)\right]$$

단 σ_X와 σ_Y는 각각 확률변수 X와 Y의 표준편차이다.

언뜻 보기에는 위의 식이 복잡하다고 느낄 수도 있으나 식을 들여다보면 그리 복잡하지도 않을뿐더러 일정한 형식을 취하고 있다. 즉, 두 확률변수 X와 Y간의 상관계수는 다음과 같이 구한다.

① 각 확률변수에 대해서 평균과 표준편차를 구한다.
② 각 확률변수에 대해서 평균을 뺀다.
③ 위의 결과를 표준편차로 나누어서 정규화한다.
④ 이들 각 값을 서로 곱한다.
⑤ 그 값에 대한 기대치를 구한다.

하여간, 상관계수는 앞에서 정의한 공분산을 구하는 과정에서 정규화 작업을 하나 더한 것이다.

그럼 왜 이런 작업을 하는 것일까? 기억이 나는 사람이 있는지 모르겠지만 우리는 제3장에서 표준정규분포를 공부한 경험이 있다. 그때 일반적인 정규분포에서 표준정규분포를 이끌어낸 이유가 무엇인지 잘 알고 있을 것이다. 여기서 우리가 정규화를 한 이유도 바로 그와 같은 이유이다. 즉, 두 확률변수 간에 존재하는 경향을 조사하고자 할 때 만약 있는 그대로의 값으로 상관관계를 계산하면 대상으로 하는 확률변수가 가지는 값에 의하여 상관관계의 값이 아주 크게 나올 수 있다. 사실 위의 공분산에서 이와 같은 현상이 나타난다. 여기서 정규화하는 이유는 바로 이와 같이 두 확률변수가 가지는 단위의 크기에 구애받지 않고 항상 일정한 범위의 값(대략 -1에서 1사이)을 가지도록 하여 그들의 상관성을 알아보고자 하는 것이다.

이번에는 위의 식을 계산하는 방법을 알아보자. 기대치의 정의에 의하여 위의 식은 다음과 같이 간략화된다.

$$\rho(X,Y) = E\left[\left(\frac{X-\mu}{\sigma_X}\right)\left(\frac{X-\omega}{\sigma_Y}\right)\right] = \int_{-\infty}^{\infty}\int_{-\infty}^{\infty}\left(\frac{x-\mu}{\sigma_X}\right)\left(\frac{y-\omega}{\sigma_Y}\right)f(x,y)dxdy$$

위 식의 맨 우측항을 정리하여 간단히 하면 다음의 결과를 얻는다.

$$\rho(X,Y) = \int_{-\infty}^{\infty}\int_{-\infty}^{\infty}\frac{xy-\mu y-\omega x+\mu\omega}{\sigma_X\sigma_Y}f(x,y)dxdy = \frac{E[XY]-\mu\omega}{\sigma_X\sigma_Y}$$

최종적으로 두 확률변수 X와 Y간의 상관계수에 대하여 다음의 결과를 얻는다.

$$\rho(X,Y) = \frac{E[XY]-\mu\omega}{\sigma_X\sigma_Y}$$

위의 결과와 앞에서 구한 공분산 간의 관계를 다시 한 번 요약하면 다음과 같다.

$$Cov(X,Y) = E[XY]-\mu\omega$$

$$\rho(X,Y) = \frac{E[XY]-\mu\omega}{\sigma_X\sigma_Y}$$

결국, 공분산과 상관계수 간에는 다음과 같은 관계가 있다.

$$\rho(X,Y) = \frac{Cov(X,Y)}{\sigma_X\sigma_Y}$$

아래에서 예제를 통하여 상관계수를 계산하는 과정을 보자.

예제 5.10

확률변수 X와 Y가 다음의 결합 확률밀도함수를 가질 때 두 변수 간의 상관계수를 구하라.

$$f(x,y) = \begin{cases} axy, & 0 < x,\ y < 1 \\ 0, & else \end{cases}$$

[풀이] 아래의 식에서 나타내는 것과 같이 두 변수 간의 상관계수를 구하기 위해 먼저 공분산을 구해야 한다.

$$\rho(X, Y) = \frac{Cov(X, Y)}{\sigma_X \sigma_Y}$$

한편, 공분산은 다음과 같이 정의된다.

$$Cov(X, Y) = E[XY] - \mu\omega$$

먼저 $E[XY]$부터 구하자. 그런데 공분산을 구하려면 먼저 확률변수 X와 Y의 결합 확률밀도함수를 알아야 한다. 따라서 확률변수 X와 Y의 결합 확률밀도함수에서 매개변수로 주어진 a를 구하는 것이 급선무이다.

확률밀도함수의 성질로부터 $\int_0^1 \int_0^1 f(x,y)dxdy = 1$이므로

$\int_0^1 \int_0^1 f(x,y)dxdy = \int_0^1 \int_0^1 axydxdy = 1$이다.

위의 식으로부터 $a = 4$이고 $E[XY]$는 다음과 같다.

$$E[XY] = \int_0^1 \int_0^1 4x^2y^2dxdy = \frac{4}{9}$$

이제 확률변수 X와 Y의 기대치를 구해야 한다. 이를 위해 이번에는 또 각 확률변수의 한계밀도함수를 구해야 한다. X의 한계밀도함수는 다음과 같다.

$$f(x) = \int_{-\infty}^{\infty} f(x,y)dy = \int_0^1 4xydy = 2x$$

확률밀도함수의 대칭성에 의하여 $f(y) = 2y$이다.
각 확률변수의 기대치가 같으므로 X에 대해서 기대치를 구하면 다음과 같다.

$$\mu = E[X] = \int_0^1 2x^2dx = \frac{2}{3} = \omega$$

위에서 구한 값을 아래의 식에 대입하자.

$$Cov(X, Y) = E[XY] - \mu\omega = \frac{4}{9} - \frac{4}{9} = 0$$

확률변수 X와 Y의 공분산이 0이므로 상관관계도 0이다. 그렇다면 이것은 무엇을 의미하는가? 상관관계가 0이라는 말은 두 확률변수가 서로 상관이 없다, 즉 상호독립이라는 말이다. 그리고 이 결과는 사실 앞에서 이미 예측되었다. 여러분은 어디서 그 사실을 발견하였는가? 각자 생각을 해보자.

한편, 두 확률변수 X와 Y간의 상관계수 $\rho(X, Y)$에서 우리는 무엇을 발견할 수 있을까? $|\rho(X, Y)|$의 값이 1에 가까울수록 두 확률변수 간에는 선형의 관계가 있다고 한다. 그리고 $\rho(X, Y)$이 0일 때 두 확률변수 간에는 상관성이 없다고 한다.

문제 5.10

예제 5.7의 표를 참고하여 학생의 수학과 물리 성적 간의 상관계수를 구하라.

(3) 두 확률변수 X와 Y의 합과 차 $(X \pm Y)$에 대한 기대치와 분산

마지막으로 두 확률변수 X와 Y의 합과 차 $(X \pm Y)$에 대한 분산을 구해보자. 먼저 두 확률변수 X와 Y가 위에서 정의한 바와 같이 각각 평균 μ와 ω, 그리고 표준편차 σ_X와 σ_Y를 가질 때 새로운 변수 U와 V를 다음과 같이 정의한다.

$$U = \frac{X - \mu}{\sigma_X}$$

$$V = \frac{Y - \omega}{\sigma_Y}$$

그러면 U와 V는 각각 평균이 0이고 분산이 1인 정규화된 확률변수가 된다. 그리고, 다음의 식이 성립한다.

$$\rho(X, Y) = E[UV]$$

한편, 앞에서 정의한 정규화 식으로부터 다음의 결과를 얻는다.

$$E[XY] = E[(\sigma_X U + \mu)(\sigma_Y V + \omega)] = \rho(X, Y)\sigma_X \sigma_Y + \mu\omega$$

$$E[(X \pm Y)^2] = \sigma_X^2 + \sigma_Y^2 \pm 2\rho(X, Y)\sigma_X \sigma_Y + (\mu \pm \omega)^2$$

위에서 두 번째 식의 우항에서 앞의 세 항이 바로 확률변수 X와 Y간의 합과 차에 대한 분산이다. 즉, 다음과 같은 결과를 얻는다.

$$Var[X \pm Y] = \sigma_X^2 + \sigma_Y^2 \pm 2\rho(X, Y)\sigma_X \sigma_Y$$

위로부터 만약 두 확률변수가 상호 독립이라면 $\rho(X, Y) = 0$이고 두 확률변수의 합 혹은 차에 대한 평균과 분산에 대해서 다음의 관계가 성립한다.

$$E[X \pm Y] = \mu \pm \omega$$

$$Var[X \pm Y] = \sigma_X^2 + \sigma_Y^2$$

위의 결과로부터 서로 독립인 두 확률변수의 합 혹은 차에 대해서 평균은 각각 평균의 합 혹은 차가 되고 분산은 각각의 합이 된다.

일반적으로 상호 독립인 n개의 확률변수 $X_1, \cdots, X_n$이 각각 평균 $\mu_1, \cdots, \mu_n$과 분산 $\sigma_1^2, \cdots, \sigma_n^2$을 가질 때 이들 확률변수의 합인 $S_n = \sum_{i=1}^{n} X_i$는 평균 $\sum_{i=1}^{n} \mu_i$와 분산 $\sum_{i=1}^{n} \sigma_i^2$을 가진다. 여기서 만약 n개의 확률변수가 동일한 평균 μ와 분산 σ^2을 가진다면 이들 확률변수의 합인 $S_n = \sum_{i=1}^{n} X_i$는 평균 $n\mu$와 분산 $n\sigma^2$을 가진다.

문제 5.11

예제 5.7의 표를 참고하여 학생의 수학과 물리 성적의 차에 대한 분산을 구하라.

연습문제

1 지수분포를 따르는 2변수 확률변수 X, Y의 확률밀도함수가 다음과 같이 정의될 때 다음 물음에 답하라.

$$f(x,y) = \lambda\mu e^{-(\lambda x + \mu y)},\ x,\ y \ge 0$$

(1) 확률밀도함수 $f(x,y)$의 그래프를 그려라.

(2) $F(x,y)$를 구하고 그래프를 그려라.

2 확률밀도함수가 다음과 같이 주어진 2변수 지수분포함수에 대해서 다음 물음에 답하라.

$$f(x,y) = \lambda\mu e^{-(\lambda x + \mu y)},\ x,\ y \ge 0$$

(1) Y에 대한 주변 확률밀도함수 $f(y)$를 구하라.

(2) X, Y의 결합 확률분포함수를 구하라.

(3) 조건부 분포함수 $F(x|Y \le y)$를 구하라.

(3) 조건부 밀도함수 $f(x|y)$를 구하라.

3 확률변수 X와 Y가 다음의 확률밀도함수를 가질 때 다음 물음에 답하라.

$$f(x) = \begin{cases} \frac{1}{2}e^{-2x}, & x \ge 0 \\ 0, & else \end{cases}$$

$$f(y) = \begin{cases} e^{-y}, & y \ge 0 \\ 0, & else \end{cases}$$

(1) 두 확률변수의 확률밀도함수를 각각 그래프로 그려라.

(2) 두 확률변수의 합 Z의 확률밀도함수를 구하고 그래프로 그려라.

4 예제 5.8의 표를 참고하여 학생의 수학과 도덕 성적에 대하여 다음 물음에 답하라.

(1) 수학과 도덕 성적의 평균을 구하라.

(2) 수학과 도덕 성적의 분산을 구하라.

(3) 수학과 도덕 성적의 상관계수를 구하라.

(4) 수학과 도덕 성적의 차의 분산을 구하라.

CHAPTER 06

확률의 근사해석

제6장에서는 확률의 계산에서 사용되는 몇 가지 근사해석법을 소개한다. 근사해석은 확률실험에서 정확한 해를 구할 수 없는 경우에 유용한 방법이다. 아래에서는 확률과 관련된 근사해법으로서 마르코프 부등식과 체비셰프 부등식을 소개하고 이어서 대수의 법칙과 중심극한정리에 대하여 알아본다.

1 확률의 근사해석

확률변수의 확률을 계산함에 있어서 항상 정확한 해를 구할 수 있는 것은 아니다. 그 이유 중의 하나로서 **원시**(原始, Original) 데이터는 없고 가공된 데이터(가령, 평균이나 분포함수 등)만 있는 경우가 있다. 이러한 경우에는 대략의 확률값 혹은 확률값의 상한치나 하한치를 예측하는 것도 필요한데 **근사해석법**(近似解析法, Approximation analysis method)이 이러한 역할을 한다.

지금부터 확률의 계산에서 자주 사용되는 몇 가지 근사해석법에 대하여 알아본다.

1) 마르코프 부등식

마르코프 부등식(Markov inequality)은 러시아의 수학자 안드레이 마르코프(Andrey Andreyevich Markov, 1856-1922)의 이름에서 유래된 부등식이다.

실제로 이 부등식은 러시아의 대수학자이자 안드레이 마르코프의 스승인 **파프누티 체비셰프**(Pafnuty Lvovich Chebyshev, 1821-1894)가 발견하였는데 아이러니하게도 부등식의 이름은 제자인 마르코프의 이름을 사용했다.

Andrey Andreyevich Markov

이 부등식은 확률변수 X의 꼬리분포함수($P\{X \geq a\}$, 단, $a > 0$인 상수)에 대한 상한치를 제시한다. 즉, 마르코프 부등식은 다음과 같이 표현된다.

$$P[X \geq a] \leq \frac{E[X]}{a}$$

즉, 확률변수 X가 임계치 a보다 작지 않을 확률은 그 확률변수의 기대치를 임계치로 나눈 값보다 크지 않다는 것이다.

여러분은 앞에서 확률변수에 대한 공부를 하면서 꼬리분포를 구하기 위해서 기울였던 많은 노력을 상기할 수 있을 것이다! 즉, 마르코프 부등식은 우리가 어렵게 구했던 확률과 기대치 사이의 관계를 근사적으로 구하는 방법을 아주 간결하게 정의하고 있다.

우선 위의 식을 증명을 해보자. 먼저 위 식의 오른쪽에 위치한 기대치에 관한 식으로부터 시작한다. 기대치의 정의에 의하여 다음의 식은 당연하다.

$$E[X] = \int_0^\infty xf(x)dx, \text{ 단 } X \geq 0$$

여기서 위 식의 우항을 다음과 같이 두 개의 항으로 나누자.

$$\int_0^\infty xf(x)dx = \int_0^a xf(x)dx + \int_a^\infty xf(x)dx$$

위 식의 우항의 모든 a에 대하여 다음의 부등식이 항상 성립한다.

$$\int_0^a xf(x)dx + \int_a^\infty xf(x)dx \geq \int_a^\infty xf(x)dx$$

그리고 위의 우항은 다음의 부등식을 만족한다.

$$\int_a^\infty xf(x)dx \geq \int_a^\infty af(x)dx$$

그리고 위의 우항은 다음과 같이 나타낼 수 있다.

$$\int_a^\infty af(x)dx = a\int_a^\infty f(x)dx = aP[X \geq a]$$

최종적으로 다음과 같은 관계가 성립한다.

$$P[X \geq a] \leq \frac{E[X]}{a}$$

위의 식을 보면서 한 가지 느끼는 점이 있을 것인데, 이 근사식은 오차가 클 수 있다는 것이다. 그 이유는 확률변수의 누적확률분포함수가 기대치에 의하여 느슨하게 근사되기 때문이다. 위의 증명 과정에서 특히 문제가 되는 것이 첫 번째로 등장한 부등식인 $\int_0^a xf(x)dx + \int_a^\infty xf(x)dx \geq \int_a^\infty xf(x)dx$에 있는데 이 부등식은 $\int_a^\infty xf(x)dx$의 상한을 나타내려는 목적으로 등장한 것으로 a의 값이 작으면 작을수록 $\int_a^\infty xf(x)dx$의 값이 $\int_0^a xf(x)dx + \int_a^\infty xf(x)dx \geq \int_a^\infty xf(x)dx$ 식의 좌항에 가까운 값으로 근사되지만 만약 a의 값이 아주 크다면 위의 식은 큰 오차를 내포하고 있다.

그러나 이와 같은 오차에 대한 우려 속에서도 위의 근사식은 아주 중요한 사실을 가지고 있다. 즉, 위의 관계식은 아주 간단하여 확률변수의 꼬리분포에 대한 상한치의 근사가 아주 쉽게 구해진다는 것이다!

위의 식이 왜 널리 쓰이는지 알아보자. 먼저, 위의 식의 특징은 확률변수의 평균값을 안다면 그 확률변수가 어떤 임계치 이상의 값을 가질 확률의 상한치를 근사적으로 알 수 있다는 것이다. 예를 들면, 어떤 집단에 있는 사람의 평균체중이 60kg임을 알았을 때 그 집단에 있는 사람 중에서 임의로 한 명을 지목하여 그의 체중을 물었을 때 80kg보다 크거나 같을 확률은 아무리 커도 다음의 값을 넘지 않는다.

$$P[\text{체중} \geq 80\text{kg}] \leq \frac{60}{80} = 0.75$$

반대로 확률변수가 어떤 임계치보다 작지 않을 확률을 안다면 그 확률변수가 가지는 평균값의 하한치를 대강 예측할 수 있다. 다음의 예는 이와 같은 사실을 보여준다.

예제 6.1

창원대학교 정보통신공학과 학생의 컴퓨터네트워크 과목의 점수가 90점 이상일 확률이 10%라고 한다면 이 학과 학생의 평균점수는 적어도 얼마보다는 작지 않을지 마르코프 부등식을 이용하여 예측하라.

[풀이] 마르코프 부등식으로부터 $E[X] \geq aP[X \geq a]$이므로 다음과 같은 결과를 얻을 수 있다.

$$E[X] \geq aP[X \geq a] = 90 \times 0.1 = 9$$

따라서, 이 학과 학생의 컴퓨터네트워크의 평균점수는 적어도 9점 이상이다.

이번에는 위와 반대의 문제를 생각해보자.

예제 6.2

창원대학교 정보통신공학과 학생의 확률론 과목의 평균점수가 50점이라고 할 때 학생 한 명을 선택해서 그의 점수를 물었을 때 90점 이상일 확률은 얼마를 넘지 않을까?

[풀이] 마르코프 부등식으로부터

$$P[X \geq 90] \leq \frac{50}{90} = 0.556$$

즉, 학생의 확률론 과목의 평균점수가 50점이라고 할 때 어떤 한 학생을 선택해서 그의 점수를 물었을 때 그 학생의 점수가 90점 이상일 확률은 55.6%를 넘지 않는다.

문제 6.1

우리나라 성인 여자의 평균키가 160cm라고 하자. 이때 성인 여자 한 명을 선택하였을 때 그 사람의 키가 170cm보다 작을 확률은 최소한 얼마인지 예측하라.

2) 체비셰프 부등식

체비셰프 부등식(Chebyshev inequality)은 러시아의 수학자이자 안드레이 마르코프의 스승인 파프누티 체비셰프가 발견하였다.

Pafnuty Lvovich Chebyshev

먼저 확률변수 X의 평균과 분산이 각각 μ와 σ^2이라고 하자. 이때 실수의 값 k에 대하여 다음의 관계가 성립하는데 이것을 체비셰프 부등식이라고 한다.

$$P(|X-\mu| \geq k) \leq \frac{\sigma^2}{k^2}$$

위의 식이 가지는 물리적인 의미는 확률변수 X가 평균으로부터 임계치 k 이상 떨어질 확률은 분산을 임계치의 제곱으로 나눈 값보다는 작다는 것이다.

먼저 위의 식을 증명해보자. 증명의 핵심은 마르코프 부등식을 이용하는 것인데 단순히 두 단계의 계산을 하면 된다.

먼저 $P(|X-\mu| \geq k)$를 계산의 편의를 위해 $P((X-\mu)^2 \geq k^2)$와 같이 바꾸어서 표현하자. 그러면 이 식은 앞에서 공부한 마르코프 부등식과 같다. 즉, $P((X-\mu)^2 \geq k^2)$은 아래의 상한을 가진다.

$$P((X-\mu)^2 \geq k^2) \leq \frac{E[(X-\mu)^2]}{k^2}$$

위 식의 우항에 대하여 $E[(X-\mu)^2] = \sigma^2$이고 $P((X-\mu)^2 \geq k^2) = P(|X-\mu| \geq k)$이므로 다음의 결과를 얻는다.

$$P(|X-\mu| \geq k) \leq \frac{\sigma^2}{k^2}$$

예제 6.3

초고속 정보통신망에서 한 명의 가입자가 발생시키는 트래픽의 평균이 초당 1메가(메가는 백만을 의미함)비트이고 분산이 0.5라고 하자. 이때 이 네트워크에서 어떤 가입자가 초당 발생시키는 트래픽의 양이 평균보다 1메가비트 이상 벌어질 확률은 얼마일까?

[풀이] 문제에서 초당 트래픽의 양이 평균값 보다 1메가비트 이상 벌어진다는 것은 그 가입자가 네트워크를 전혀 사용하지 않거나 반대로 평균보다 2배 이상 트래픽을 발생시킨다는 것을 의미한다. $P(|X-\mu| \geq k) \leq \frac{\sigma^2}{k^2}$에서, $\mu=1$, $\sigma^2=0.5$, $k=1$이므로 결과는 다음과 같다.

$$P(|X-1| \geq 1) \leq \frac{0.5}{1} = 50\%$$

문제 6.2

어떤 확률 실험에 대해 얻어지는 확률변수가 평균이 0.7이고 분산이 0.3이라고 한다. 이때 임의의 한 실험결과가 평균으로부터 3 이상 떨어져 있을 확률은 최대 얼마일까?

2 확률 근사해석의 응용

지금부터는 위에서 공부한 확률의 근사해석의 결과를 바탕으로 확률이론에서 중요한 의미를 가지는 두 가지 근사법칙인 대수의 법칙과 중심극한정리에 대하여 알아본다.

1) 대수의 법칙

이탈리아의 수학자인 **카르다노**(Gerolamo Cardano, 1501-1576)와 인도의 수학자이자 점성가인 **브라흐마굽타**(Brahmagupta, 598-668)는 확률실험의 결과 얻어지는 통계치가 시행의 횟수가 증가함에 따라 점점 정확해진다는 것을 발견하였다.

그러나 그들은 이 사실을 수학적으로 증명하지는 못했는데 1713년에 제임스 버누이가 이 사실을 '추측의 예술(The art of conjecturing)'이라는 곳에 논문을 게재함으로써 공식적으로 증명하였다(그런데 그는 이 사실을 증명하는데 20년이나 걸렸다고 한다!).

그러나 대수의 법칙은 처음에는 대중으로부터 주목을 크게 받지 못하고 이름도 없이 지냈는데 그로부터 100년도 더 지난 1835년에 푸아송이 이 법칙을 더욱 보강하여 **대수의 법칙**(大數法則, Law of large numbers)이라고 부르게 되었다.

한편, 앞에서도 공부한 바와 같이 확률실험에서 표본의 수가 무한대로 커지게 되면 **표본평균**(標本平均, Sample mean)은 **모평균**(母平均, Total mean)에 수렴하는 성질이 있다. 왜냐하면, 표본의 수가 무한대로 된다는 말은 결국 표본 실험 자체가 원래의 표본공간에 존재하는 모든 원소를 대상으로 실험한 결과가 되기 때문에 당연히 그 결과는 모평균에 수렴하게 된다.

확률변수 X가 X_i, $i = 1, 2, 3, \cdots$으로 표시되고, 이들이 공통의 분포함수를 가지는 독립적인 확률변수라고 하자. 이때 분포함수는 특정함수를 지칭하지 않고 모든 분포함수를 말하며 모평균과 모분산을 각각 μ와 σ^2이라고 한다.

한편, 위의 확률변수 X가 나타내는 n개의 값을 더하여 다음과 같이 새로운 확률변수로 나타낸다.

$$S_n = \sum_{k=1}^{n} X_k$$

이것이 확률변수라는 것에 대하여 의심을 가지는 사람은 없을 것이다. 왜냐하면, 만약 표본을 $10n$개 선택하여 처음부터 n개씩 더해서 새로운 변수 S_n, $n = 1, 2, \cdots$,

9, 10,으로 두면 이 값들이 모두 다를 것이고, 이 값 역시 확률변수가 된다.

대수의 법칙은 두 가지 종류로 나뉘는데 하나는 약법칙이고 다른 하나는 강법칙이다.

(1) 대수의 약법칙

모평균 μ와 모분산 σ^2이 모두 유한하다고 가정할 때 임의의 양수 ϵ에 대하여 다음의 관계가 성립하는데 이것을 **대수의 약법칙**(大數의 弱法則, Weak law of large numbers)이라고 한다.

$$\lim_{n\to\infty} P\left(\left|\frac{S_n}{n}-\mu\right|>\epsilon\right)=0$$

위 식은 체비셰프의 부등식으로부터 증명이 가능하다.

$$\lim_{n\to\infty} P\left(\left|\frac{S_n}{n}-\mu\right|>\epsilon\right)\le \frac{Var\left[\frac{S_n}{n}\right]}{\epsilon^2}=\frac{\sigma^2}{n\epsilon^2}$$

위 식에서 $n\to\infty$에 대하여 우항의 맨 마지막의 값은 0으로 수렴한다. 결국 $\lim_{n\to\infty} P\left(\left|\frac{S_n}{n}-\mu\right|>\epsilon\right)=0$이다.

대수의 약법칙이 의미하는 바는 '충분히 많은 수의 표본을 수집하여 그 표본의 평균을 구하면 그 값은 모평균과 차이가 거의 없다'는 것을 말한다.

예제 6.4

모평균 μ와 모분산 σ^2이 모두 유한한 확률변수에 대하여 충분히 많은 수의 표본을 추출하여 평균을 구하였을 때 그 표본평균이 모평균에 근접할 확률은 얼마인가?

[풀이] 대수의 약법칙으로부터 $\lim_{n\to\infty} P\left(\left|\frac{S_n}{n}-\mu\right|>\epsilon\right)=0$이므로 표본평균이 모평균에 근접할 확률은 거의 1이다.

여기서 여러분은 위의 법칙을 왜 대수의 약법칙이라고 부르는지에 대해서 궁금할 것인데 그 이유를 간단히 소개한다. 위에서 $\lim_{n\to\infty} P\left(\left|\frac{S_n}{n}-\mu\right|>\epsilon\right)=0$이라는 것은 n이 무한히 클 때 아주 높은 확률로 $\frac{S_n}{n}\to\mu$로 수렴한다는 의미이다. 대수의 약법칙

$\lim_{n\to\infty} P\left(\left|\frac{S_n}{n}-\mu\right|>\epsilon\right)=0$을 아래와 같이 써보자.

$$\lim_{n\to\infty} P\left(\left|\frac{S_n}{n}-\mu\right|<\epsilon\right)=1$$

$S_n=\sum_{k=1}^{n} X_k$이므로 위의 식은 $\lim_{n\to\infty} P\left(\left|\frac{\sum_{k=1}^{n} X_k}{n}-\mu\right|<\epsilon\right)=1$과 같다. 따라서 n개의 확률변수의 표본평균은 n이 충분히 클 경우에 대하여 모평균에 '확실히 수렴하지는 않을지라도 확률적으로는 수렴한다'는 의미에서 대수의 약법칙이라고 부르는 것이다.

대수의 약법칙을 설명하는 예를 하나 들어보자. 동전 던지기에서 동전의 앞면이 나올 확률을 μ(정상적인 동전이라면 $\mu=0.5$일 것)라고 하자. 이때 i번째 던진 동전이 앞면이 나오면 $X_i=1$이라 하고 그렇지 않으면 $X_i=0$이라고 하자. 이와 같은 실험을 n번 반복하였을 때 $\lim_{n\to\infty} P\left(\left|\frac{\sum_{k=1}^{n} X_k}{n}-\mu\right|<\epsilon\right)=1$의 식이 성립한다는 말은 우리가 동전을 아주 많이 던지면 앞면이 나올 비율이 μ에 아주 근사할 것이라는 의미이다.

(2) 대수의 강법칙

이번에는 **대수의 강법칙**(大數의 强法則, Strong law of large numbers)에 대해서 알아보자. 충분히 큰 $n(n\to\infty)$에 대하여 $\frac{S_n}{n}\xrightarrow[a.s.]{}\mu$(단, $a.s.$는 almost surely(거의 확실하게)를 나타내는 의미)가 성립하므로 다음의 식이 성립한다.

$$P\left(\lim_{n\to\infty}\frac{\sum_{k=1}^{n} X_k}{n}=\mu\right)=1$$

위의 결과를 대수의 강법칙이라고 한다.

대수의 강법칙을 증명하는 것은 복잡한 과정을 필요로 하는데 지금 우리는 이 법칙의 의미를 알기 위한 것이 목적이므로 증명은 생략한다. 단, 대수의 강법칙이 존재하기 위한 조건은 위에서도 알 수 있는 바와 같이 확률변수의 평균값이 유한하다는 것이다.

예제 6.5

유한한 모평균 μ를 가지는 확률변수에 대하여 충분히 많은 수의 표본을 추출하여 평균을 구하였을 때 그 표본평균이 모평균에 근접할 확률은 얼마인가?

[풀이] 대수의 강법칙으로부터 $P\left(\lim_{n\to\infty}\frac{\sum_{k=1}^{n}X_k}{n}=\mu\right)=1$이므로 표본평균이 모평균에 근접할 확률은 1이다.

한편, 대수의 강법칙이 의미하는 물리적 의미는 상호 독립이고 동일한 분포를 가지는(independent and identically distributed, 보통 i.i.d.로 표시함) 확률변수 중에서 추출한 n개의 확률변수에 대한 산술평균이 모평균 μ에 확률 1로 수렴한다는 것이므로 결국은 우리가 앞에서 정의한 바 있는 '상대도수의 극한으로서 확률을 정의할 수 있다'는 이론이 타당함을 의미한다.

마지막으로 위에서 소개한 두 가지 대수의 법칙 가운데서 어느 조건이 더 강한 조건인지 살펴보면 대수의 강법칙은 거의 확실하게 수렴하는 것이고, 대수의 약법칙은 확률적으로 수렴하는 것이므로 앞의 법칙이 더 강함을 알 수 있다. 따라서 확률변수에 대하여 대수의 강법칙이 성립하면 대수의 약법칙은 당연히 성립한다.

2) 중심극한 정리

확률적 사건에 대하여 반복된 독립 실험의 결과치를 나열하였을 때 그 결과치들의 합을 구하여 하나의 대표치를 구하고자 할 경우가 종종 있다. X_i, $i=1, 2, 3, \cdots$를 평균과 분산이 각각 유한한 값 (μ, σ^2)로 정의되고 독립적이면서도 동일한 확률분포를 따르는 i.i.d. 확률변수라고 하자. 여기서 n개의 표본을 더한 것을 다음과 같이 나타내기로 한다.

$$S_n=\sum_{i=1}^{n}X_i$$

이때 S_n의 확률분포를 근사적으로 구하는 방법을 소개한다. 먼저 S_n에 대하여 정규화작업을 하여 다음과 같이 나타내자.

$$\frac{\sum_{i=1}^{n}X_i-n\mu}{\sigma\sqrt{n}}$$

지금부터는 n이 충분히 클 때 위의 값이 어떤 분포로 근사하는지 알아본다. 이를 위하여 위 식을 다음과 같이 나타낸다.

$$\frac{\sum_{i=1}^{n} X_i - n\mu}{\sigma\sqrt{n}} = \frac{\frac{X_1-\mu}{\sigma} + \frac{X_2-\mu}{\sigma} + \cdots + \frac{X_n-\mu}{\sigma}}{\sqrt{n}}$$

위 식에서 $Y_i = \frac{X_i - \mu}{\sigma}$ 라고 두면 다음과 같다.

$$\frac{\sum_{i=1}^{n} X_i - n\mu}{\sigma\sqrt{n}} = \sum_{i=1}^{n} \frac{Y_i}{\sqrt{n}}, \text{ 단, } E[Y_i] = 0 \text{이고 } Var[Y_i] = 1 \text{이다.}$$

$M(t)$를 Y_i의 MGF라 하고 위 식의 우항에서 임의의 i번째 항에 대하여 MGF를 적용하면 다음의 관계식을 얻을 수 있다.

$$M_{\frac{Y_i}{\sqrt{n}}}(t) = E\left[e^{\left(\frac{tY_i}{\sqrt{n}}\right)}\right] = M\left(\frac{t}{\sqrt{n}}\right)$$

한편, $Z_n = \sum_{i=1}^{n} \frac{Y_i}{\sqrt{n}}$ 이라고 두면 MGF의 곱의 성질로부터 Z_n의 MGF $M_{Z_n}(t)$를 다음과 같이 나타낼 수 있다.

$$M_{Z_n}(t) = \left\{M\left(\frac{t}{\sqrt{n}}\right)\right\}^n$$

위의 $M_{Z_n}(t)$에 대하여 양변에 로그를 취하고 n을 무한대로 두면 다음과 같이 쓸 수 있다.

$$\lim_{n\to\infty} \log M_{Z_n}(t) = \lim_{n\to\infty} nL\left(\frac{t}{\sqrt{n}}\right) \text{ 단, } L\left(\frac{t}{\sqrt{n}}\right) = \log M\left(\frac{t}{\sqrt{n}}\right)$$

위의 우항에 대하여 약간의 가공을 하면 다음의 식을 얻는다.

$$\lim_{n\to\infty} nL\left(\frac{t}{\sqrt{n}}\right) = \lim_{n\to\infty} \frac{L\left(\frac{t}{\sqrt{n}}\right)}{n^{-1}}$$

위의 우항에 대하여 **로피탈의 정리**(L'Hospital's theory)를 적용하고 정리하면 다음과 같다.

$$\lim_{n\to\infty}\frac{L\left(\frac{t}{\sqrt{n}}\right)}{n^{-1}}=\lim_{n\to\infty}\frac{-L'\left(\frac{t}{\sqrt{n}}\right)n^{\frac{-3}{2}}t}{-2n^{-2}}=\lim_{n\to\infty}\frac{L'\left(\frac{t}{\sqrt{n}}\right)t}{2n^{-1/2}}$$

위의 우항에 대하여 또 다시 로피탈의 정리를 적용하고 정리하면 다음과 같다.

$$\lim_{n\to\infty}\frac{L'\left(\frac{t}{\sqrt{n}}\right)t}{2n^{-1/2}}=\lim_{n\to\infty}\frac{-L''\left(\frac{t}{\sqrt{n}}\right)n^{-3/2}t^2}{-2n^{-3/2}}=\lim_{n\to\infty}L''\left(\frac{t}{\sqrt{n}}\right)\frac{t^2}{2}$$

이제 남은 일은 위의 맨 우측항에 있는 $L''\left(\frac{t}{\sqrt{n}}\right)$의 값만 구하는 것이다. $n\to\infty$에 대하여 $L''(0)=\sigma^2=1$이 성립하므로 결국 다음의 결과를 얻는다.

$$\lim_{n\to\infty}nL\left(\frac{t}{\sqrt{n}}\right)=\frac{t^2}{2}$$

이 결과를 다시 원래의 식에 적용하기로 하자. 앞에서 $M_{Z_n}(t)$에 로그를 취해서 계산한 결과가 $\frac{t^2}{2}$이므로 반대로 $\frac{t^2}{2}$에 지수를 취하면 $M_{Z_n}(t)$이다. 따라서 다음의 결과를 얻는다.

$$M_{Z_n}(t)=e^{\frac{t^2}{2}}$$

한편, 만약 $\frac{Y_i}{\sqrt{n}}$, $i=1,\ 2,\ \cdots,\ n$이 평균 0, 분산 1인 표준정규분포를 따른다고 가정하면 그의 MGF는 다음과 같다.

$$M\left(\frac{t}{\sqrt{n}}\right)=\int_{-\infty}^{\infty}e^{\frac{t}{\sqrt{n}}y}\frac{1}{\sqrt{2\pi}}e^{\frac{-y^2}{2}}dy$$

정규분포의 합의 법칙으로부터 Z_n도 정규확률분포를 따르며, 그의 $M_{Z_n}(t)$는 다음과 같다.

$$M_{Z_n}(t)=\left\{M\left(\frac{t}{\sqrt{n}}\right)\right\}^n=\left\{\int_{-\infty}^{\infty}e^{\frac{t}{\sqrt{n}}y}\times\frac{1}{\sqrt{2\pi}}e^{\frac{-y^2}{2}}dy\right\}^n$$

이제 위의 식을 간단히 하는 일만 남았는데 먼저 적분기호 안의 식을 조금 바꾸면 다음과 같다.

$$\frac{1}{\sqrt{2\pi}}e^{\frac{t}{\sqrt{n}}y}e^{\frac{-y^2}{2}}=\frac{1}{\sqrt{2\pi}}e^{-\frac{1}{2}\left(y-\frac{t}{\sqrt{n}}\right)^2+\frac{t^2}{2n}}$$

이 결과를 원래의 식에 넣으면 다음의 결과를 얻는다.

$$M_{Z_n}(t)=\left\{e^{\frac{t^2}{2n}}\int_{-\infty}^{\infty}\frac{1}{\sqrt{2\pi}}e^{-\frac{1}{2}\left(y-\frac{t}{\sqrt{n}}\right)^2}dy\right\}^2$$

위 식에서 적분의 결과는 1이므로 결국 $M_{Z_n}(t)$는 다음과 같다.

$$M_{Z_n}(t)=e^{\frac{t^2}{2}}$$

위에서 우리는 두 가지 방법으로 n이 충분히 클 때 $M_{Z_n}(t)=e^{\frac{t^2}{2}}$임을 증명하였다. 즉, 독립적인 확률변수를 여러 개 $(n\to\infty)$ 더하였을 때 이들 더해진 확률변수가 표준정규분포를 따른다는 것을 보일 수 있었다.

다시 원래의 이야기로 돌아가서 n이 충분히 클 때 $M_{Z_n}(t)=e^{\frac{t^2}{2}}$임을 증명하였으므로 다음과 같은 주장이 옳다고 말할 수 있다.

$$\frac{\sum_{i=1}^{n}X_i-n\mu}{\sigma\sqrt{n}}\to \text{표준정규분포}$$

한편, $P\left\{\frac{\sum_{i=1}^{n}X_i-n\mu}{\sigma\sqrt{n}}\le a\right\}=P\left\{\frac{E[S_n]-\mu}{\sigma/\sqrt{n}}\le a\right\}$ (단, $E[S_n]=\frac{\sum_{i=1}^{n}X_i}{n}$)로 나타내면 "$\frac{\sum_{i=1}^{n}X_i-n\mu}{\sigma\sqrt{n}}\to$ 표준정규분포"라는 사실로부터 다음과 같이 나타낼 수가 있다.

$$P\left\{\frac{E[S_n]-\mu}{\sigma/\sqrt{n}}\le a\right\}\to\frac{1}{\sqrt{2\pi}}\int_{-\infty}^{a}e^{\frac{-x^2}{2}}dx=\Phi(a)$$

위 식이 의미하는 것은 평균 μ와 분산 σ^2을 가지는 n개의 i.i.d. 확률변수를 더한 확률변수의 표본평균($E[S_n]$)은 n이 충분히 클 때 평균 μ와 분산 σ^2/n을 가지는 정규분포로 근사된다는 것이다. 이것을 다르게 표현하면 n이 충분히 클 때 평균 μ와 분산 σ^2을 가지는 n개의 i.i.d. 확률변수를 더한 확률변수의 표본평균($E[S_n]$)과 모평균 사이의 오차는 근사적으로 표준편차가 표본 크기의 제곱근에 반비례하는 표준정규분포를 따른다고 할 수 있다.

이와 같이 독립적인 확률변수를 여러 개($n \to \infty$) 더하였을 때 이들 더해진 확률변수가 근사적으로 표준정규분포를 따른다는 것을 **중심극한정리**(中心極限定理, Central limit theorem)라고 한다.

위의 결과를 다시 요약하면 평균 μ와 분산 σ^2을 가지는 n개의 i.i.d. 확률변수를 더한 확률변수는 n이 충분히 클 때 평균 $n\mu$와 분산 $n\sigma^2$을 가지는 정규분포로 근사된다는 말이다. 이 이야기는 앞의 4장에서 정규분포의 합의 법칙에서도 다룬 바 있다.

중심극한정리에 대한 물리적인 성질을 알아보기 위해 앞에서 공부한 이항분포에 대하여 이 사실을 적용해보자. 즉, 성공확률이 p이고 실패확률이 q(단, $q=1-p$)인 버누이 시행을 n번 반복하였을 때 성공횟수가 k일 확률은 다음과 같다.

$$P\{n\text{번의 시행에서 } k\text{번 성공함}\} = \binom{n}{k} p^k (1-p)^{n-k}$$

기대치의 해석으로부터 각 시행에서의 기대치 및 분산은 p 및 pq이고 n번의 시행에서의 기대치 및 분산은 np 및 npq이다. 이때 중심극한정리를 사용하면 다음의 관계식이 성립한다.

$$P\{n\text{번의 시행에서 } k\text{번 성공함}\} = \binom{n}{k} p^k q^{n-k} \cong \frac{1}{\sqrt{2\pi npq}} e^{-\frac{(k-np)^2}{2npq}}$$

여러분은 이 식을 앞의 어디에선가 본 기억이 있지 않은가?

중심극한정리로부터 우리는 '확률분포가 알려져 있지 않는 동일한 성질의 확률변수를 중첩하였을 때 그 확률변수가 가지는 평균과 표준편차를 구함으로써 그 확률변수를 정규분포로 표시를 할 수 있고 나아가서 그 확률변수에 대해서 정규화 가공을 하면 표준정규분포를 따른다'는 것을 알 수 있다.

위의 사실이 가지는 물리적인 의미는 실험적으로 구한 확률변수의 평균 및 분산 등의 데이터를 통하여 그 확률변수의 분포함수를 정규분포로 근사화시킴으로써 그 확률변수가 가지는 다양한 특성을 이론적으로 모델링할 수 있다는 점인데, 이는 우리주변에서 관측되는 많은 자연적 현상을 정규분포로 모형화할 수 있다는 점에서 큰 의미를 지닌다.

중심극한정리는 맨 처음 프랑스의 수학자 드 므와브르가 1733년에 생각하였다. 그런데 이 법칙은 그 당시의 수학적 지식에 비해 너무 앞선 이유로 아무도 관심을 가지지 않았는데 1812년 라플라스가 당초의 애매한 부분을 명확히 하여 확률의 해석정리(Theorie analytique des probabilities)라는 책에 발표하였다.

그런데 라플라스의 이론도 별로 관심을 받지 못한 채 다시 기억에서 사라지는 듯하였으나 1901년 러시아의 수학자인 **리아푸노프**(Aleksandr Mikhailovich Lyapunov, 1857-1918)가 수학적인 증명을 일반화된 용어로 확실히 함으로써 대중에게 널리 알려지게 되었다.

오늘날에 이르러서 이 이론은 마치 확률이론의 절대왕자와 같은 존재로 인식되고 있는데 예를 하나 들어보자.

Aleksandr Lyapunov

예제 6.6

N개의 i.i.d. 확률변수 X_i, $i = 1, 2, \cdots, N$가 다음과 같은 확률밀도함수를 가진다.

$$f_X(x) = \begin{cases} e^{-x}, & x \geq 0 \\ 0, & else \end{cases}$$

Y를 다음과 같이 나타낼 때 다음 물음에 답하라.

$$Y = \lim_{N \to \infty} \sum_{i=1}^{N} X_i$$

(1) Y의 확률밀도함수를 구하라.
(2) Y는 어떤 분포를 취하는가?

[풀이] (1) 먼저 확률변수 X에 대하여 평균과 2차모멘트, 분산을 다음과 같이 구한다.

$$E[X_i] = \int_0^\infty x f_X(x) dx = \int_0^\infty x e^{-x} dx = 1$$

$$E[X_i^2] = \int_0^\infty x^2 f_X(x) dx = \int_0^\infty x^2 e^{-x} dx = \Gamma(3) = 2! = 2$$

$$\sigma_{X_i}^2 = E[X_i^2] - (E[X_i])^2 = 1$$

중심극한정리로부터 다음의 결과를 얻는다.

$$E[Y] = \sum_{i=1}^{N} E[X_i] = N$$

$$\sigma_{Y_i}^2 = \sigma_{X_1}^2 + \sigma_{X_2}^2 + \cdots + \sigma_{X_N}^2 = N$$

결국 Y의 확률밀도함수에 대해서 다음의 결과를 얻는다.

$$f_Y(y) = \frac{1}{\sqrt{2\pi N}} e^{-\frac{(y-N)^2}{2N}}$$

(2) Y는 평균이 N이고 분산이 N인 정규분포를 취한다.

중심극한정리를 이용한 응용의 한 가지 실례로서 다음의 문제를 생각해보자. N명의 가입자가 C bps(bit per second, 초당 비트의 수)의 대역용량을 가지는 하나의 링크에 의하여 서비스를 받고 있는 **인터넷 전화**(Voice over IP: 줄여서 VoIP라고 부름)가 있다. 그림 6-1은 이와 같은 상황을 나타내고 있다.

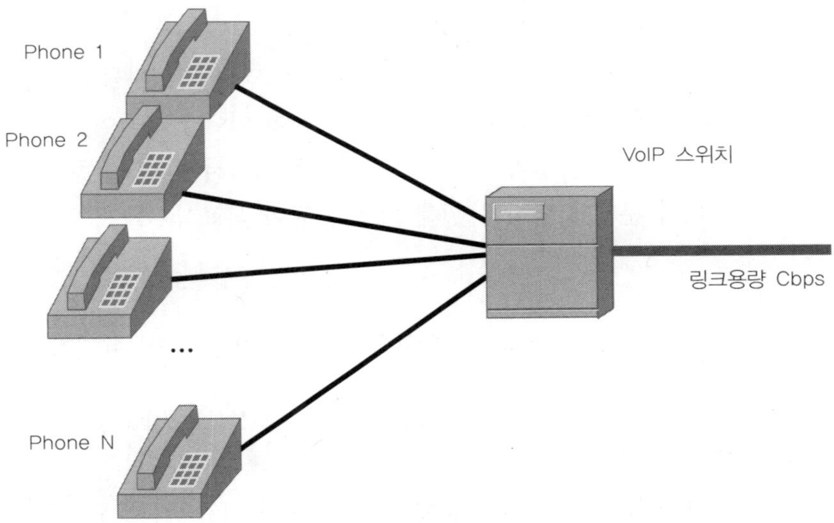

그림 6-1 VoIP의 네트워크 접속 구조

N명의 고객은 상호 독립적으로 행동하며 X_i를 i번째 플로우[22]의 순간 비트 도착

22 플로우(Flow)는 넓은 의미로 한 명의 가입자와 네트워크 간의 논리적인 연결을 의미하며, 예로써 전화호, Web 문서의 요구메시지, 비디오 스트림 등을 나타낸다.

률(bit rate, 초당 도착하는 비트율)이라 하고 플로우 당 평균과 분산이 각각 μ와 σ^2라고 하자. 그리고 $Y = \sum_{i=1}^{N} X_i$라고 하자.

중심극한정리로부터 Y는 충분히 큰 N에 대하여 평균과 분산이 각각 $N\mu$와 $N\sigma^2$인 정규분포를 따른다. 여기서 만약 $Y > C$이면 VoIP 스위치의 출력 회선으로 나가는 전체 플로우의 순간 비트율이 회선이 동시에 처리할 수 있는 대역의 용량보다 커지게 되어서 새로이 도착하는 비트들은 서비스를 받지 못하게 되며 만약 네트워크 장비에 도착하는 비트들을 저장할 버퍼가 없다면 과다 도착한 비트들이 손실된다. 이와 같은 경우는 네트워크에서 아주 중요한 **성능결함**(性能缺陷, Performance failure)이 되므로 네트워크를 설계할 때 이와 같은 일이 자주 일어나지 않도록 하는 것이 필요하다.

따라서 네트워크 운용자는 네트워크의 가입자 접속장치에 대해 여러 명의 가입자들로부터 발생되는 순간 비트 도착률 Y가 회선의 용량 C보다 큰 사건이 일어날 확률이 임계치 δ보다 작게 유지되도록 네트워크를 설계하여 사전에 네트워크의 품질이 떨어지지 않도록 해야 한다. 이와 같은 문제를 **서비스 품질**(Quality of service: QoS) 보장의 문제라고 한다.

그럼 네트워크에 접속되어 있는 여러 명의 가입자들로부터 발생된 Y라는 양의 트래픽에 대하여 도착하는 비트의 손실이 일어날 확률이 δ보다 작게 유지되기 위해서 네트워크는 얼마나 큰 양의 대역폭(여기서는 C)을 준비해야 할까?

위의 문제에 답하기 위해 다음과 같이 목표함수를 정의하자.

$$P(Y > C) < \delta$$

위의 식에서 각 값에 대하여 정규화 작업을 가하여 다음과 같이 바꾼다.

$$P\left(\frac{Y - N\mu}{\sqrt{N}\sigma} > \frac{C - N\mu}{\sqrt{N}\sigma}\right) < \delta$$

위 식을 보면 우리가 앞에서 정규분포를 표준정규분포로 바꾼 기억이 날 것이다. 그리고 위 식의 좌항은 정규화된 확률변수의 꼬리분포이므로 이것을 분포함수로 바꾸어 쓰기로 한다. 즉, $\Phi(x) = P(X \le x)$라고 두면 위 식은 다음과 같이 나타낼 수 있다.

$$1 - \Phi\left(\frac{C - N\mu}{\sqrt{N}\sigma}\right) < \delta$$

이제 이 식을 좀 더 쓰기 편하게 가공해야 하는데 표준정규분포함수의 분포함수 $\Phi(x)$와 꼬리함수 $Q(x)$(단, $Q(x)=P(X>x)$)와의 관계식을 이용하면 위 식을 다음과 같이 나타낼 수 있다.

$$Q\left(\frac{C-N\mu}{\sqrt{N}\sigma}\right)<\delta$$

이제 목적지에 거의 도착했는데 위의 마지막 식에 대하여 역함수(단, $f(x)=\alpha$의 역함수는 $x=f^{-1}(\alpha)$)를 구하면 다음과 같다.

$$\frac{C-N\mu}{\sqrt{N}\sigma}>Q^{-1}(\delta)$$

위 식에서 $Q^{-1}(\delta)$가 의미하는 바는 δ가 주어졌을 때 $Q(x)=\delta$를 만족하는 x를 말하며 이 값은 부록에 실려 있는 표준정규분포에 대한 편측분포함수로부터 구할 수 있다.

여기서 지금까지 우리가 관심을 가지고 있는 문제가 무엇이었는지 한 번 되돌아보면 우리는 $P(Y>C)<\delta$를 만족하는 C를 구하려고 한다. 그래서 위의 마지막 식으로부터 C를 다음과 같이 구할 수 있다.

$$C>N\mu+\sqrt{N}\sigma Q^{-1}(\delta)$$

따라서 $P(Y>C)<\delta$를 만족시키기 위해 필요한 네트워크의 회선 용량의 크기 C는 위의 식과 같다. 이때 N, μ, σ, δ 등의 값은 사용자가 사용하는 데이터에 대한 정보 및 그들의 요구 조건으로 주어진다. 따라서 Q 함수만 구하면 우리는 C를 구할 수 있다.

다음의 문제를 풀면서 지금까지 이야기해 온 내용의 물리적인 의미를 확인해보자.

문제 6.3

네트워크에 접속되어 있는 가입자의 수는 36명이고 가입자 당 필요로 하는 대역폭은 평균 1Mbps이며 분산은 0.09이다. 네트워크에 접속된 모든 고객이 필요로 하는 대역 요구치가 링크 대역 용량을 초과할 확률이 0.01를 넘지 않도록 설계하려고 할 때 이 네트워크에서 필요한 대역폭은 최소한 얼마 이상이어야 하는가?

연습문제

1 어떤 회사의 네트워크를 흐르는 트래픽은 평균 3[단위: Mbps]과 표준편차 1이다. 이때 네트워크를 흐르는 트래픽이 {평균 + 3 × 표준편차}보다 큰 값을 가지는 경우에 대해서 네트워크에 '폭주 주의 경보'를 발령하여 트래픽 관리를 수행한다고 할 때 다음의 물음에 답하라.

(1) 마르코프 부등식과 체비셰프 부등식의 두 방법 중에서 어느 경우가 더 경보를 많이 발령하게 되는가?

(2) 두 방법 간의 오차는 얼마나 되며 어느 방법이 더 러프(rough)하게 예측하게 될까?

2 서점의 점원이 고객의 책 값을 계산하는데 걸리는 시간이 개인마다 차이가 있다고 할 때 다음의 물음에 답하라.

(1) 갑돌이는 평균 2분, 분산 1의 속도로 처리한다. 이 경우 갑돌이가 1시간 이내에 36명의 고객을 처리할 확률은 대략 얼마일까?

(2) 을숙이는 평균 1.5분, 분산 0.25의 속도로 처리한다. 이 경우 을숙이가 1시간 이내에 36명의 고객을 처리할 확률은 대략 얼마일까?

3 모대학교 정보통신공학과 학생의 수능 평균등급은 3.0이고 분산이 1이라고 한다. 이때 몇 명의 학생을 선택하여 수능 등급의 평균을 계산하였을 때 2.8 이상 3.2 이하일 확률이 90%가 되도록 하려면 최소한 몇 명의 표본을 선택해야 할까?

[힌트] 평균 μ와 분산 σ^2을 가지는 n개의 i.i.d. 확률변수를 더한 확률변수의 표본평균 은 n이 충분히 클 때 평균 μ와 분산 σ^2/n을 가지는 정규분포로 근사된다는 사실을 이용하라.

확률과정

CHAPTER 07

제7장에서는 확률과정에 대해서 알아본다. 확률과정은 확률 사건이 시간의 흐름에 따라 계속 일어나는 경우에 그 사건이 가지는 특성을 기술하는 방법이다. 먼저 확률과정이 무엇인지 정의하고, 그것이 가지는 물리적 의미를 조명하며 확률과정의 종류와 특성함수 등에 대하여 알아본다.

1 확률과정의 정의

확률과정(確率過程, Random process)이란 확률적 사건이 시간의 흐름에 따라 반복해서 일어나면서 확률변수의 값이 변화하는데 이때 확률변수가 가지는 값의 동작을 기술한 것이다. 우리 주변에 확률과정의 예는 많이 있다. 여러분은 '병원 24시' 등과 같은 TV 프로그램에서 중환자 옆에서 시시각각으로 변화하는 맥박과 혈압을 나타내는 그래프를 본 적이 있을 것이다. 그리고 TV에서 세계경제의 회복으로 주가가 폭등하거나 북한의 무력도발로 주가가 폭락하였다는 뉴스와 함께 그래프가 상하로 확 꺾인 모습을 본 경험도 있을 것이다.

이처럼 시간에 따라 변화하는 양은 우리 주변에 많이 있는데, 몇 가지 예를 들어보면 고속도로를 달리는 자동차의 대수, 환율, 주가, 맥박의 수, 실내의 온도와 습도, 창문으로 불어오는 바람의 세기 등이 있다. 그리고 필자가 연구하고 있는 IT(Information technology)와 관련된 분야에서 확률과정으로 표시할 수 있는 현상은 네트워크를 흐르는 트래픽의 양, 인터넷 가입자의 네트워크 접속 횟수 및 데이터 양, 웹사이트에 걸리는 부하 등 다양한 예가 있다.

아래의 그림은 필자가 이 책을 처음 쓰던 2007년 3월 어느날 아침 9시부터 오후 1시40분까지의 주가 변동 추이를 나타낸 그래프이다. 주가는 아침 9시에 1,382로부터 시작하여 11시 반경에 1,397까지 올라갔다가 오후 2시경에는 1,395의 근처에 머물러 있는 것을 보여주는데, 주식시장이 오후 3시까지 열리므로 오후 2시 이후에도 주가가 오를 수도 있고 내릴 수도 있다. 여기서 우리는 시간이 지남에 따라 주가가 시시각각으로 변하고 있음을 알 수 있다.

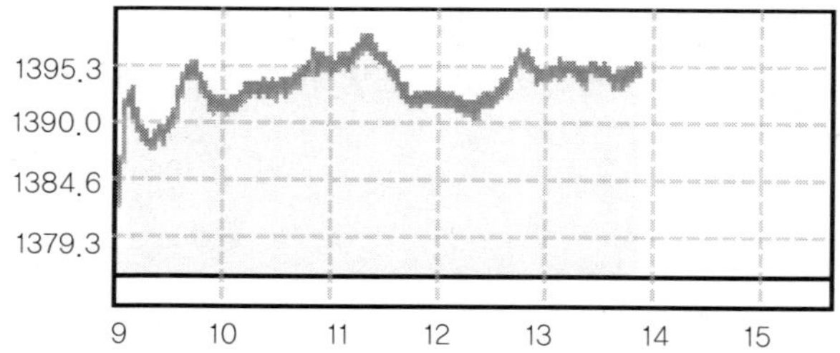

그림 7-1 2007년 3월 어느날 주가의 변동

확률과정을 나타내기 위해 $X(t)=x$를 시간 t에서의 어떤 사건의 값이 x라고 하자. 사건이란 주가, 주사위의 눈, 축구경기의 득점 등 다양한 대상을 나타낼 수 있다.

한편, 여기서 시간축의 값에 대하여 두 가지로 나눌 수 있는데 하나는 시간의 단위가 연속적인 경우이고 다른 하나는 이산적인 경우이다.

먼저 연속시간으로 표시되는 확률과정은 시간축이 실수의 값을 가지고 이산확률과정은 시간축이 정수의 값을 가진다. 위의 그림 7-1에서 주가가 시간의 흐름에 따라 계속 변화하는 선으로 표시되어 있지만, 좀 더 자세히 관찰해보면 한 시간이라는 구간 내에 초나 분 단위 등 아주 미세한 시간단위에 대해 주가가 계속 변화하고 있다. 따라서 9시부터 10시 사이에도 수많은 순간에 주가는 서로 다른 값을 가진다. 따라서 이 경우에 확률과정의 시간을 연속적이라고 볼 수 있다.

한편, 그림 7-1에서 9시를 기점으로 매 시간마다 주가를 기록할 때 9시는 첫 번째 관측시점으로서 $X_1=1{,}382$, 10시는 두 번째 관측시점으로서 $X_2=1{,}392$이 되며 이와 같이 시간의 표시를 이산적으로 나타낼 수도 있다.

따라서 확률과정도 시간축을 정의하는 방법에 따라 연속시간과 이산시간으로 나눌 수 있는데 앞의 경우를 **확률과정**(確率過程, Random process)이라 하고 $X(t)$, $t>0$로 표기하며, 뒤의 경우를 **확률시퀀스**(Random sequence)라고 하고, X_i, $i=1,\ 2,\ \cdots$로 나타낸다. 이에 대해서는 다음 절에서 자세히 다루기로 한다.

이번에는 좀 더 긴 시간을 가지고 확률변수가 변화하는 예를 보자. 그림 7-2는

1980년부터 2007년까지 27년간의 한국 증시에 대한 주가지수의 변화를 나타낸 그래프이다. 그림에서도 볼 수 있는 바와 같이 우리나라의 주가지수는 최근 20여 년간 구간별로 등락은 있어도 전체적으로는 상승 장세임을 알 수 있다. 특히 2004년 이후에는 뚜렷한 증가세를 지속하고 있다.

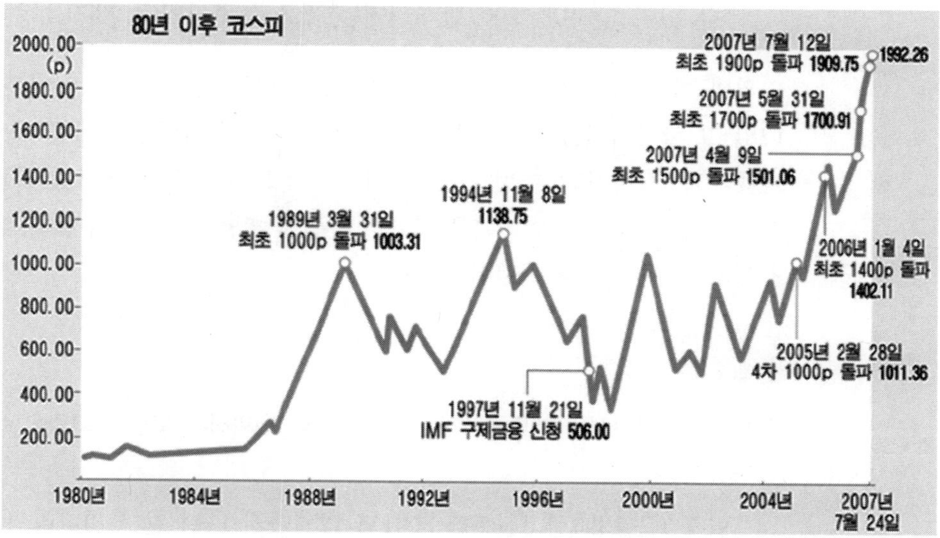

그림 7-2 1980년부터 2007년까지의 우리나라 주가지수 변동추이

그림 7-2로부터 우리는 다음과 같은 몇 가지 유용한 정보를 얻을 수 있다.

① 1980년부터 1986년까지 우리나라의 증시는 아주 완만한 상승세를 보였다. 따라서 이때 주식을 산 사람들은 손해를 보지도 않았고 이익도 크지는 않았을 것이다.

② 1986년 이후 서울 올림픽이 열린 1988년을 지나 1989년 초까지 주가는 5배나 오르며 급기야 3월 31일에는 우리나라 주식 시장 개시 이후 처음으로 주가가 1,000을 돌파했다. 따라서 이때 주식에 투자한 사람들은 상당한 이익을 냈을 것이다.

③ 1989년부터 2000년까지는 크게 오르고 내리기를 세 차례 정도 반복하면서 주가의 등락이 아주 심했다. 그 와중에 1997년 우리나라가 IMF 사태를 맞이하여 주가가 상당기간 곤두박질쳤으나 IMF의 관리체제 하에서 뼈아픈 구조조정을 거친 1998년 이후에는 경제 펀더멘털도 강해지고 상대적으로 주가가 싸서 외

국자본이 대거 들어오면서 주가는 2000년까지 많이 회복되었다.

④ 2000년 IT 버블이 붕괴되고 주가는 다시 폭락하게 된다. 그 이후 약 4년간 우리나라 증시는 다시 등락을 거듭하는 톱니바퀴 장세를 거듭한다.

⑤ IT 버블이 수습된 후 주가는 다시 가파른 상승기를 맞는다. 2006년도 초반에 약간 주춤한 이후 주가는 거의 1년 반을 숨가쁘게 상승하여 (그래프에는 나타나 있지 않지만) 2007년 8월에는 최초로 주가지수 2000을 돌파한다.

위의 이야기로부터 여러분은 어떤 정보를 얻었는가? 만약 여러분이 2007년 7월 12일 그 시점에 있었다면 어떻게 할 것인가? 어떤 사람은 추세를 보니까 주식을 사야겠다고 할 것이고, 어떤 사람은 '과거의 정보가 무슨 소용이 있겠는가' 하면서 투자하지 않을 것이다. 여러분은 앞에서 주관적 확률모형을 공부한 사람들이니까 각자 자신의 주관에 따라 판단할 것이다.

문제 7.1

주변에서 확률과정의 예를 찾아서 시간에 따라 변화하는 모습을 그림으로 나타내어 보자.

그림 7-3은 1990년 3월부터 2001년 12월까지 11년 간 우리나라의 은행예금 금리와 아파트 가격의 변화과정이다.

그림 7-3에서 알 수 있는 특징은 다음과 같다.

① 금리든 아파트 가격이든 시간의 흐름에 따라 값이 계속 변한다. 그리고 금리와 아파트 가격은 뚜렷한 주기성도 가지지 않은 채 랜덤한 변화를 한다.

② 금리는 시간의 흐름에 따라서 등락을 반복하면서도 장기적으로는 내리막길을 걷고 있다. 다만, 우리나라가 IMF 관리체제 하에 있었던 1997년 후반부터

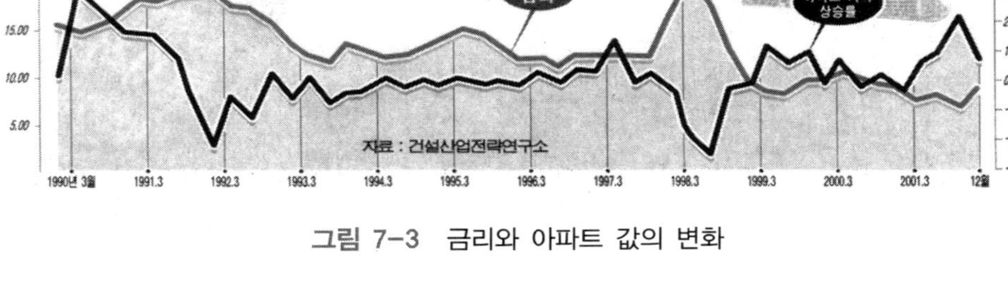

그림 7-3 금리와 아파트 값의 변화

1998년 초까지 금리가 잠시 20%대까지 급등하였으나 그후에는 계속 내리막길을 걸어서 2001년 연말에는 10%대에 있다.

③ 대개 금리가 오르면 아파트 값은 내리고 금리가 내리면 아파트 값은 오른다. 왜냐하면 금리가 오르면 사람들은 돈을 빌려서 집을 사기가 부담스러워지므로 아파트 값이 내린다. 반면에 금리가 내리면 이자부담이 덜어지므로 돈을 빌려서라도 아파트를 사려고 하며 그로 인해서 아파트의 가격이 올라간다. 따라서, 금리와 아파트의 값은 음의 상관관계가 있을 가능성이 높다.

그림 7-3과 같은 확률과정으로부터 우리는 평균, 분산, 상관관계, 시간에 대한 변화율 등 다양한 특징을 알 수 있다. 예를 들면 위의 그래프로부터 11년 간의 평균 금리나 평균 아파트 가격 등을 알 수 있다. 그런데 그 값이 현재 혹은 앞으로 우리에게 과연 의미가 있는지는 한 번은 생각해보아야 할 일이다. 즉, 지난 과거의 아파트 값이 지금의 아파트 값에 아무런 영향을 미치지 않는다면 우리는 과거의 데이터를 이용할 이유가 없다. 이는 앞의 주가에서도 마찬가지이다.

한편, 확률과정으로부터 얻을 수 있는 유익한 정보로는 어떤 것이 있을까? 이동평균이나 상관계수 등과 같은 과거의 데이터로부터 향후의 추세를 예측할 수 있다면 그 데이터는 의미가 있는 정보를 제공할 것이다.

그림 7-4는 우리나라의 국민타자 이승엽선수가 일본 프로야구리그에서 2004년(그의 나이 27세)부터 2010년(그의 나이 34세)의 7년간 기록한 성적이다. 이승엽선수는 27세에 일본으로 건너가서 처음에는 치바(千葉) 롯데에서 활동하다가 2006년에 요미우리(讀賣) 자이언츠로 이적해서 선수생활을 하였다. 그림 7-4는 이승엽선수의

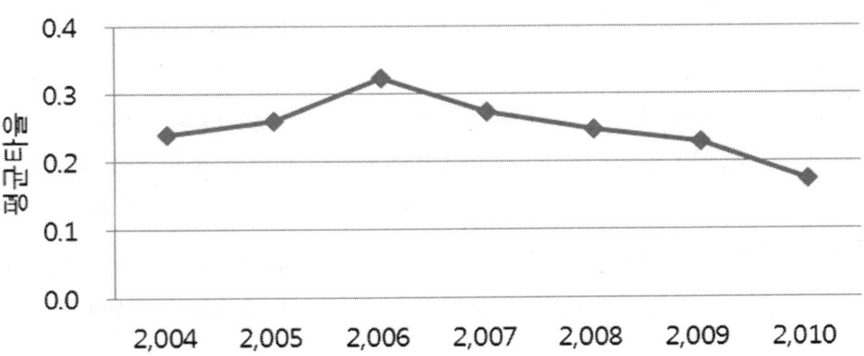

그림 7-4 이승엽선수의 연평균 타율

연도별 평균타율이다.

그림 7-4를 보면 이승엽선수는 일본에 진출한 후 3년만인 2006년에 타율이 최고조에 달하였고 그후에는 계속 타율이 낮아짐을 알 수 있다. 그가 29세이던 2006년 타율이 0.323이었는데 34세인 2010년에는 0.174이니까 안타깝게도 타율이 거의 반으로 줄어들었다.

그림 7-4로부터 볼 때 (이승엽선수에게는 미안한 이야기이지만) 그의 앞날이 그리 밝지는 않아 보인다. 물론 이승엽선수가 아주 성실하고 또 그의 멘탈이 상당히 안정되어 있으므로 앞으로 그가 다시 부활할 날이 오리라고 굳게 믿고 있다.

그림 7-5는 같은 기간에 그가 친 홈런의 수이다. 그의 기량이 최고조에 달하던 2006년에 41개의 홈런을 치며 팀의 보배였던 적이 있다. 그러나 그후 홈런 수는 계속 감소하여 2010년에는 단 5개 밖에 치지 못했다. 물론 그가 1군에서 뛴 기회가 많지 않았기 때문에(2010년 시즌에는 56경기에 거의 대타로 출전) 홈런의 수는 적을 수밖에 없었다.

그림 7-5 이승엽선수의 연간 홈런 수

한편, 위의 두 그래프를 관찰해 보면 그의 타율과 홈런수가 아주 밀접한 관계가 있음을 알 수 있다. 즉, 타율이 좋을 때 홈런도 많이 쳤고 타율이 좋지 않을 때 홈런의 수도 작았다. 특히 2008년에는 홈런을 많이 치지 못했다. 그러나 전체적인 트렌드는 타율과 홈런의 수가 아주 유사하다. 결과적으로 볼 때 이승엽선수는 이제 전성기는 지나고 제2의 야구인생을 모색해야 할 때가 가까워졌다.[23]

[23] 필자가 위의 그래프를 만든 4개월 뒤인 2010년 12월 10일 이승엽선수는 결국 요미우리자이언츠와 이별하고 오릭스버펄로스로 옮겼으나 거기서도 좋은 성적을 거두지 못하고 결국 한국으로 돌아왔다.

그러나 이승엽선수의 기록은 대단하다. 참고로 이승엽선수는 1995년부터 2003년까지 9년간 한국의 프로야구리그에서 활약했었는데 그때의 통산타율은 0.305였으며 홈런은 324개였다(Wow!). 그리고 그가 일본에서 활약한 7년 동안 친 홈런의 수는 144개이며 평균타율도 0.245이다!(최근에 타율이 많이 낮아서 전체적인 평균이 많이 낮아졌다…) 하여간 그는 지금까지 총 468개의 홈런을 쳤다. 과연 그는 진정한 국민타자였다! 이승엽 파이팅!!

이번에는 영국 프리미어리그 최고의 팀인 맨체스터 유나이티드(Manchester United, 이하 맨유)의 산소탱크 박지성선수의 기록을 분석해보자. 박지성선수는 2005년에 맨유에 들어갔는데 그림 7-6의 그래프는 그 이후 2012년 1월까지 7시즌 동안 그가 기록한 골과 도움 점수를 나타낸 그래프이다. 단, 그래프에서 가로축은 시즌의 시작 연도를 나타낸다.

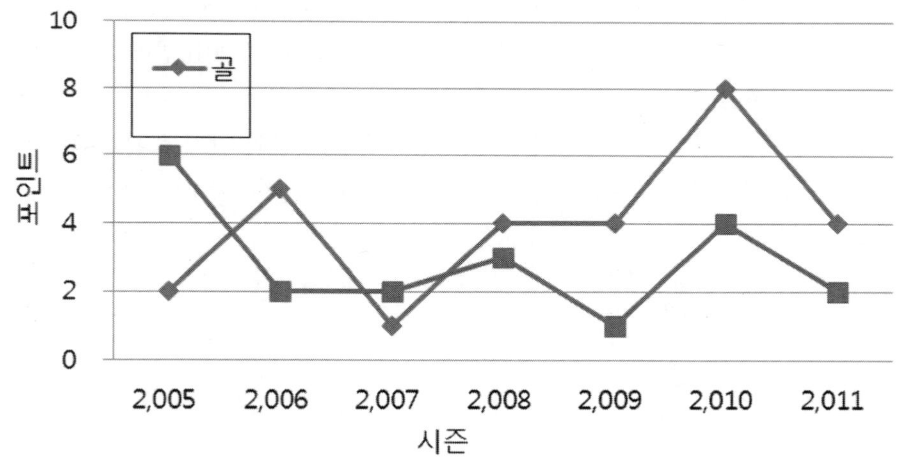

그림 7-6 박지성선수의 프리미어리그 성적

그림 7-6에서도 볼 수 있는 바와 같이 박지성선수는 맨유에 입단한 이후 2007년을 제외하고 4년간 비슷한 성적을 올리다가 2010-2011년 시즌에는 탁월한 성적을 올렸다.

보통 축구선수는 부상을 당해서 출전기회가 적으면 골도 넣을 기회가 적고 출전기회가 많으면 골을 넣을 기회가 많다. 과연 그런지 알아보자. 그림 7-7의 그래프는 박지성선수가 영국 프리미어 리그에서 시즌별로 출전한 경기의 수를 나타낸 것이다.

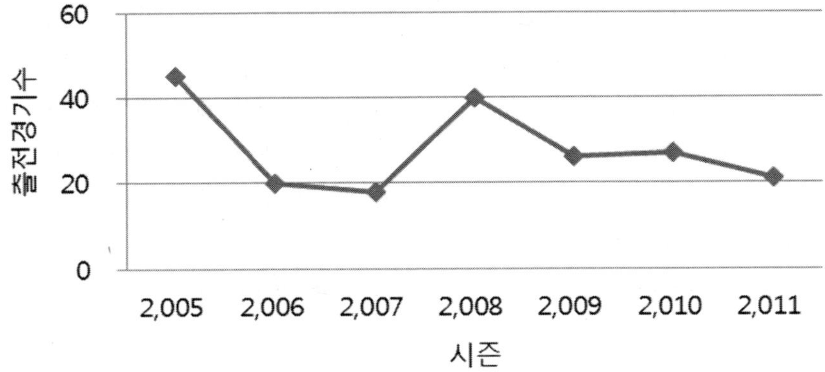

그림 7-7 박지성선수의 출전경기수

박지성선수는 첫 시즌에는 45경기를 뛰었고 2008시즌에도 40번이나 출전하였으나 2006, 2007 시즌에는 20, 18 경기로 출전을 많이 하지 못했다. 반면에 2006 시즌에 20번, 2007년 시즌에 18번, 2009년에 26번, 2010년에 27번, 2011년에 21번 출전하였다.

이번에는 출전경기의 수와 공격포인트 간의 관계를 관찰해보자. 그림 7-8의 그래프는 각 시즌별로 얻은 공격포인트를 출전한 횟수로 나눈 그래프이다.

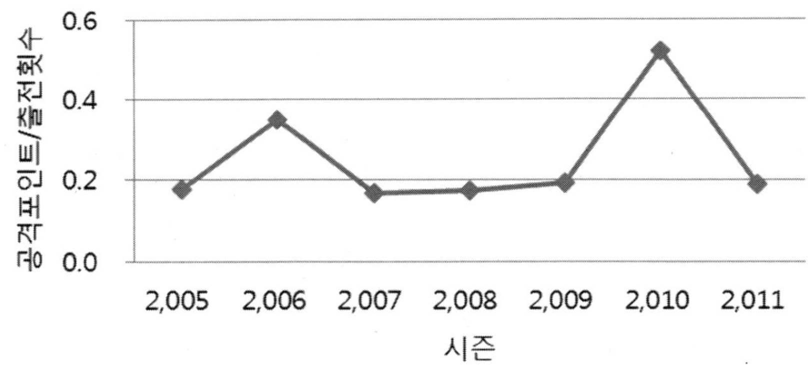

그림 7-8 박지성선수의 경기당 평균 공격포인트

그림 7-8의 그래프에서 본 바와 같이 박지성선수는 경기당 평균적으로 0.2~0.3의 공격포인트를 기록하다가(즉, 평균적으로 3~5경기에 1골) 2010년 시즌에는 타시즌과는 비교가 되지 않을 정도의 실력을 발휘하여 0.52를 기록하였다. 즉 두 경기에 한 번은 공격포인트를 올렸다. 박지성선수는 2010-2011년 시즌에서 최고의 전성기

를 구가하였다.

이번에는 이세돌 9단(1983년생, 1995년에 프로 입단)이 획득한 우승 타이틀의 횟수를 관찰해보자. 그림 7-9는 2000년부터 2012년까지 이세돌 9단의 우승 횟수이다.

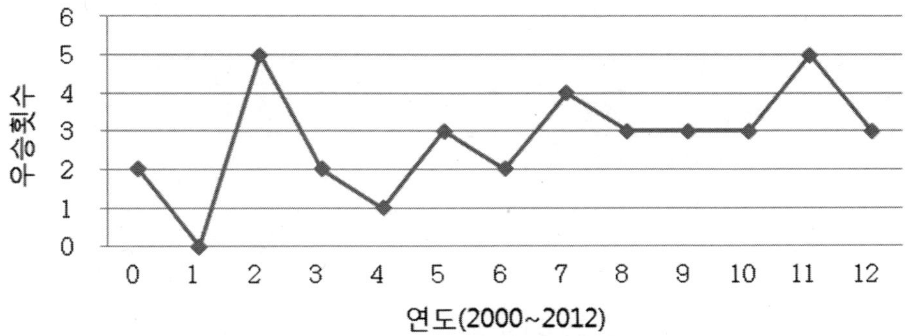

그림 7-9 이세돌 9단의 국내외 바둑대회 우승횟수

그림 7-9를 보면 이세돌 9단은 프로에 입문한지 5년만인 2000년에 처음으로 우승 트로피를 쥐기 시작한 후 13년 동안 연간 1~5회까지의 우승을 기록하였다. 2002년과 2011년에는 한 해동안 5회의 우승을 하기도 했다.

그럼 앞으로 이세돌 9단의 성적은 어떻게 될까? 위의 그래프를 보면 그의 성적은 오른쪽으로 약간 상승하는 경향을 가지고 있다. 2012년 현재 그의 나이가 29세인데 2007년 이후로 매년 3회 이상 우승을 기록하고 있으므로 앞으로 이세돌 9단이 거둘 성적이 기대된다. 그는 2012년 12월에 조선일보와 가진 인터뷰에서 앞으로 10년 정도는 더 버틸 수 있지 않겠느냐는 의견을 표현하기도 하였는데 앞으로 어떻게 될지는 두고 봐야 하겠다.

한편, 우리나라에는 이세돌 9단보다 30년 전에 태어나서 바둑계의 거목이 된 조훈현 9단과 이세돌 9단보다 8세가 많은 이창호 9단이 있는데 다음에 그들의 장기간에 걸친 성적을 바탕으로 그들의 걸어 온 길과 앞날을 예측해 보기로 한다.

문제 7.2

다음의 그림은 1974년부터 2008년까지 34년간 우리나라의 대표적인 프로바둑 기사 조훈현(1953년생) 9단과 그의 제자 이창호(1975년생) 9단이 국내외에서 개최된 바둑대회에서 우승한 타이틀의 획득수에 대한 그래프이다. 그림에서 마름모로 표시된 그래프는 조훈현의 타이틀 획득수이며 직사각형으로 표시된 그래프는 이창호의 타이틀 획득수이다. 아래의 그림을 보고 다음의 물음에 답하라.

(1) 조훈현과 이창호 기사의 기량이 최고조인 때는 나이가 몇 살 때인가?
(2) 향후 두 사람은 어떤 성적을 거둘까?

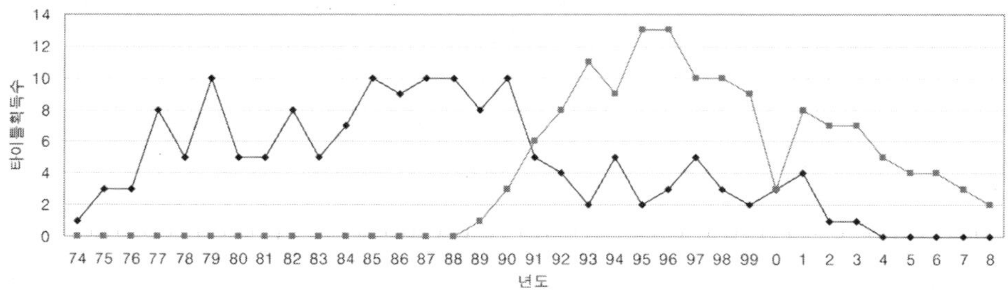

이창호는 1996년 이후에 타이틀을 획득하는 횟수가 계속 줄어들고는 있어도 그래도 매년 타이틀을 획득한 실적이 있으므로 앞으로도 당분간은 현역으로 활동할 가능성이 있다. 한편, 조훈현 9단은 현재 '실버바둑"계에서 활약 중에 있다.

위에서 예로 든 몇 가지 사례로부터 확률과정은 어떤 현상에 대해서 과거와 현재의 상황을 시간의 변화에 대하여 나타냄으로써 관찰자에게 향후의 상황에 대해 어느 정도는 예측을 가능하게 함을 알 수 있다.

이번에는 확률과정의 또다른 측면에 대해서 생각해 보기로 한다. 여러분은 우리나라 축구에 대해서 관심이 많을 것으로 생각한다. 특히 2002년의 한일월드컵은 아마도 우리 민족의 스포츠 역사상 가장 감동적인 이벤트가 아니었나 생각한다. 필자도 그때만큼은 우리나라의 경기를 하나도 빼지 않고 모두 보았을 뿐만 아니라 그것도 집에서 보지 않고 창원시청 광장이나 해운대 바닷가로 나가서 다른 사람들과 함께 보았을 정도였다.

그런데 우리나라 축구 국가대표 선수들은 2002년 월드컵을 제외하고는 거의 매 경기마다 손에 땀이 날 정도로 아슬아슬한 경기를 벌이고 다른 팀의 경기 결과에 따라 16강 진출에 대한 경우의 수를 따지곤 했다.

그림 7-10의 그래프는 1986년부터 2006년까지 20년 간 총 5회에 걸쳐서 우리나라 국가대표 축구선수가 월드컵 본선에서 얻은 성적이다. 그래프에서는 경기가 시작하여 끝날 때까지 10분 간격으로 관측하였을 때 득점과 실점이 시간대에 따라 어떻게 분포하고 있는지를 나타내고 있는데 가로축은 누적시간을 나타내며 세로축은 득실점을 나타낸다.

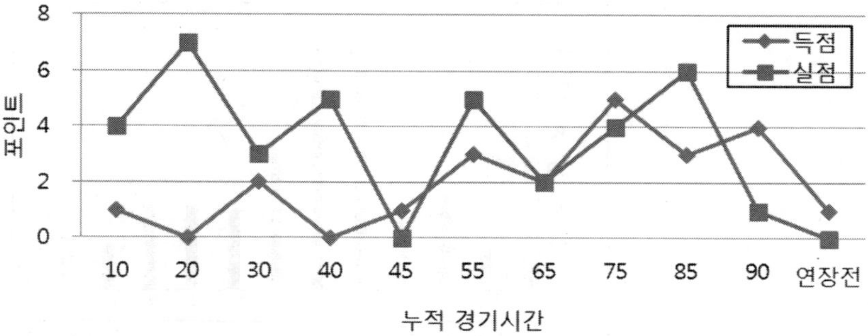

그림 7-10 월드컵 본선에서 우리나라의 득실점분포

위의 그래프에서 우리는 몇 가지 사실을 알 수 있다.

① 우리나라 축구대표팀이 초반 20분 이내와 종료 직전 10분 이내에서 실점을 가장 많이 하였다. 반면에, 전반전에서 경기시작 20분 이내에서 특히 득점이 없다.
② 후반전의 중후반 부근에서 득점이 많은데 그것은 아마도 실점을 만회하려고 많은 노력을 기울였기 때문인 것 같다.
③ 연장전에서는 골을 잘 주지도 않았고 그렇다고 골을 잘 넣지도 못했다.

필자가 축구 전문가가 아니어서 자세히 말할 수는 없지만 우리나라 축구선수들이 경기에서 제힘을 발휘할 때까지 시간이 걸림을 알 수 있고 초반의 실점 때문에 경기를 어렵게 풀어가고 있다는 것은 분명히 알 수 있다. 결국, 우리나라 선수는 초반에 지나친 긴장으로 실점을 하지 않는다면 경기는 의외로 쉽게 풀릴 수도 있을 것이다.

그런데 위의 그래프는 시간단위가 0에서 120분 사이 밖에는 존재하지 않는다. 왜냐하면, 축구는 120분 이내에 승부가 나거나 혹은 승부차기로 승부를 가리기 때문이다. 따라서, 이와 같은 확률과정은 정해진 구간에 대한 정보만 존재할 뿐 미래의 시간에 대한 정보가 없다. 다만 경기가 치뤄질수록 그 구간 내에서의 빈도만 증가할 뿐이다. 그럼에도 불구하고 위의 그래프는 우리에게 많은 점을 시사한다.

한편, 이번에는 모년 9월부터 익년 9월까지 13개월 동안 필자의 집에서 사용한 도시가스의 사용량과 사용금액에 대해서 소개한다. 그림 7-11은 이를 나타내고 있다.

그림 7-11에서 Y축의 좌측은 도시가스의 사용량[단위 : m^3]을 나타내고 우측은 사용금액[단위 : 원]을 나타낸다. 필자의 집은 겨울에 비교적 따뜻한 남쪽지방에 위치하고 또 집의 방향이 남향이고 약간 춥게 사는 것이 건강에 좋고 에너지도 절약하는 측면에서 겨울에 보일러를 다른 집에 비해서 그다지 많이 사용하지 않음에도 불구하고 1월부터 2월까지의 가스 사용량이 가장 많다.

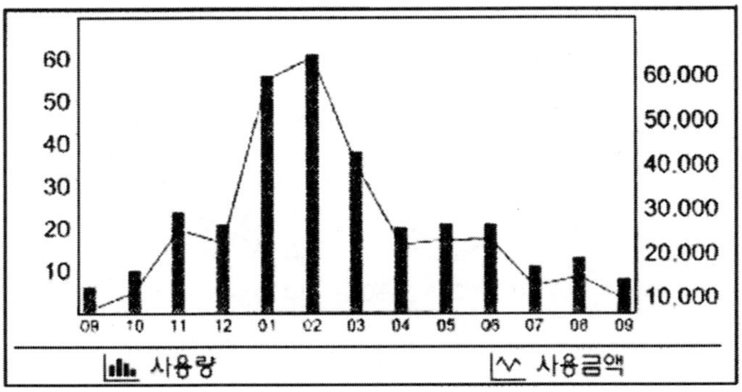

그림 7-11 13개월 간의 도시가스 사용량과 사용액

한편, 12월의 사용량이 11월에 비해서 적은 것은 아마도 연말에 외식과 여행을 많이 한 것이 이유가 아닌가 싶다. 위의 그래프에서 또 한가지 특이한 점은 온수를 거의 사용하지 않는 7, 8월이 9, 10월보다 가스를 더 많이 사용한다는 것이다. 그 이유는 아마도 아이들이 방학을 하여 집에 머무르는 시간이 많아서 아내가 요리를 부지런히 한 것 같다.^^

마지막으로, 그림 7-11의 그래프에서 알 수 있는 것은 일반적으로 보일러의 사용량은 가을이 시작되는 9월부터 늘기 시작하여 한겨울인 1, 2월에 최고조에 달하고 봄, 여름으로 가면서 사용량이 줄어드는데 이와 같은 경향은 아마 매년 비슷하게 나타나지 않을까 싶다. 따라서 위의 그래프는 필자의 가정경제의 분석에 도움이 될 수 있다.

마지막으로 아래의 그래프를 보자. 아래의 그래프는 1972년부터 2010년까지 약 40년 간 대관령의 겨울 평균기온을 나타내고 있다. 이 그래프에서 여러분은 무엇을 느끼는가?

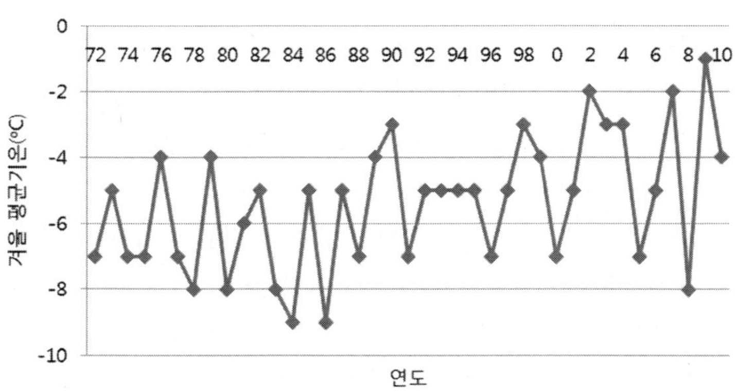

2 확률과정의 분류

확률과정은 분류하는 기준에 따라 여러 가지로 정의할 수 있다. 먼저 확률적 사건에 대해서 장래에 대한 예측이 가능한지 아닌지에 따라 결정적 확률과정과 비결정적 확률과정으로 나눌 수 있고, 또 시간과 공간의 값에 따라서 연속 혹은 이산확률과정 등으로 나눌 수 있다.

먼저 전자의 분류기준에 따라 확률과정을 분류하기로 하고 후자의 분류법은 뒤에서 다루기로 하자.

1) 사건의 예측가능성에 따른 분류

확률사건은 그 사건이 사전에 예측이 가능한지 아닌지에 따라 결정적 확률과정과 비결정적 확률과정으로 나눌 수 있다.

(1) 결정적 확률과정

결정적 확률과정(決定的確率過程, Deterministic random process)은 과거나 현재 사건의 결과로부터 미래의 모습이 예측 가능한 과정을 말한다. 그래서 엄격히 말하면 확률과정이기는 하지만 확률이 거의 1이기 때문에 확률과정(Random process)이라는 단어 앞에 결정적(Deterministic)이라는 수식어가 붙어있다.

예를 들어서 $X(t) = A\sin\omega t$(단, A는 상수이며 T는 주기이고 $\omega = 2\pi/T$)와 같은 함수를 생각해보자. 이 그래프는 시간축 상에서 주기 T를 가지고 반복되는 파형을 그린다. 따라서 시간이 지남에 따라 향후 일어날 파형의 모습이 확실히 보인다. 이와 같은 확률과정을 결정적 확률과정(혹은 줄여서 '결정적 과정')이라고 한다. 보통 확률 세계에서 이와 같은 결정적 과정은 거의 문제가 되지 않는다. 왜냐하면 현재의 정보로부터 미래가 예측 가능하기 때문에 굳이 확률을 따질 필요가 없다.

한편, 네트워크 공학에서도 결정적 확률과정이 있다. **고정(固定) 비트율**(CBR, Con-

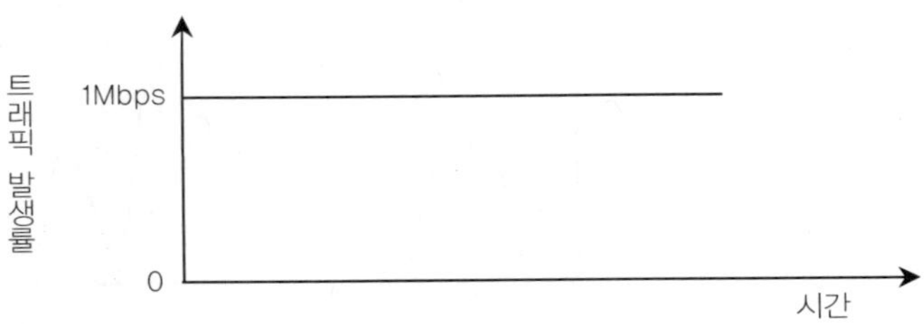

그림 7-12 CBR 트래픽의 과정

stant bit rate)을 띠는 비디오 트래픽과 같이 초당 생성되는 트래픽의 양이 일정할 때 이 트래픽은 결정적 과정을 따르는데 그림 7-1은 이 모습을 나타낸 것이다.

문제 7.3

주변에서 결정적 확률과정을 따르는 예를 하나 찾아서 그의 동작 특성을 기술하여 보자.

(2) 비결정적 확률과정

비결정적 확률과정(非決定的確率過程, Non-deterministic random process, 혹은 Stochastic process라고도 함)은 과거나 현재 사건의 결과로부터 미래의 모습이 예측 불가능하거나 예측할 수 있더라도 확률적인 사건에 의해서 결정되는 과정을 말한다.

$X(t) = A\sin\omega t$를 다시 생각해보자. 이번에는 A가 매 주기가 끝날 때마다 시행하는 주사위 던지기 실험의 결과에서 나오는 눈의 값이라고 하자. 그러면 이 그래프는 시간축 상에서 주기성을 가지기는 하지만 진폭이 매 주기마다 달라지는 파형을 그린다. 따라서 시간이 지남에 따라 향후 일어날 파형의 모습이 어떻게 될지 모른다. 이와 같은 확률과정을 비결정적 과정이라고 한다.

비결정적 확률과정의 또 다른 예로서 시간축 상의 값이 이산치를 가지는 시퀀스에 대하여 생각해보자. $X(n)$(단, n은 주사위를 던진 횟수)이 주사위의 눈의 수라고 하면 주사위의 눈은 1부터 6까지의 값 중에서 어느 한 값을 가지게 될 것이다. 예를 들면, 첫 번째 시행에서 던진 주사위의 눈이 3이라면 $X(1) = 3$이고, 스무 번째 시행에서 던진 주사위의 눈이 1이라면 $X(20) = 1$이다.

비결정적 과정의 또 다른 예로서 네트워크에서 **가변**(可變) **비트율**(VBR, Variable bit rate) 트래픽과 같이 초당 생성되는 트래픽의 양이 시간에 따라 확률적인 값을 가지고 변화할 때 이 트래픽은 비결정적 과정을 따른다고 할 수 있다. 그림 7-13은 이 모습을 나타낸 것이다.

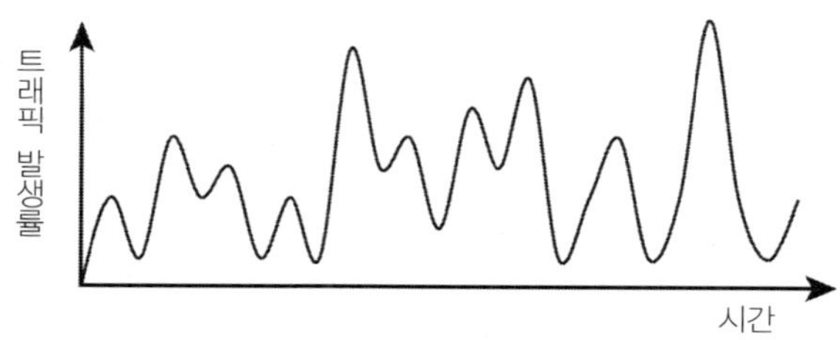

그림 7-13 VBR 트래픽의 과정

이상의 논의로부터 알 수 있는 사실은 우리가 확률을 고려하면서 다루는 대부분의 확률과정은 비결정적 과정이라는 사실이다.

문제 7.4

주변에서 비결정적 확률과정을 따르는 예를 하나 찾아서 동작특성을 기술하여 보자.

2) 시간과 공간에 따른 분류

확률과정은 시간과 공간의 두 영역에서 정의할 수 있다. 관찰하는 시간에 따라 연속시간과 이산시간으로 나눌 수 있고, 또 확률변수가 가지는 값에 따라 연속공간과 이산공간으로 나눌 수 있다. 결국 확률과정은 시간과 공간의 개념에 따라서 총 네 가지로 분류 가능한데 표 7-1은 이를 나타내고 있다.

표 7-1 확률과정의 분류

	연속시간	이산시간
연속공간	연속확률과정	연속확률시퀀스
이산공간	이산확률과정	이산확률시퀀스

확률과정을 부를 때 공간 영역에 대해서는 이름 그대로 연속 혹은 이산으로 부른다. 다만 시간 영역에 대해서는 연속시간에 대해서는 확률과정(random process)이라 부르고 이산시간에 대해서는 확률시퀀스(random sequence)라고 부른다. 다음에서 각 경우에 대해 설명한다.

(1) 연속확률과정

연속확률과정(連續確率過程, Continuous random process)은 시간축과 공간축이

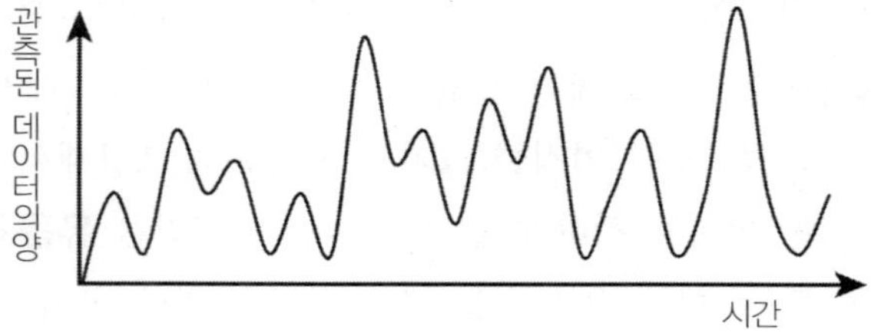

그림 7-14 연속확률과정의 예

모두 실수의 값을 가지는 확률과정이다. 가장 간단한 예는 그림 7-14와 같이 그래프가 시간 및 공간축에 대하여 연속적인 곡선으로 표시되는 것이다.

연속확률과정의 대표적인 예는 연속시간축 상에서 시시각각으로 변화하는 주식의 가격 혹은 인터넷 트래픽의 그래프이다. 위의 그래프에서 볼 수 있듯이 연속확률과정은 시간축이 실수이므로 관측에 있어서 **전수관측**(全數觀測, Total observation)이라고 할 수 있다.

문제 7.5

연속확률과정의 예를 하나 찾아서 그래프를 그려보자.

(2) 이산확률과정

이산확률과정(離散確率過程, Discrete random process)은 시간축이 실수의 값을 가지고 공간축은 정수의 값을 가지는 확률과정이다. 즉, 시간은 연속적인 값을 가지고 변화하지만 확률변수가 가지는 값이 이산적인 값만 가지는 경우이다.

이산확률과정의 가장 간단한 예는 그림 7-15와 같이 그래프가 단속적(斷續的)인 계단함수(階段函數, Step function)로 표시되는 것이다. 그림에서 그래프는 시간이 지남에 따라 0과 1을 반복하면서 변화하고 있다.

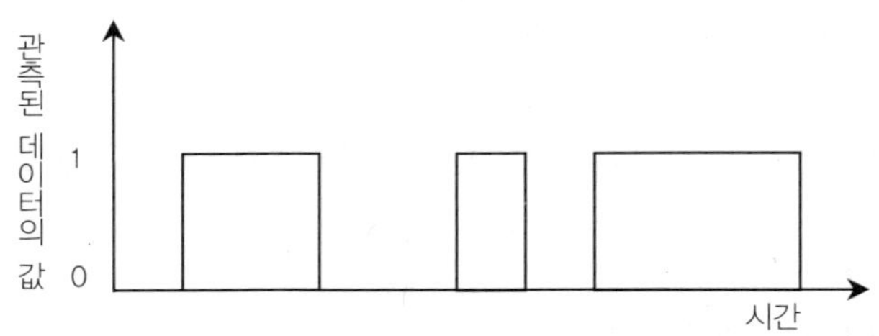

그림 7-15 이산확률과정의 예

이산확률과정의 대표적인 예는 일정한 비트율의 음성전화 정보를 프레임으로 만들어서 네트워크로 보내는 음성트래픽의 그래프이다. 여기서 1은 프레임이 있는 것을 나타내고 0은 프레임이 없는 것을 나타낸다. 그래서 하나의 프레임은 말을 하는 사람의 음성신호를 일정한 크기의 패킷으로 포장해서 만들기 때문에 길이가 가변이나 크기는 항상 일정하게 할 수 있다. 이 구간을 **유음구간**(有音區間, Speech period)이라고 한다. 한편, 0은 말을 하는 사람이 말을 하지 않거나 상대방의 말을 들을 때를 나타내는 것으로 **무음구간**(無音區間, Silence period)이라고 한다.

그림 7-15에서 볼 수 있듯이 이산확률과정은 공간축에서는 관측치가 가지는 값이 이산치이지만 시간축이 실수이므로 전수관측이라고 할 수 있다.

문제 7.6

이산확률과정의 예를 하나 찾아서 그래프를 그려보자.

(3) 연속확률시퀀스

연속확률시퀀스(Continuous random sequence)는 시간축은 정수의 값을 가지나 공간축이 실수의 값을 가지는 경우이다. 가장 간단한 예는 그래프가 연속적인 곡선으로 표시되는 그래프에서 특정 시간에서의 값을 **표본추출**(標本抽出, Sampling)한 것이다. 즉, 그림 7-16에서 점으로 표시된 부분이 매관측 시점마다 측정한 관측값인데 이들 값의 수열은 연속확률시퀀스를 만든다.

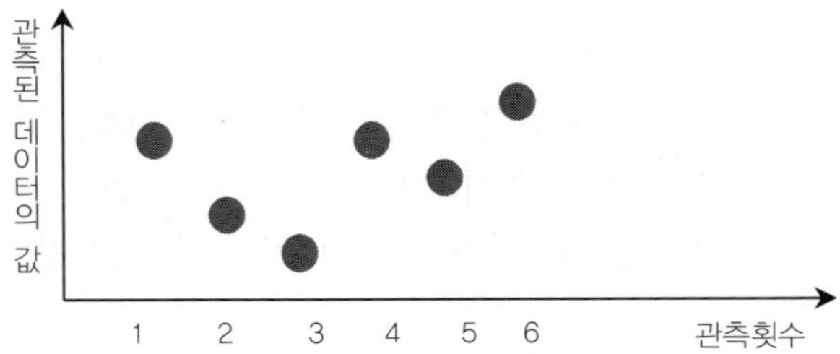

그림 7-16 연속확률시퀀스의 예

연속확률시퀀스의 예로서 표본 데이터의 값이 있다. 가령 인터넷 트래픽이 시시각각으로 변화하는데 모든 데이터를 관측해서 저장하기에는 메모리의 크기가 아주 클 필요가 있다. 따라서 메모리의 용량을 줄이고 데이터를 가공하기 쉽게 하기 위해 보통 5초, 1분 또는 하루 등 관측자가 원하는 시간 간격마다 데이터를 측정하는 경우와 같이 관측 시각이 이산적인 값을 가질 때 그림 7-16과 같은 그래프를 얻는다.

그림 7-16의 그래프에서도 볼 수 있듯이 연속확률시퀀스는 공간축에서는 관측치가 가지는 값이 연속치이지만 시간축이 정수이므로 **표본관측**(Sampled observation)이라고 할 수 있다.

문제 7.7

연속확률시퀀스의 예를 하나 찾아서 그래프를 그려보자.

(4) 이산확률시퀀스

이산확률시퀀스(Discrete random sequence)는 시간축과 공간축이 모두 정수의 값을 가진다. 이산확률시퀀스의 예는 그림 7-17과 같이 확률변수의 값이 0 혹은 1과 같은 2단계의 값을 확률적으로 가지는 수의 열거이다.

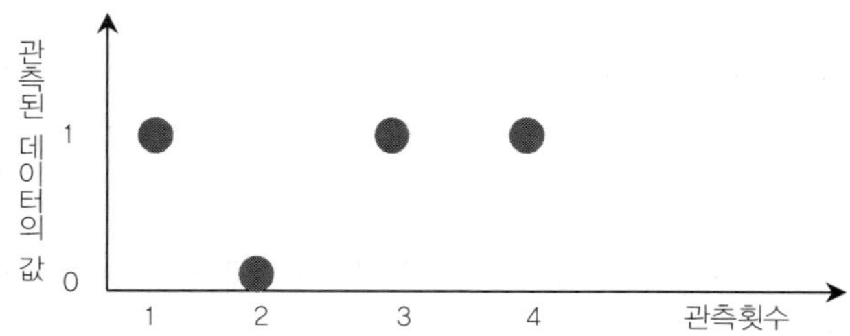

그림 7-17 이산확률시퀀스의 예

즉, 관측횟수가 1, 2, 3, 4, …로 진행됨에 따라 관측된 신호는 1, 0, 1, 1, … 등의 값을 가진다. 위와 같은 경우의 예로서는 신호가 0 혹은 1의 두 가지만 존재하는 이진 디지털 정보가 있다. 그러나 데이터의 값이 굳이 0과 1로만 구성될 필요는 없고 매회 관측된 데이터의 값이 0, 1, 2 등 이산적인 값을 가질 수도 있다.

문제 7.8

이산확률시퀀스의 예를 하나 찾아서 그래프를 그려보자.

3 확률과정의 특성함수

확률과정이 시간에 따라 변화하는 확률변수의 값을 나타내는 만큼 시간 간격을 두고 확률과정의 값에 대해서 표본을 추출하거나 실험을 일정한 주기로 반복하면 거기에서 얻어지는 값이 바로 확률변수가 되므로 앞에서와 같이 분포함수나 밀도함수를 이용하여 그 특징을 나타낼 수 있다. 그런데 우리는 확률과정의 밀도함수나 분포함수를 구하는 것이 과연 의미가 있는지는 한 번쯤 생각해보아야 한다.

우리는 앞에서 1980년부터 2007년까지 우리나라의 주가 변동 상황을 소개했는데 거기서도 알 수 있듯이 아무리 장기간 데이터를 수집하여 그 데이터로부터 확률변수의 밀도함수나 분포함수를 구해도 그 정보는 우리에게 앞으로 어떻게 될지 아무런 정보를 줄 수 없다. 즉 최근 20년 동안 주가지수가 1,500인 횟수나 그때의 확률 등과 같이 확률과정에 대해서 확률밀도함수나 평균치에 대한 정보는 우리에게 그다지 중요한 의미를 주지 못한다.

여러분은 우리나라 증시가 그 후 어떻게 되었는지 알고 있는가? 그림 7-18은 2006년 1월부터 2013년 11월까지 우리나라의 종합주가지수(코스피지수)의 변화를 나타낸 것이다.

그림 7-18 2006년부터 2013년까지의 코스피 지수

그림 7-18에서 보듯이 2000년대 초반부터 7년간 지속적으로 증가하던 코스피지수는 2007년 하반기에 2,000이라는 고지를 찍은 후 2008년 미국의 서브프라임 모기지 사태로 인하여 2009년 2월까지 급강하하여 반토막인 1,000까지 떨어진다. 그 이후 2년만에 다시 2,000을 재탈환하게 되는데 그 이후 다시 2013년 11월까지 2년간 2000선을 중심으로 지루한 횡보장을 반복하게 된다.

한편, 앞에서 확률과정의 의미가 주식가격의 변화나 환율의 변동 등 시간의 흐름에 따른 변수의 값의 변화 양상을 표시하는데 있다고 이야기하였는데 확률과정에 대해서는 중요한 지표로서 서로 떨어진 순간의 확률과정의 관계를 표시하는 방법이다.

아래에서는 이동평균과 상관계수에 대해서 소개한다.

1) 이동 평균

확률과정의 평균을 구할 때 확률과정에 대한 시간축 상의 모든 데이터를 가지고 평균값을 구하는 경우도 있지만, 과거의 오래된 데이터가 현재에는 그다지 의미가 없고 수시로 변화하는 값의 반영에 더 관심이 많은 경우가 있다. 예를 들면, 주식시장이나 인터넷 트래픽의 경우를 보자. 필자가 이 책의 초판을 쓰고 있었던 2007년 9월 21일 우리나라의 코스피 지수는 1,900이었다. 그런데 그로부터 얼마 지나지 않은 2009년 2월에는 주가지수가 1,000 근처까지 떨어졌다. 그리고 다시 2013년 11월 말에는 주가지수가 2,044.87까지 치솟았다.

이때 2007년부터 2013년까지 7년 간의 모든 데이터를 고려하여 본 결과 현재 우리나라 주가의 평균이 1,500이라고 주장을 한들 무슨 의미가 있겠는가? 더 중요한 것은 그 동안의 주가 변동 추이를 바탕으로 앞으로 주가가 어떻게 변할지를 아는 것이 아닐까?

한편, 인터넷에서 네트워크 운용자가 시시각각으로 변화하는 트래픽 양을 관측하는 경우를 생각해보자. 이때 트래픽이 계속해서 증가 혹은 감소할 경우와 같이 시간이 흐름에 따라 정보의 경향이 일관성을 가진다면 과거의 데이터와 현재의 데이터를 이용하여 단기간의 미래, 혹은 중장기 미래의 예측을 할 수 있다.

이처럼 시간의 흐름에 따라 데이터의 중요성을 달리하여 적응적으로 기대치를 얻는 방법 가운데 **이동평균**(移動平均, Moving average)이라는 개념이 있다. 이동평균은 확률과정에 대해서 시간이 변함에 따라서 평균값을 계속 갱신하여 계산하는 방법이다. 그렇다고 평균을 구할 때 모든 원시 데이터를 다시 이용해서 평균치를 구하는 것이 아니고 과거의 평균치와 현재의 평균치를 바탕으로 새로운 평균치를 구한다. 가령 정해진 시간 내에 같은 확률사건을 여러 번 관측하여 평균을 내는 경우를 생각하자. 이때 k번째 관측까지의 평균을 μ_{old}라 하고 $k+1$번째 관측시점에 얻은 데이터의 평균치를 μ_{new}라고 하자. 그리고 $k+1$번째 관측에서 얻는 새로운 평균 μ_{Final}을 다음과 같이 나타내자.

$$\mu_{Final} = \alpha\mu_{new} + (1-\alpha)\mu_{old}$$

이때 위 식을 **망각계수**(忘却係數)가 α인 이동평균이라고 한다. α는 시간적 정보에 대한 가중치로서 매 관측 시점마다 새로운 이동평균을 구할 때 과거의 데이터를 잊는 정도를 나타낸다. 망각계수는 0과 1사이의 값을 가지며 과거로부터 누적해온

평균치와 최근에 측정한 평균치의 반영정도를 나타내는 척도이다. 현재의 데이터에 비중을 많이 두면 α는 1에 근접하고 과거의 데이터에 더 비중을 두면 α는 0에 근접한다. 망각계수가 1이면 평균치를 구할 때 과거의 데이터는 완전히 잊어버리고 최근의 데이터만을 반영하고 망각계수가 0이면 평균치를 구할 때 최근에 구한 데이터는 전혀 반영하지 않고 과거의 데이터만을 반영한다.

그림 7-19는 NS-2 시뮬레이터를 이용하여 평균 1Mbps, 표준편차 0.25인 정규분포를 따르는 트래픽(단위는 바이트의 수, byte count)을 180초 동안 발생시킨 경우의 그래프이다.

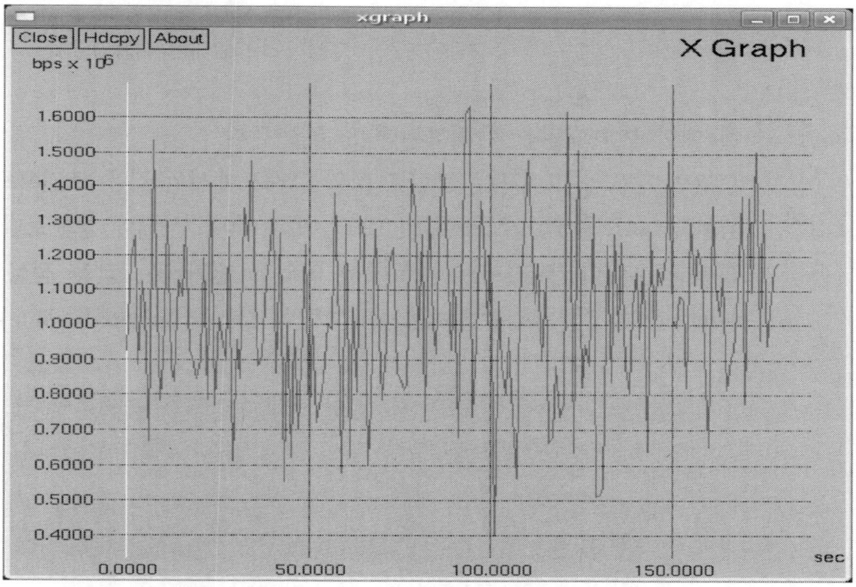

그림 7-19 평균 1Mbps, 표준편차 0.25인 정규분포를 따르는 확률과정

그림 7-19에서 트래픽은 평균 1M(1M=10^6) bps 근처에서 상하로 임의적으로 변화하는 값을 가질 뿐 그냥 봐서는 시간의 변화에 따른 특이한 점은 찾기 어렵다.

그림 7-19의 그래프에 대해서 망각계수를 0.3으로 설정하고 표본의 창의 크기(관측 기간, Window size라고 부름)를 5초로 하여 이동평균을 구해보면 그 결과는 그림 7-20과 같다.

그림 7-20의 그래프로부터 트래픽의 이동평균치는 원래의 측정치보다 훨씬 부드러운 곡선을 그리며 트래픽이 관측 순간마다 평균을 중심으로 등락을 반복하면서 완만하게 변화하고 있음을 알 수 있다. 따라서 이동평균치는 관측한 데이터의 시간

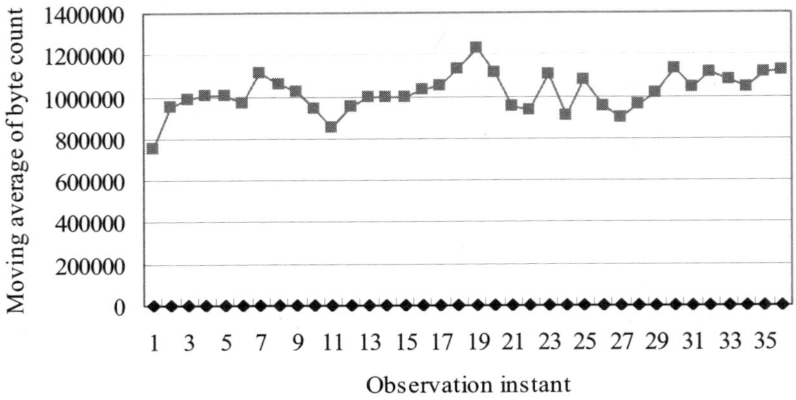

그림 7-20 그림 7-19에 대한 이동평균치

에 대한 변화패턴을 이해하는데 도움을 준다.

그림 7-21의 그래프는 그림 7-19의 그래프에서와 같은 조건으로 시뮬레이션을 수행하되 60초에서 80초 사이 및 120초에서 140초 사이에 평균보다 훨씬 큰 트래픽을 흘린 경우이다. 여기서 아래쪽에서 임의로 변화하는 값을 **정상치**(正常値, Normal value)라 하고 특히 솟은 값을 **이상치**(異常値, Abnormal value)라고 하자.

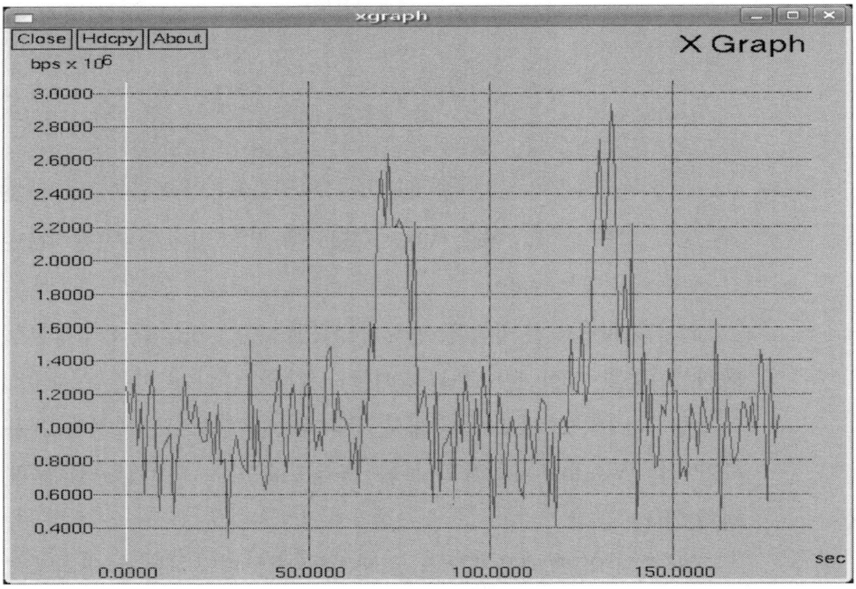

그림 7-21 평균 1Mbps, 표준편차 0.25인 정규분포를 따르는 확률과정에 비정상적인 상승이 발생한 경우

이때 그림 7-21의 그래프만을 봐서는 정상치와 이상치의 평균치를 확실히 알기가 어렵다. 이를 위하여 망각계수를 0.3으로 설정하고 표본의 창의 크기를 5초로 하여 이동평균을 구해보면 그 결과는 그림 7-22와 같다.

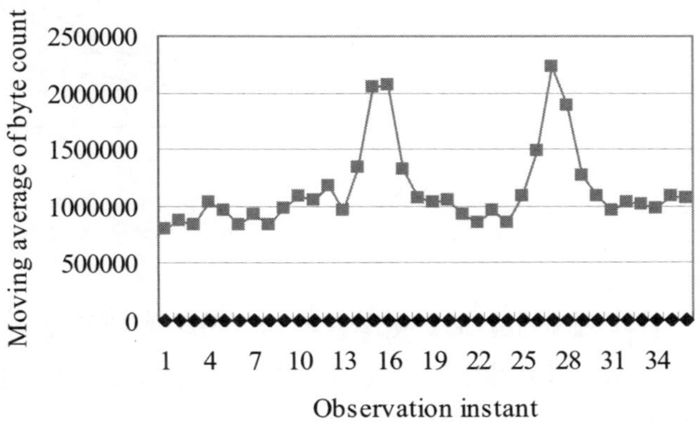

그림 7-22 그림 7-21에 대한 이동평균치

그림 7-22의 그래프로부터 이동평균을 사용하면 트래픽치의 이상 현상을 더욱 뚜렷하게 알 수 있다. 위와 같은 방법은 네트워크의 이상상태의 탐지 혹은 **분산디도스 공격**(Distributed denial of service attack: 보통 DDOS 공격이라고 함)의 판단 등에 사용된다.

예제 7.1

아래의 표는 2008년 각 분기별 창원대학교 정보통신공학과 건물 앞에 세운 자전거의 평균 수이다. 이때 망각계수 α가 각각 0.1, 0.3, 0.5, 0.7일 경우에 대하여 2사분기부터 4사분기까지의 이동평균치를 구하라.

분기	1	2	3	4
분기평균 수	100	200	400	800

[풀이] 먼저 그래프의 맨 위의 곡선인 분기별 단순 평균치(분기치)를 보면 분기마다 자전거의 대수가 2배씩 증가하고 있음을 알 수 있다. 그런데 다양한 α의 값에 대하여 이동평균을 구해보면 다음과 같다.

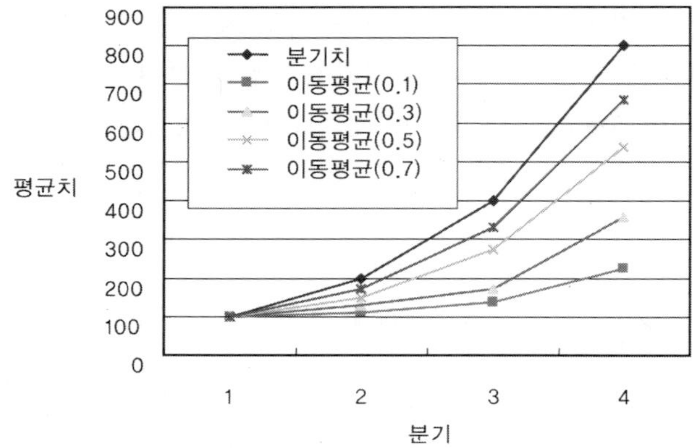

위의 예제에서 보듯이 확률과정의 시간에 대한 변화가 단순 증가할 경우에는 이동평균의 가중치가 클수록 증가하는 경향도 잘 반영하지만 그래도 원래의 경향을 제대로 반영하지 못함을 알 수 있다. 따라서 이 경우에는 이동평균이 의미가 없다고 할 수 있다.

문제 7.9

아래의 표는 2013년 각 분기별 창원대학교 정보통신공학과 건물 앞에 세운 자전거의 평균 수이다. 망각계수가 각각 0.1, 0.3, 0.5, 0.7일 경우에 대하여 2사분기부터 4사분기까지 이동평균치를 구하라.

분기	1	2	3	4
분기평균 수	400	200	500	100

문제 7.10

앞의 예제 7.1과 문제 7.9에서 구한 결과를 상호 비교하고 그로부터 발견한 점을 논하라.

지금까지 우리는 확률변수의 기대치에 대하여 시간의 변화를 반영하는 방법으로서 이동평균에 대해서 공부했다. 그런데 관측 주기를 다르게 하면 이동평균도 다를 것이다. 그래서 이번에는 이동평균과 관측 주기 간의 상관관계를 알아보기로 한다.

그림 7-23은 국내 어느 회사의 약 2개월간(어느 해 12월 10일부터 그 다음 해 2월 4일까지)의 주가의 변화이다. 그림에서 막대기가 꽂힌 직육면체로 나타낸 것이 시간

그림 7.23 관측기간에 따른 이동평균치

의 변화에 대한 순간 순간의 값을 나타낸 것이고 실선으로 나타낸 것이 이동평균값이다. 먼저 막대기 근처의 구불구불한 곡선(오렌지색)이 5일 이동평균치이고 그 아래의 파란색 곡선이 10일 이동평균치이다. 그리고 조금 더 아래의 완만하게 상승하는 곡선이 20일 이동평균치이다. 마지막으로 맨 아래쪽의 거의 직선처럼 아주 완만하게 증가하는 선이 60일 이동평균치이다.

그림 7-23에서 보는 바와 같이 관측기간을 짧게 할 경우에는 이동평균값이 실제의 값의 변화를 반영하여 변화의 추세를 잘 반영함을 알 수 있다. 반면에 관측기간을 길게 할 경우에는 이동평균값이 실제 값의 변화를 잘 반영하지 않음을 알 수 있다.

그럼에도 불구하고 이와 같은 다양한 관측 기간에 대해서 데이터를 구하는 이유는 무엇일까? 먼저 관측 기간을 5일과 같이 짧게 할 경우에는 이동평균값이 실제 값의 변화를 반영하므로 주가의 변화의 추이를 잘 반영할 수 있다. 그러나 이 경우 당장 앞으로 1개월 뒤에 주가가 어떻게 될 지는 판단하기가 쉽지 않다. 왜냐하면, 12월 23일부터 오르던 주가는 1월 19일 이후에는 떨어졌고, 2월에 들어서는 오르다가 2월 4일에는 다시 떨어지듯이 이 회사의 주가가 오르고 내리기를 반복하고 있는데 앞으로 떨어질지 오를지 확실한 예측이 불가능하기 때문이다.

반면에 60일 이동평균을 보면 이 회사의 주가는 비록 완만하기는 하지만 관측기간 동안 꾸준히 상승하고 있음을 알 수 있다. 따라서 앞으로도 이 회사의 주가는 특별한 일이 없으면 계속 상승세로 이어질 가능성이 아주 높다. 이와 같은 이유로 이동평균선을 여러 가지 관측 기간에 대해서 구해보는 것이다.

확률과정의 이동평균에 대한 이야기를 마무리하면서 실제로 일어난 에피소드를 하나 소개한다. 조선일보 2007년 9월 6일자 경제면에는 우리나라 통계청과 국민은행(이하 KB)의 전셋값 상승률과 관련된 재미있는 기사(제목: '따로 노는 전셋값 상승률 통계')가 하나 실렸는데 요약하면 다음과 같다.

통계청과 KB가 매년 전셋값 상승률을 계산하여 발표하는데 지난 6년 간의 통계를 보면 두 통계치 간에 상반된 현상이 일어났다. 그 이유는 두 기관의 통계치 조사방법이 달랐기 때문이다. 신문에서 기술한 두 기관의 통계치 조사방법은 다음과 같다.

통계청 : 조사 대상 가구가 100가구라고 할 때 그 중에서 10가구가 전세 계약을 새로 해서 전셋값이 평균 10% 올랐다면 나머지 90가구는 오르지 않았다고 간주하여 전셋값은 1%가 올랐다(전세상승률 $= \frac{10}{100} \times 0.1 + \frac{90}{100} \times 0 = \frac{1}{100} = 1\%$). 따라서 우리나라의 아파트 값은 아주 안정적이다.

KB : 아파트 단지 내에서 단 한 가구의 전세금이 10% 올랐어도 해당 아파트의 전체 전셋값이 10% 오른 것으로 간주한다. 왜냐하면, 관측 시점에 그 아파트의 전세금이 10%가 올랐다는 것은 다른 가구도 10% 올릴 가능성이 높기 때문이다.

그림 7-24는 이와 같은 방식으로 2001년부터 2007년까지 6년간 두 기관이 집계한 전셋값의 변화 추이를 나타낸 그래프이다.

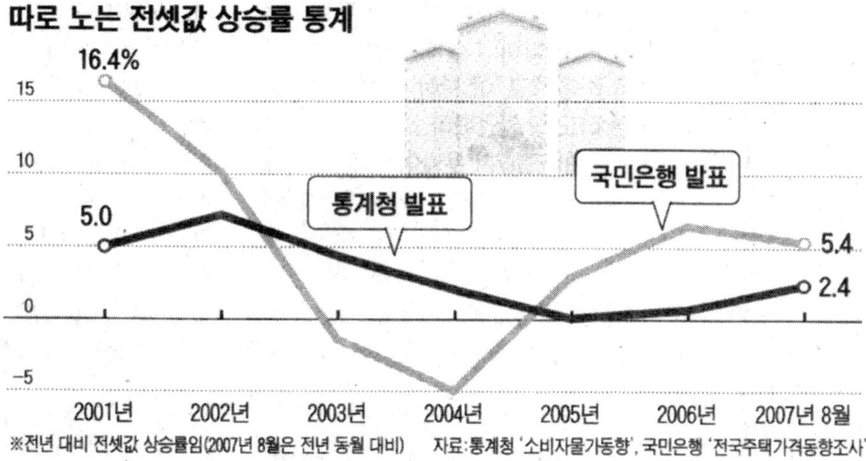

그림 7-24 통계청과 KB의 전셋값 상승률 변화

그림 7-24를 보면 알 수 있듯이 통계청의 통계에서는 전셋값이 2001년~2002년 사

이에 조금 올랐을 뿐 그후 2005년까지 하락이 뚜렷하다. 그리고 그 이후에도 전세금은 그다지 오르지 않고 안정적인 추세를 보이고 있다. 그러나 부동산 전문가의 말에 의하면 2006년에 비하여 2007년의 증가세가 둔화된 것은 2007년도의 통계를 수집한 시점이 2007년 8월인 관계로 인하여 "여름방학 수요나 가을철 이사 수요가 예년처럼 나타나지 않아서 전셋값이 급등한 상황이 아닌 것"이 이유이지, 본격적으로 가을 이사철에 접어 든 후 이사 수요가 나타나면 그래프의 기울기가 우상향으로 바뀔 수 있다고 한다.

한편, KB의 통계에서는 전셋값이 2001년부터 2004년까지는 하향세를 그리다가 2004년부터 2006년까지 상승세로 반전하여 2007년 8월에 와서 약간 고개를 숙이고 있다.

전문가는 위의 현상을 "통계청의 통계는 KB의 통계보다 항상 변동폭이 적게 나온다. 따라서 전셋값이 올라도 덜 오른 것처럼 보이고 내려도 덜 내린 것처럼 보인다."고 분석하였다. 즉, 한 마디로 우리나라의 전셋값이 아주 안정되어 있는 것처럼 보이게 한다는 것이다. 참고로 당시 대부분의 부동산 전문가들은 KB의 통계에 대하여 승리의 손을 들어주었다고 한다.[24]

2) 상관계수

제5장에서 우리는 두 확률변수의 상관계수에 대해서 정의한 바 있다. 그러나 거기서는 확률변수에 대하여 시간관계(혹은 데이터의 수집 횟수)를 도입하지 않았는데 지금부터는 확률과정의 상관계수에 대해서 이야기하기로 한다.

상관계수(Coefficient of correlation)는 두 확률과정이 서로 얼마나 관련있는지를 나타내는 척도이다. 예를 들어서 두 사건에 대해서 n번의 측정(관찰)을 한 결과 측정값 (X, Y)가 (X_i, Y_i),(단 $i = 1,\ 2,\ \cdots,\ n$)의 값을 가진다고 하자. X와 Y의 측정치에 대한 표본 기대치(Sample mean)는 각각 μ_X 및 μ_Y이고 X와 Y의 표본 표준편차(Sample standard deviation)는 각각 σ_X 및 σ_Y라고 하면 다음의 결과를 얻는다(표본평균과 표본분산에 대한 자세한 사항은 제4장에서 이미 다룬 적이 있다).

---

24 우연의 일치인지는 몰라도 같은 날의 신문에 집권여당(당시: 열우당)의 대권 후보자의 예비경선 결과가 발표되었는데 어찌된 일인지 후보자들의 득표율을 모두 더하니까 150%가 되었고, 그래서 이상하다고 여겨서 집계를 세 번이나 반복한 결과 이번에는 예선 통과한 후보의 순위가 뒤집어졌다는 기사가 실려 있었다. 이 사건은 그 당시 우리나라의 집권 여당이었던 열우당과 참여정부의 통계에 대한 자세가 얼마나 엉터리인지 증명하는 에피소드이다.

$$\mu_X = \frac{\sum_{i=1}^{n} X_i}{n}, \ \mu_Y = \frac{\sum_{i=1}^{n} Y_i}{n}$$

$$\sigma_X = \sqrt{\frac{\sum_{i=1}^{n} (X_i - \mu_X)^2}{n-1}}, \ \sigma_Y = \sqrt{\frac{\sum_{i=1}^{n} (Y_i - \mu_Y)^2}{n-1}}$$

이때 두 확률과정의 상관계수는 다음과 같다.

$$r_{XY} = \frac{\sum_{i=1}^{n} (X_i - \mu_X)(Y_i - \mu_Y)/(n-1)}{\sigma_X \sigma_Y}$$

위의 상관계수에 대한 식은 그 식의 고안자인 칼 피어슨(Karl Pearson)의 이름을 따서 Pearson의 상관계수(Pearson correlation coefficient, PCC)라고 하는데 다른 말로는 **표본상관계수**(標本相關係數, Sample correlation coefficient) 혹은 표본 피어슨 상관계수(Sample Pearson correlation coefficient)라고 한다.

위의 r_{XY}에 관한 식에서 $(n-1)$이라는 표현이 있는데 n개의 데이터에 대해서 통계치를 구하고서 왜 $n-1$로 나누었는지 의아해 할 사람도 있을 것이다. 그러나 이것은 통계학에서 **자유도**(自由度, Degree of freedom)라는 개념으로부터 나온 결과인데 여기서는 자세한 설명은 생략하고 n이 충분히 크면 분모의 값이 n이든 $n-1$이든 계산의 결과는 거의 같다.

한편, 상관계수의 값은 $-1 \le r_{XY} \le 1$의 범위에 있는데 $r_{XY} > 0$이면 양의 상관관계를 가진다고 하고 $r_{XY} < 0$이면 음의 상관관계를 가진다고 하며 $r_{XY} = 0$이면 상관성이 없다고 한다.

상관계수의 예를 하나 들어보자. 그림 7-25는 1989년부터 2006년까지의 국제유가(미국 서부 텍사스산 중질유 기준)와 우리나라의 종합주가지수인 코스피 지수와의 관계를 나타낸 것이다.

그림 7-25의 그래프를 통해서도 알 수 있는 바와 같이 우리나라의 코스피 지수는 국제 유가에 약간의 시차를 두면서 비슷한 경향을 가지면서 등락을 거듭하고 있으며 1992년부터 1996년간의 구간을 제외하고는 등락의 패턴이 아주 유사함을 육안으로도 알 수 있다. 1990년대 이후 2006년까지를 대상으로 하여 전체적으로 분석해 보면 서부 텍사스산 중질유 국제유가와 우리나라 코스피 지수와의 정규화된 상관계수는 0.77이다. 두 확률과정의 상관계수가 0.77이라는 것은 상관계수가 0보다는 1쪽

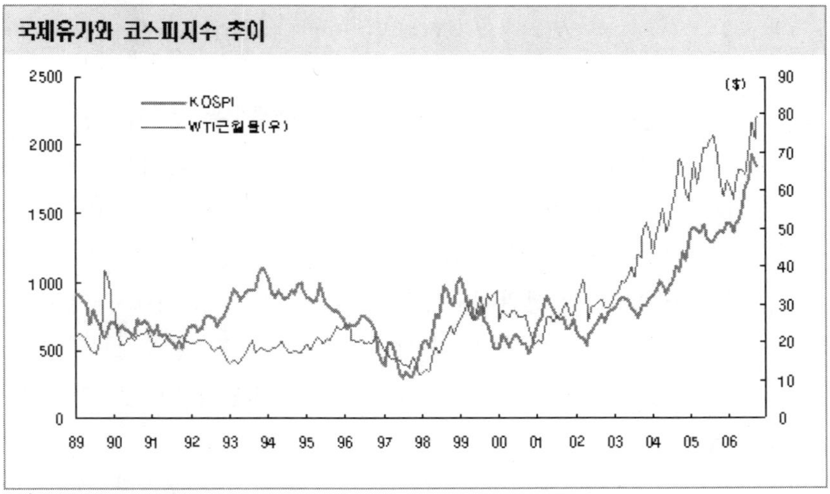

자료: Thomson financial

그림 7-25 국제유가와 코스피지수의 상관관계

에 아주 근접하므로 두 확률과정이 서로 아주 밀접한 양의 상관관계가 있음을 나타낸다고 할 수 있다.

그럼 우리나라 주식시장과 서부 텍사스산 중질유 국제유가는 왜 밀접한 관계에 있는 것일까? 필자가 경제전문가는 아니지만 국제유가는 대개 수요와 공급의 원칙에 의해서 결정된다. 가끔 머리에 터번을 둘러쓴 OPEC 회원국 대표들이 만나서 기름의 수급을 조절하고 유가를 조정한다는 기사가 신문에 나면 얼마 지나지 않아서 신문에서 '석유값 인상: 우리나라 무역수지에 먹구름…'이라는 기사를 본 기억이 있을 것이다. 석유의 수요는 세계 경제가 활황을 맞이하여 석유를 많이 필요로 하거나 시중에 여윳돈은 많은데 금리는 낮아서 투기세력이 끼어들 때 오를 것이다.

한편, 세계 경제가 활황을 맞이하거나 시중에 여윳돈이 많아지면 당연히 주식시장도 활기를 띠게 될 것이다. 따라서 국제유가와 주식시세는 상호 양의 상관관계가 존재한다. 다만, 이들 둘 사이의 관계가 시간적으로 완전히 동기를 맞춘다고는 볼 수 없기 때문에 약간의 시차를 두고 비슷한 양상을 띠게 되는 것이다.

한편, 하나의 확률과정의 시간에 대한 상관관계를 나타내는 방법으로서 **자기상관계수**(自己相關係數, Autocorrelation coefficient)가 있다. 자기상관계수 $R(\tau)$는 연속적인 시간축 상에서 서로 일정한 거리를 두고(예 : τ) 떨어져 있는 동일한 확률변수의 상관관계를 표현하기 위한 것으로서 다음과 같이 정의한다.

$$R(\tau)=E[X(t)X(t+\tau)]=\lim_{T\to\infty}\frac{1}{T}\int_0^T X(t)X(t+\tau)dt$$

그런데 위의 식에서 확률변수의 상관계수는 그 확률변수가 가지는 값의 절대적 크기에 따라 다양한 값을 가진다. 가령, 평일 출근시간의 최번시(最繁時, Most busy hour, 8시에서 9시 사이로 정의함)에 경남도청 앞을 지나가는 자동차의 대수를 10분 단위로 측정하여 상관계수가 10,000이고 같은 장소에서 같은 관찰시간 동안 지나간 사람의 키의 상관계수가 25,000이라고 하자. 이때 과연 자동차의 대수와 사람의 키 둘 중에서 어느 것이 더 상관성이 강하다고 할 수 있을까? 이 수치만을 가지고는 알 수 없다. 왜냐하면, 두 확률변수가 가지는 값의 단위가 처음부터 너무나 다르기 때문이다.

위의 문제를 해결하는 방법은 정규화를 하는 것이다. 정규화는 우리가 앞에서 정규분포를 표준정규분포로 변환할 때 그 이유와 방법을 언급한 바가 있기 때문에 그 이유와 방법에 대해서는 새삼 언급할 필요는 없을 것이다.

이와 같이 상관계수의 값이 대상으로 하는 실험의 값에 무관하게 나타나도록 하기 위해서 평균과 분산에 대하여 정규화하고 이를 **정규화된 자기상관계수**(Normalized autocorrelation coefficient)라 정의하고 $\rho(\tau)$로 표시하면 $\rho(\tau)$는 다음과 같다.

$$\rho(\tau)=\frac{E[(X(t)-E[X])(X(t+\tau)-E[X])]}{\sigma^2}$$

단, σ는 확률과정 $X(t)$의 표준편차, $E[X]$는 기대치이다.

위의 식에서 충분히 긴 시간 $T(T\to\infty)$에 대해서 기대치의 정의를 적용하면 다음과 같다.

$$\rho(\tau)=\frac{1}{\sigma^2}\lim_{T\to\infty}\frac{1}{T}\int_0^T (X(t)-E[X])(X(t+\tau)-E[X])dt$$

이때 상관계수가 1에 근접하면 상관성이 강하다고 하고 0에 근접하면 상관성이 약하다고 한다.

한편, 어떤 확률실험이 이산적인 시간값을 가지는 확률시퀀스에 대하여 자기상관관계를 나타내는 방법은 연속적인 경우와 비슷한 방법으로 구할 수 있다. 임의의 시퀀스 $X=\{X_n,\ n=1,\ 2,\ 3,\ \cdots\}$를 가정하자. 그리고 시퀀스 X를 구성하는 데이터의 값을 정규화하기 위해 다음과 같이 정의한다.

$$r(L)=\frac{E[(X_n-\mu)(X_{n+L}-\mu)]}{Var[X_n]}$$

단, μ와 $Var[X_n]$는 X의 평균과 분산이다.

위의 식은 확률시퀀스의 시간에 대한 상관관계를 나타내는데 유용하게 사용되는데, 한 가지 유의해야 할 것은 자기상관계수는 확률변수의 값을 취하는 시간의 간격에 의존한다는 것이다. 따라서 확률과정의 자기상관계수는 확률과정을 구성하는 두 확률변수의 값이 시간의 떨어진 정도에 따라 어떻게 관련이 있는지를 나타낸 것이다. 여기서 한 가지 명심해야 할 것은 표본으로 취한 두 변수의 값을 취한 시점은 문제가 되지 않고 다만 두 표본 간의 추출 간격이 중요하다는 것이다.

자기상관계수는 특히 최근에 인터넷 트래픽의 **자기유사성**(自己類似性, Self-similarity)의 판정에 유용하게 사용되는데, 만약 함수 $r(L)$이 다음과 같은 식을 만족한다면 이 확률시퀀스는 자기유사성을 띤다고 말한다.

$$r(L) \approx L^{2H-2}$$

단, L은 시퀀스에서 두 표본이 떨어져 있는 간격이고 H는 **허스트 모수**(Hurst parameter)라고 부르는 값으로 자기유사성을 가지는 경우에 $0.5 < H < 1$이다. 허스트 모수를 구하는 방법은 이 책의 범위를 벗어나므로 관심이 있는 사람은 인터넷 트래픽 관련 서적을 더 찾아볼 것을 권한다. 예제를 하나 소개한다.

예제 7.2

$X(t) = A\sin(\omega t + \theta)$의 자기상관계수를 구하라. 단, A는 상수이고 θ는 $[0, 2\pi)$에서 균등하게 분포한다.

[풀이] 자기상관계수의 정의에 의해서 다음과 같다.

$$R(\tau) = \frac{1}{T}\int_{-\frac{T}{2}}^{\frac{T}{2}} X(t)X(t+\tau)dt$$

$$= \frac{A^2}{T}\int_{-\frac{T}{2}}^{\frac{T}{2}} \sin(\omega t+\theta)\sin[\omega(t+\tau)+\theta]dt$$

$$= \frac{A^2}{T}\int_{-\frac{T}{2}}^{\frac{T}{2}} \sin(\omega t+\theta)\{\sin(\omega t+\theta)\cos\omega\tau + \cos(\omega t+\theta)\sin\omega\tau\}dt$$

$$= \frac{A^2}{T}\left\{\cos\omega\tau\int_{-\frac{T}{2}}^{\frac{T}{2}} \sin^2(\omega t+\theta)dt + \sin\omega\tau\int_{-\frac{T}{2}}^{\frac{T}{2}} \sin(\omega t+\theta)\cos(\omega t+\theta)dt\right\}$$

$$= \frac{A^2}{T}\left\{\cos\omega\tau\left(\frac{T}{2}\right) + \sin\omega\tau \times 0\right\} = \frac{A^2}{2}\cos\omega\tau$$

연습문제

1 동전 하나를 20번 던져서 앞면이 나오면 1, 뒷면이 나오면 0의 값을 할당하는 실험을 수행하고 그 결과 나오는 그래프를 시간축 상에 그리고 이 확률과정이 어떤 동작을 하는지 확률변수로 정의하여 관찰하라.

2 우리 지방의 최근 1년간 월별 평균 온도를 조사하여 다음 물음에 답하라.

(1) 월별 평균 온도의 변화를 그래프로 그려보고 변화하는 모습을 관찰하라.

(2) 온도의 연평균치와 분산은 얼마인가?

(3) 계절별 평균 온도와 분산은 얼마인가? 단, 봄: 3~5월, 여름: 6~8월, 가을: 9~11월, 겨울: 12~이듬해 2월이다.

(4) (2)번과 (3)번에서 얻은 데이터에 대하여 차이와 그 의미를 논하라.

3 연속확률과정이 다음과 같이 정의될 때 이 확률과정의 시간 평균을 구하라.

$$X(t) = \begin{cases} 1, & 0 \le t < 1 \\ -2, & 1 \le t < 2 \\ 3, & 2 \le t \le 3 \end{cases}$$

4 이산확률시퀀스 $X(n)$, $n = 1, 2, 3, \cdots$은 두 개의 주사위를 던져서 나온 눈의 합을 나타내고 다음과 같이 주어진다.

$$X(n) = \begin{cases} 0, & n\text{은 오직 2만의 배수} \\ 1, & n\text{은 오직 3만의 배수} \\ 0.5, & n\text{이 2와 3의 배수} \\ -1, & \text{그외} \end{cases}$$

주사위를 무수히 많이 던졌을 때 $E[X(n)]$을 구하라.

5 하나의 주사위를 60번 던져서 나온 눈의 값에 대하여 다음의 물음에 답하라.

(1) 위의 실험에서 얻어진 시퀀스를 시간축 상에 배열하라.

(2) 위의 확률시퀀스에 대하여 5회씩 총 12개의 그룹을 지어서 각 그룹의 값에 대해서 평균을 구한 후 망각계수를 0.5로 하여 이동평균을 구하라.

APPENDIX

부록

1 그리스 문자

저자주: 수학기호로 그리스 문자를 많이 사용하는데 우리나라에서 발음하는 그리스어는 일본식 발음이므로 외국에 가서 그렇게 발음하면 아무도 알아듣지 못함. 따라서 영어사전을 참고하여 국제적으로 통용가능한 정확한 발음을 표기함

문자 (대문자, 소문자)	발음/이름	
	정확한 발음	영어 이름
Α α	앨퍼	Alpha
Β β	베이터	Beta
Γ γ	개머	Gamma
Δ δ	델터	Delta
Ε ε	엡설란	Epsilon
Ζ ζ	제이터	Zeta
Η η	에이터	Eta
Θ θ	쎄이터	Theta
Ι ι	아이오우터	Iota
Κ κ	캐퍼	Kappa

문자 (대문자, 소문자)	발음/이름	
	정확한 발음	영어 이름
Λ λ	램더	Lambda
M μ	뮤우	Mu
N ν	뉴우	Nu
Ξ ξ	자이	Xi
O o	아미크란	Omicron
Π π	파이	Pi
P ρ	로우	Rho
Σ σ	시그머	Sigma
T τ	타우	Tau
Υ υ	업실런	Upsilon
Φ φ	파이	Phi
X χ	카이	Chi
Ψ ψ	프사이	Psi
Ω ω	오메거	Omega

2 표준정규분포 계산표

먼저 아래와 같이 편측분포함수를 정의한다.

$\Phi^{H}(x) = P\{0 < Z < x\}$, [예] $P(Z < 2) = 0.5 + \Phi^{H}(2) = 0.5 + 0.47725 = 0.97725$

X	0.00	0.01	0.02	0.03	0.04	0.05	0.06	0.07	0.08	0.09
0.0	0.00000	0.00399	0.00798	0.01197	0.01595	0.01994	0.02392	0.02790	0.03188	0.03586
0.1	0.03983	0.04380	0.04776	0.05172	0.05567	0.05962	0.06356	0.06749	0.07142	0.07535
0.2	0.07926	0.08317	0.08706	0.09095	0.09483	0.09871	0.10257	0.10642	0.11026	0.11409
0.3	0.11791	0.12172	0.12552	0.12930	0.13307	0.13683	0.14058	0.14431	0.14803	0.15173
0.4	0.15542	0.15910	0.16276	0.16640	0.17003	0.17364	0.17724	0.18082	0.18439	0.18793
0.5	0.19146	0.19497	0.19847	0.20194	0.20540	0.20884	0.21226	0.21566	0.21904	0.22240
0.6	0.22575	0.22907	0.23237	0.23565	0.23891	0.24215	0.24537	0.24857	0.25175	0.25490
0.7	0.25804	0.26115	0.26424	0.26730	0.27035	0.27337	0.27637	0.27935	0.28230	0.28524
0.8	0.28814	0.29103	0.29389	0.29673	0.29955	0.30234	0.30511	0.30785	0.31057	0.31327
0.9	0.31594	0.31859	0.32121	0.32381	0.32639	0.32894	0.33147	0.33398	0.33646	0.33891
1.0	0.34134	0.34375	0.34614	0.34849	0.35083	0.35314	0.35543	0.35769	0.35993	0.36214
1.1	0.36433	0.36650	0.36864	0.37076	0.37286	0.37493	0.37698	0.37900	0.38100	0.38298
1.2	0.38493	0.38686	0.38877	0.39065	0.39251	0.39435	0.39617	0.39796	0.39973	0.40147
1.3	0.40320	0.40490	0.40658	0.40824	0.40988	0.41149	0.41308	0.41466	0.41621	0.41774
1.4	0.41924	0.42073	0.42220	0.42364	0.42507	0.42647	0.42785	0.42922	0.43056	0.43189
1.5	0.43319	0.43448	0.43574	0.43699	0.43822	0.43943	0.44062	0.44179	0.44295	0.44408
1.6	0.44520	0.44630	0.44738	0.44845	0.44950	0.45053	0.45154	0.45254	0.45352	0.45449
1.7	0.45543	0.45637	0.45728	0.45818	0.45907	0.45994	0.46080	0.46164	0.46246	0.46327
1.8	0.46407	0.46485	0.46562	0.46638	0.46712	0.46784	0.46856	0.46926	0.46995	0.47062
1.9	0.47128	0.47193	0.47257	0.47320	0.47381	0.47441	0.47500	0.47558	0.47615	0.47670
2.0	0.47725	0.47778	0.47831	0.47882	0.47932	0.47982	0.48030	0.48077	0.48124	0.48169
2.1	0.48214	0.48257	0.48300	0.48341	0.48382	0.48422	0.48461	0.48500	0.48537	0.48574
2.2	0.48610	0.48645	0.48679	0.48713	0.48745	0.48778	0.48809	0.48840	0.48870	0.48899
2.3	0.48928	0.48956	0.48983	0.49010	0.49036	0.49061	0.49086	0.49111	0.49134	0.49158
2.4	0.49180	0.49202	0.49224	0.49245	0.49266	0.49286	0.49305	0.49324	0.49343	0.49361
2.5	0.49379	0.49396	0.49413	0.49430	0.49446	0.49461	0.49477	0.49492	0.49506	0.49520
2.6	0.49534	0.49547	0.49560	0.49573	0.49585	0.49598	0.49609	0.49621	0.49632	0.49643
2.7	0.49653	0.49664	0.49674	0.49683	0.49693	0.49702	0.49711	0.49720	0.49728	0.49736
2.8	0.49744	0.49752	0.49760	0.49767	0.49774	0.49781	0.49788	0.49795	0.49801	0.49807
2.9	0.49813	0.49819	0.49825	0.49831	0.49836	0.49841	0.49846	0.49851	0.49856	0.49861
3.0	0.49865	0.49869	0.49874	0.49878	0.49882	0.49886	0.49889	0.49893	0.49896	0.49900
3.1	0.49903	0.49906	0.49910	0.49913	0.49916	0.49918	0.49921	0.49924	0.49926	0.49929
3.2	0.49931	0.49934	0.49936	0.49938	0.49940	0.49942	0.49944	0.49946	0.49948	0.49950
3.3	0.49952	0.49953	0.49955	0.49957	0.49958	0.49960	0.49961	0.49962	0.49964	0.49965
3.4	0.49966	0.49968	0.49969	0.49970	0.49971	0.49972	0.49973	0.49974	0.49975	0.49976
3.5	0.49977	0.49978	0.49978	0.49979	0.49980	0.49981	0.49981	0.49982	0.49983	0.49983
3.6	0.49984	0.49985	0.49985	0.49986	0.49986	0.49987	0.49987	0.49988	0.49988	0.49989
3.7	0.49989	0.49990	0.49990	0.49990	0.49991	0.49991	0.49992	0.49992	0.49992	0.49992
3.8	0.49993	0.49993	0.49993	0.49994	0.49994	0.49994	0.49994	0.49995	0.49995	0.49995
3.9	0.49995	0.49995	0.49996	0.49996	0.49996	0.49996	0.49996	0.49996	0.49997	0.49997
4.0	0.49997	0.49997	0.49997	0.49997	0.49997	0.49997	0.49998	0.49998	0.49998	0.49998

3 점자표

1) 한글

자음

초성	⠈	⠉	⠊	⠐	⠑	⠘	⠠	⠨	⠰	⠋	⠓	⠙	⠚	⠠
	ㄱ	ㄴ	ㄷ	ㄹ	ㅁ	ㅂ	ㅅ	ㅈ	ㅊ	ㅋ	ㅌ	ㅍ	ㅎ	된소리

종성	⠁	⠒	⠔	⠂	⠢	⠃	⠄	⠶	⠅	⠆	⠖	⠦	⠲	⠴
	ㄱ	ㄴ	ㄷ	ㄹ	ㅁ	ㅂ	ㅅ	ㅇ	ㅈ	ㅊ	ㅋ	ㅌ	ㅍ	ㅎ

모음

⠣	⠜	⠎	⠱	⠥	⠬	⠍	⠩	⠪	⠕
ㅏ	ㅑ	ㅓ	ㅕ	ㅗ	ㅛ	ㅜ	ㅠ	ㅡ	ㅣ

⠗	⠝	⠽	⠧	⠏	⠺	⠌	⠍⠗	⠜⠗	⠧⠗	⠏⠗
ㅐ	ㅔ	ㅚ	ㅘ	ㅝ	ㅢ	ㅖ	ㅟ	ㅒ	ㅙ	ㅞ

약자

※ 모음 "ㅏ"의 생략 : 한글 점자에서는 혼동을 일으키지 않는 범위 내에서 자음과 결합되어 있는 모음 "ㅏ"를 생략한다. 단, 'ㄹ'과 'ㅊ'은 "ㅏ"를 생략하지 않는다.

⠫	⠉	⠊	⠑	⠘	⠇	⠨	⠋	⠓	⠙	⠚	⠸⠎	⠌
가	나	다	마	바	사	자	카	타	파	하	것	ㅆ 받침

⠹	⠾	⠞	⠡	⠳	⠻	⠭	⠷	⠿	⠛	⠯	⠵	⠮	⠟
억	언	얼	연	열	영	옥	온	옹	운	울	은	을	인

⠁⠎	⠁⠉	⠁⠒	⠁⠢	⠁⠝	⠁⠥	⠁⠱
그래서	그러나	그러면	그러므로	그런데	그리고	그리하여

2) 문장부호, 숫자, 영어

구분															
문장부호	⠦	⠴	⠠	⠦	⠴	⠄	⠤	⠤	⠠	⠠	⠠	⠤	⠤	⠖	
	“	”	‘		’		~		줄임표(… …)			(	)	!	
	⠲	⠐	⠦	⠐	⠂	⠰	⠆	⠤	⠠	⠤	내용	⠤	⠄	⠔	⠔
	.	,	?	:		;		-	밑줄					※	

구분													
숫자/연산	⠼	⠁	⠃	⠉	⠙	⠑	⠋	⠛	⠓	⠊	⠚	⠄	⠂
	수표	1	2	3	4	5	6	7	8	9	0	.	,
	⠢	⠔	⠡	⠌	⠌	⠒	⠒						
	+	-	x	÷		=							

구분															
영어	⠴	⠠	⠠	⠠	⠁	⠃	⠉	⠙	⠑	⠋	⠛	⠓	⠊	⠚	⠅
	로마자표	대문자표	이중대문자표		a	b	c	d	e	f	g	h	i	j	k
	⠇	⠍	⠝	⠕	⠏	⠟	⠗	⠎	⠞	⠥	⠧	⠺	⠭	⠽	⠵
	l	m	n	o	p	q	r	s	t	u	v	w	x	y	z

참고문헌

고석태, "보여주겠다, 살아있다는 걸", 조선일보, 2010년 12월 11일.
고지마 히로유키 저/김경원 역, 확률의 경제학, 살림Biz, 2004.
김미경, 허명회, 윷의 확률, Proc. of the Spring Conference, Korean Statistical Society, 1995.
김민철, "KTX 탈선, 7mm 너트 하나 때문에…", 조선일보 제28032호, 2011년 2월 14일.
데보라 J. 베넷 저/박병철 역, 확률의 함정, 영림카디널, 2005.11.
래리고닉 그림/울코트 스미스 저/전영택 역, 세상에서 가장 재미있는 통계학, 궁리, 2008년 2월.
리처드 윌리엄스 저, 박대철 역, 공학도를 위한 확률통계, 도서출판 인터비젼, 1991.
박경미, 박경미의 수학콘서트, 동아시아, 2006.12.
박진경, 박홍선, 윷의 확률추정에 대하여, 응용통계연구, 제9권 2호, 1996년 9월.
신양우, 기초확률론, 경문사, 2000.12.
신재경, 장덕준, 통계학의 이해, 도서출판 성심, 2006.3.
신형준, 문화재 야화[16], 안압지 출토 14면체 주사위, 조선일보 제26992호, 2007.10.8.
우연의 수학 확률, Newton 2009년 8월호, 뉴턴코리아.
이길성, "뻔히 보이는 파멸의 길로 왜?...심리학으로 본 도박 중독", 조선경제 사이언스 조선일보 제28017호, 2011년 1월 25일.
이성훈, "30cm 드라이버 때문에…", 조선일보 제28035호, 2011년 2월 17일.
이충국, 세상의 어떤 언어도 만들 수 있는 '6개의 점', 조선일보 제28796호, 2013년 7월31일.
이훈, 공학도를 위한 대기행렬시스템, 홍릉과학출판사, 2008.7.
이훈, 광대역통신망설계, 사림인쇄사, 2008년 8월.
이훈 외, NGN에서 서비스별 트래픽 실시간 특성 분석 및 활용방안 연구 최종연구보고서, 2003.11.
이훈, 이태준, 초고속인터넷 가입자망의 대역설계, 한국통신학회 논문지 제31권 제12B호, 2006년 12월.
이훈, 황민태, 비디오전화 서비스를 위한 링크설계방법, 창원대학교 산업기술연구원 논문집 제19호, 2005년 5월.
이훈, 인터넷 과금방식의 분석 및 새로운 과금방식의 제안, KTR&DZINE, 제2권, 2005년 9월.
이훈, 이태준, NGN에서 소스트래픽 발생기의 개발, 대한전자공학회/한국통신학회, 부산경남지부 추계 합동 학술논문발표회 논문집, 제12권 제2호, 2003년 12월.
이훈, 윤미선, 이종엽, DoS 공격의 유형분석 및 탐지방법, KNOM Review vol.6, no.2, 2003년 2월.
전철호, 박홍식, 김시범, 옥철호, 공업수학, 보성각 2007.2.
정우성, 대용량 자료를 활용한 복잡계 연결망 연구 동향 및 재난 연구에의 기여, 정보와 통신 2012년 5월호, 2012.5.
정재승, 정재승의 과학콘서트, 동아시아, 2003.11.

제임스 글리크 지음/박배식, 성하운 옮김, 카오스: 현대과학의 대혁명, 누림book, 2005년.
조선일보, 따로 노는 전셋값 상승률 통계, 조선경제, 2007.9.6.
조호진, "통계에 대한 의사의 무지가 '잘못된 의학 속설' 키워, 조선경제, 2013.4.16.
진정호, "OJ 심슨, 전처 살해 고백하나?", http://news.mk.co.kr, 2011년 6월 24일.
최익호, 방영덕, '로또 1등' 매주 나오는 충격적 사실…바로: 조작론 회자…로또 구입 패턴 변화가 원인, 매일경제 인터넷, 2012년 7월 14일.
타지마 이치로우, 곤도우 지로우, 다카하시 이와로우, 고바야시 류우이치, 고야나기 요시오, 통계해석, 工科의 數學 시리즈 5, 培風館, 1992.
統計數値表-JSA 1972, 山內二郎(編), 日本規格協會, 東京, 1972.
홍영림, "여론조사 왜 툭하면 틀리나 했더니… 비밀은 '전화번호부'에 있었다", 조선일보 제 28033호, 2011년 2월 15일.
황병원, 이기수, 확률 및 통계, Ohm사, 1990.10.
KBS 韓國史傳 제작팀, 한국사傳5, 한겨레출판, 2009년 1월.
http://www.mk.co.kr, 매일경제신문, 2007.7.25..
http://adp.joins.com/ 가위바위보 첫 게임서 가위가 가장 승률 높다, 중앙일보 2007.12.20.
http://www.dongascience.com/info/contents.asp, 윷놀이 말놀음 필승전략, 동아 사이언스, 2008년 1월 29일.
C. Ash, The probability tutoring book, Revised printing, IEEE Press, 1993.
R. B. Ash, Real analysis and probability, Korean student ed., Academic Press, 1972.
S. Asmussen, Applied probability and queues, John Wiley & Sons, 1987.
G. Boggia, P. Camarda, D. Striccoli, Aggregate bandwidth estimation in video distribution systems, http://www.scs.org/getDoc.cfm?id=2535.
L. Breslau, P. Cao, L. Fan, G. Phillips, and S. Shenker, Web caching and Zipf-like distributions: evidence and implications, Proc. of the INFOCOM 1999, March 1999.
Y. Chabhoub, C. Fricker, F. Guillemin, and P. Robert, On the statistical characterization of flows in Internet traffic with application to sampling, Computer Communications 33 (2010) 103-112.
D. Childers, Probability and random processes, Using MATLABS with applications to continuous and discrete time systems, IRWIN, 1997.
Y.-M. Chiu and Do-Young Eun, Minimizing file download time in stochastic peer-to-peer networks, IEEE/ACM TRANSACTIONS ON NETWORKING, VOL.16, NO.2, APRIL 2008.
G. R. Cooper and C. D. McGillem, Probabilistic methods of signal and system analysis, Third edition, Oxford University Press, 1999.
W. B. Davenport, Jr., Probability and random processes, McGraw-Hill Kogakusha, 1970.
Molly Fox, Rebecca Sear, Jan Beise, Gillian Ragsdale, Eckart Voland and Leslie A. Knapp, Grandma plays favorites: X-chromosome relatedness and sex-specific childhood mortality, Proceedings of the Royal Society B, November 4, 2009.
Daniel Kahneman, Thinking, fast and slow, Farrar, Strauss and Giroux, 2011.

H.S. Kim, If your tail is long, it will be bitten: Long tail theory-a reverse prospect, Chosunilbo, July 5th 2008.

T. Kitano, H. Iwai, and H. Sasaoka, A wireless steganography technique by embedding trequency domain spreading signal in OFDM mobile communication systems, 電子情報通信學會論文誌 B Vol.J92-B, No.1, pp.2-10, 2009年 1月.

E. Kreyszig, Advanced engineering mathematics, John Wiley & Sons, Inc., (최신공업수학, 범한서적주식회사, 수학교재편찬위원회 편역)

Hoon Lee and Minsu Kim, How to detect the anomaly in the network traffic., Proc. KNOM Conference 2008, April 24-25, 2008.

Hoon Lee, A Practical Network Design for VoD Services, submitted to the journal of KICS.

Hoon Lee, Charging and Revenue Estimation for the WiMAX System, submitted to the journal of KICS.

Hoon Lee, Differentiated Pricing Scheme for the DiffServ Internet, submitted to the IEICE Transactions.

Hoon Lee, et al., Dimensioning next generation networks for QoS guaranteed voice services, 대한전자공학회논문지 제40권 TC편 제12호, 2003년 12월.

Hoon Lee, A new approach for pricing the Internet services, 한국통신학회논문지, 제28권 제11B호, 2003년11월.

Hoon Lee, Approximate cell loss performance in ATM networks: In comparison with exact results, 한국통신학회논문지 제25권 제5A호, 2000년 4월.

Hoon Lee, Effect of delay-sensitivity to the charging in broadband networks, Proc. of APCC2000, 2000년 10월 30일-11월 2일.

Hoon Lee et al., Progressive analysis of traffic in the Internet, Engineering Research & Technology, Vol.8, December 2008.

Hoon Lee, "The power of power law: A view from VoD service", 한국통신학회 논문지, 제38B권, 제8호, 2013년 8월.

W.E. Leland, M.S.Taqqu, W. Willinger, and D. Wilson, On the self-similar nature of Ethernet traffic, IEEE/ACM Tr. On Networking, Vol.2, No.1, Feb. 1994.

A. Leon-Garcia, Probability and random processes for electrical engineering, Second edition, Addison Wesley Longman, 1994.

Eileen Magnello and Borin Van Loon, Introducing Statistics, Icon Books, 2009.

S. L. Miller and D. G. Childers, Probability and random processes with application to signal processing and communications, Elsevier Academic press, 2004.

Martin A. Nowak, Five rules for the evolution of cooperation, Martin A. Nowak in science, vol.314, December 2006(간략한 소개는 Scientific American 2012년 7월호 Cooperation 기사 참조)

A. Papoulis, Probability, random variables, and stochastic processes, Korean student ed., McGraw-Hill Book Co., 1965.

S. M. Ross, Introduction to Probability models, Academic Press, Inc., 1993.

S. M. Ross, Stochastic processes, John Wiley & Sons, 1983.

T. Sasake et al., Reference traffic for network resource dimensioning under unexpected and evenly distributed traffic load, IEICE Tr. J91-B, No.7, pp.734-745, July 2008.

R. E. Walpole and R. H. Myers, Probability and statistics for engineers and scientists, Collier MacMillan International ed., 1978.

J.D. Williams, An approximation to the probability integral, Annals of Mathematical Statistics, 17, 363-365 (1946).

찾아보기

A

B

C

D

E

F

Q

R

S

T

U

ㅎ

정가 20,000원

확률강의 2.0

2014년 7월 25일 초판 인쇄
2014년 8월 1일 초판 발행

저 자 : 이 훈
발행자 : 우 명 찬 · 송 준
발행처 : 홍릉과학출판사
주 소 : ㊗ 142-885 서울시 강북구 인수봉로 50길 10
등 록 : 1976년 10월 21일 제5-66호
전 화 : 999-2274~5, 903-7037
팩 스 : 905-6729
ISBN : 979-11-5600-315-1

hongpub@hongpub.co.kr
www.hongpub.co.kr

저자와의 협의하에 인지생략